施肥与桑园
土壤环境微生态调控

◎于 翠 张 成 董朝霞 等 著

中国农业科学技术出版社

图书在版编目(CIP)数据

施肥与桑园土壤环境微生态调控 / 于翠，张成，董朝霞等著 . --北京：中国农业科学技术出版社，2022. 12

ISBN 978-7-5116-6191-3

Ⅰ. ①施… Ⅱ. ①于…②张…③董… Ⅲ. ①桑树-施肥②桑树-土壤环境 Ⅳ. ①S888

中国版本图书馆 CIP 数据核字(2022)第 253199 号

责任编辑 穆玉红 王伟红
责任校对 贾若研 李向荣
责任印制 姜义伟 王思文

出 版 者 中国农业科学技术出版社
北京市中关村南大街 12 号 邮编：100081
电 话 (010) 82105169 (编辑室) (010) 82109702 (发行部)
(010) 82109709 (读者服务部)
网 址 https://castp.caas.cn
经 销 者 各地新华书店
印 刷 者 北京建宏印刷有限公司
开 本 170 mm×240 mm 1/16
印 张 13. 5
字 数 204 千字
版 次 2022 年 12 月第 1 版 2022 年 12 月第 1 次印刷
定 价 58. 00 元

《施肥与桑园土壤环境微生态调控》

参著人员

于　翠　张　成　董朝霞　胡兴明

莫荣利　朱志贤　邓　文　李　勇

郭东各　李　欣　林　梅　高倩楠

郭　瑶

目　　录

第1章 引 言

1.1 桑园施肥现状

为全面了解中西部蚕区桑园土壤管理与施肥现状，更好地推进桑园优化施肥技术工作，由湖北省农业科学院经济作物研究所牵头，安徽省农业科学院蚕桑研究所、湖南省蚕业科学研究所、江西省蚕桑茶叶研究所、山西省蚕业科学研究院、陕西省蚕桑丝绸研究所、河南省蚕业科学研究院、重庆市蚕桑管理总站、安康市蚕桑产业发展中心、湖北省农业农村厅果茶办等单位参加，组织湖北（罗田县、郧县、南漳县、远安县、宜昌市夷陵区等县区）、湖南（湘乡市、津市市等县区）、安徽（六安市裕安区、霍山县、青阳县、泾县等县区）、山西、河南等省开展桑树栽培现状调查。调查的内容有：种植面积、管理方法、产量水平、经济收入，其中施肥水平、施肥方法、肥料品种等养分管理中的问题是调查重点。

桑园施肥现状调查结果表明（表1-1），受传统思维“重蚕轻桑”影响，桑园管理粗放，高产桑园占比少，占桑园总面积的25%左右，平均亩桑效益较低，与高产蚕区差距较大。在桑园土壤管理上，与高产桑园相比更是差距较大，盲目施肥，未根据桑树生长发育需要及土壤养分特性进行科学施肥，相当多桑园主要偏重施用氮肥，施用有机肥料和磷肥少，基本不施钾肥和微量元素肥料，未见施用桑树专用肥。致使桑园土壤潜在养分逐渐减少，氮、磷、钾（N、P、K）三要素比例失调，有效微量元素缺乏，不能满足桑树的全面养分需求，从而影响桑叶的优质高产。

表 1-1　各省桑园施肥现状调查表

省	县（区）、乡、村	施肥管理
湖北	罗田县	每年施肥 2 次，农家肥 137.5 kg/667m^2，碳铵 313 kg/667m^2
	郧县	每年施肥 2 次，尿素 20 kg/667m^2，碳铵 100 kg/667m^2
	远安县	每年施肥 2 次，碳铵 100 kg/667m^2
	夷陵区	年施肥 2 次，尿素 20 kg/667m^2，碳铵 100 kg/667m^2
	南漳县	每年施肥 1~2 次，碳铵 150 kg/667m^2，过磷酸钙 50 kg/667m^2
	九资河镇	每年施肥 2 次，农家肥 150 kg/667m^2，碳铵 150 kg/667m^2
	刘洞镇	每年施肥 2 次，尿素 20 kg/667m^2，碳铵 100 kg/667m^2
	花林寺镇	每年施肥 2 次，碳铵 100 kg/667m^2
	汪家畈村	每年施肥 2 次，农家肥 137.5 kg/667m^2，碳铵 625 kg/667m^2
	孔沟村	每年施肥 2 次，尿素 20 kg/667m^2，碳铵 100 kg/667m^2
	木瓜铺村	每年追肥 1 次，碳铵 100 kg/667m^2
	头顶石村	每年追肥 1 次，尿素 20 kg/667m^2
	凤山村	每年施肥 1 次，碳铵 150 kg/667m^2，过磷酸钙 50 kg/667m^2
湖南	渡口乡	每年施肥 3 次，尿素 40 kg/667m^2，过磷酸钙 72.5 kg/667m^2，氯化钾 25 kg/667m^2
	虞塘乡	每年施肥 1 次，尿素 200 kg/667m^2
	乐溪乡	每年施肥 3 次，尿素 40 kg/667m^2，过磷酸钙 50 kg/667m^2，氯化钾 15 kg/667m^2，农家肥 500 kg/667m^2
河南		每年施肥 3 次，尿素 50 kg/667m^2，复合肥 50 kg/667m^2
安徽	岳西县	冬肥土杂肥 20 kg/667m^2，尿素 40 kg/667m^2，三元复合肥 50 kg/667m^2
	金寨县	主要是家杂肥，配合施用尿素、复合肥
	霍山县	农家肥 50 kg/667m^2，尿素、复合肥 40~50 kg/667m^2
	泾县	农家肥 1 000 kg/667m^2，尿素、复合肥 50 kg/667m^2
	黟县	冬肥农家肥 20 kg/667m^2、尿素 40 kg/667m^2、复合肥 50 kg/667m^2
	六安市裕安区	尿素、复合肥 50 kg/667m^2
	南陵县	尿素及桑树专用肥 100 kg/667m^2
	绩溪县	农家肥 30 kg/667m^2，尿素 50 kg/667m^2，复合肥 50 kg/667m^2

（续表）

省	县（区）、乡、村	施肥管理
山西	柳林县	磷酸二铵或尿素 40~56 kg/667m²
	高平市	春季施磷肥 40 kg/667m²，碳铵 40 kg/667m²，夏季追施尿素 15~20 kg/667m²
	阳城县	春季施磷肥 40 kg/667m²，碳铵 40 kg/667m²，夏季追施尿素 10 kg/667m²
	垣曲县	尿素 35~40 kg/667m²
	沁水县	每年施一次春肥，碳铵、磷肥各 50 kg/667m²

1.2　桑园土壤养分状况

结合桑树栽培现状调查工作，分别对湖北（罗田县、郧县、南漳县、远安县、宜昌市夷陵区）、湖南（湘乡市、津市市、澧县）、安徽（六安市金安区、霍山县、青阳县、泾县，金寨县、潜山县）、江西（南昌东乡）等省的 150 多个桑园土壤进行取样，进行土壤理化性质分析。分析结果表明（表 1-2），不同桑园土壤养分状况差异较大，大部分桑园土壤肥力水平不高，土壤有机质含量普遍偏低，土壤速效养分氮、磷、钾等缺乏，土壤 pH 值偏酸性。例如，湖北省桑园土壤有机质含量（1.19%~4.55%）整体上高于其他省份；江西省桑园耕层土壤 pH 值偏酸性，pH 值为 3.59~6.79；湖北省少数桑园土壤速效氮含量中等，多数桑园土壤速效氮含量缺乏；山西省大部分桑园 0~20 cm 土层土壤速效磷含量缺乏（0.75~85.46 mg/kg）；江西省桑园 0~20 cm 土层土壤速效钾含量缺乏，而山西省桑园土壤速效钾含量极丰富（133.7~655.3 mg/kg）。导致以上结果的主要原因除成土母质外，可能是桑园土壤养分投入不均衡及施用时期不适当等。

表 1-2　桑园土壤基本理化性状

试验站	土层（cm）	pH 值	有机质含量（%）	速效氮含量（mg/kg）	速效磷含量（mg/kg）	速效钾含量（mg/kg）
湖北	0~20	5.50~7.87	1.37~4.55	9.28~123.20	1.63~136.22	18.5~167.5
	20~40	6.03~7.86	1.19~4.55	5.08~49.70	2.07~30.05	20.0~117.5

（续表）

试验站	土层（cm）	pH 值	有机质含量（%）	速效氮含量（mg/kg）	速效磷含量（mg/kg）	速效钾含量（mg/kg）
江西	0~20	3.59~6.52	0.82~3.47	16.0~70.88	2.4~355.23	27.0~79.0
	20~40	4.14~6.79	0.68~2.33	10.85~45.5	1.52~86.67	23.5~65.0
安徽	0~20	5.03~7.42	0.56~2.79	8.05~64.05	3.83~89.54	14.0~187.0
	20~40	5.00~7.42	0.33~2.87	5.95~45.15	0.53~98.90	2.50~129.0
湖南	0~20	5.30~7.92	1.37~2.68	28.2~64.75	1.85~289.28	48.5~308.5
	20~40	5.33~7.95	0.65~2.06	22.05~63.70	0.68~204.65	42.0~218.5
山西	0~20	7.47~8.47	0.39~3.25	4.90~46.38	0.75~85.46	133.7~655.3
	20~40	7.53~8.44	0.33~2.62	4.73~50.75	1.19~166.09	107.7~547.7
河南	0~20	5.10~7.88	0.81~2.06	20.48~69.13	5.82~309.41	65.0~329.0
	20~40	7.34~8.04	0.59~0.99	12.25~26.95	3.39~49.66	54.5~245.0
陕西	0~20	6.04~7.76	0.47~2.66	14.53~88.9	2.84~271.4	13.0~173.5
	20~40	6.33~7.78	0.38~2.31	18.9~42.7	3.17~59.02	5.5~110.5

对江西、安徽、湖北、湖南等省高、中、低产桑园土壤养分含量进行检测。结果表明（表 1-3），高产桑园的 pH 值为 6.06~7.87，有机质含量为 1.43~3.2%，速效氮含量为 40.43~123.20 mg/kg，速效磷含量为 17.82~370.98 mg/kg，速效钾含量为 56.50~188.50 mg/kg；而低产桑园的 pH 值为 4.31~7.77，有机质含量为 0.82%~3.20%，速效氮含量为 15.05~77.00 mg/kg，速效磷含量为 1.63~91.52 mg/kg，速效钾含量为 18.50~100.50 mg/kg。整体而言，高产桑园土壤养分含量高于低产桑园。

表 1-3　高、中、低产桑园土壤养分含量

取样地点	桑园类型	pH 值	有机质（%）	速效氮（mg/kg）	速效磷（mg/kg）	速效钾（mg/kg）
江西东乡	高产	6.46	2.24	60.73	370.98	103.00
	中产	4.32	2.09	36.05	23.66	79.00
	低产	4.31	1.64	34.13	3.61	48.50

（续表）

取样地点	桑园类型	pH值	有机质（%）	速效氮（mg/kg）	速效磷（mg/kg）	速效钾（mg/kg）
江西蚕桑茶叶研究所	高产	6.36	2.13	87.45	45.80	188.50
	中产	5.66	2.07	45.85	31.59	312.00
	低产	5.65	1.90	77.00	17.05	72.50
江西修水	高产	6.52	1.80	96.23	69.12	84.00
	中产	5.91	1.39	37.10	29.28	37.00
	低产	5.41	1.28	36.23	61.45	52.00
江西永新	高产	6.09	1.93	59.15	23.53	62.00
	中产	6.11	1.16	26.43	15.49	62.00
	低产	6.47	0.87	16.10	5.16	42.00
安徽安庆岳西县	高产	6.91	2.53	48.65	88.54	65.00
	中产	5.27	2.46	50.23	24.43	31.00
	低产	5.08	1.35	19.25	26.53	20.50
安徽霍山县	高产	6.06	1.43	64.83	17.82	56.50
	中产	5.89	1.03	20.30	3.83	45.00
	低产	5.18	0.82	15.05	3.72	26.50
湖北郧县土地沟村	高产	7.30	2.92	89.58	19.78	107.5
	中产	7.72	1.88	9.28	5.60	64.00
	低产	6.43	1.75	49.53	1.63	84.00
湖北郧县孔沟村	高产	7.69	1.98	40.43	22.51	143.0
	中产	7.75	1.50	27.48	11.32	99.5
	低产	7.77	1.61	29.75	7.14	100.5
湖北罗田蚕种场	高产	6.67	2.09	58.53	24.54	84.5
	中产	6.28	2.47	29.23	23.22	26.00
	低产	6.34	1.52	16.45	14.08	18.5
湖北罗田汪家畈村	高产	7.60	2.85	53.65	37.98	88.5
	中产	6.30	2.23	30.1	14.41	30.0
	低产	7.08	2.12	20.65	4.71	36.5

（续表）

取样地点	桑园类型	pH 值	有机质（%）	速效氮（mg/kg）	速效磷（mg/kg）	速效钾（mg/kg）
湖北南漳凤山村	高产	7.02	2.99	51.28	21.76	167.5
	中产	7.14	3.20	61.25	15.95	87.0
	低产	7.01	2.53	55.83	10.22	61.0
湖北夷陵头顶石村	高产	7.87	3.20	123.20	136.22	76.0
	中产	5.50	2.38	67.03	43.71	61.0
	低产	7.66	2.33	53.38	11.54	63.0
湖北远安蚕种场	高产	7.83	1.68	47.78	108.81	73.5
	中产	7.87	1.37	35.70	11.76	37.5
	低产	7.73	1.28	25.90	28.07	51.0
湖北远安木瓜铺村	高产	7.35	2.90	77.45	23.55	85.0
	中产	7.69	4.45	54.25	8.90	76.0
	低产	7.68	3.20	35.88	10.88	69.5
湖南澧县蚕桑科学研究所	高产	6.39	1.97	46.03	207.95	124.50
	中产	6.54	1.62	36.93	120.82	73.50
	低产	6.21	1.12	23.80	91.52	69.0

1.3 桑园土壤微生物状况

对江西、安徽、湖北、湖南等省高产、低产桑园土壤微生物数量检测结果表明（表 1-4、表 1-5），高产桑园土壤微生物种群结构较低产桑园丰富，高产桑园土壤细菌和放线菌数量有高于低产桑园的趋势，细菌和放线菌多样性指数也相对高于低产桑园，而高产桑园真菌数量及其多样性指数有低于低产桑园的趋势。

表 1-4 高产和低产桑园土壤微生物数量及多样性指数

取样地点	桑园类型	细菌（1×10^6 CFU/g 干土）	真菌（1×10^4 CFU/g 干土）	放线菌（1×10^5 CFU/g 干土）	细菌多样性指数（H）	真菌多样性指数（H）	放线菌多样性指数（H）
江西东乡	高产	9.82	0.69	6.23	0.301 2	0.320 1	0.318 0
	低产	2.53	1.34	5.21	0.256 4	0.246 3	0.286 2

（续表）

取样地点	桑园类型	细菌（1×10^6 CFU/g干土）	真菌（1×10^4 CFU/g干土）	放线菌（1×10^5 CFU/g干土）	细菌多样性指数（H）	真菌多样性指数（H）	放线菌多样性指数（H）
江西蚕桑茶叶研究所	高产	5.94	2.34	7.61	0.436 5	0.362 5	0.308 2
	低产	3.13	2.01	5.31	0.265 4	0.256 2	0.442 1
江西茅坪	高产	5.64	2.69	1.32	0.365 4	0.343 0	0.323 6
	低产	2.13	2.01	2.34	0.234 7	0.062 5	0.276 4
安徽牛角冲	高产	12.36	3.21	2.56	0.364 7	0.301 2	0.332 5
	低产	8.31	2.34	2.69	0.298 7	0.235 6	0.383 0
安徽霍山县	高产	10.32	3.56	3.24	0.402 1	0.333 6	0.307 8
	低产	5.62	4.32	2.87	0.310 4	0.245 2	0.293 7
湖北郧县土地沟村	高产	0.11	0.65	8.64	0.235 4	0.345 6	0.304 5
	低产	0.56	1.31	5.21	0.315 4	0.693 4	0.253 6
湖北郧县孔沟村	高产	0.21	0.99	6.38	0.302 1	0.342 1	0.332 5
	低产	0.12	2.64	5.37	0.281 2	0.245 2	0.296 5
湖北罗田蚕种场	高产	1.20	2.15	8.29	0.324 9	0.511 5	0.321 2
	低产	2.12	2.63	7.37	0.256 7	0.252 5	0.310 1
湖北南漳凤山村	高产	2.66	4.11	4.24	0.367 8	0.365 2	0.302 8
	低产	1.80	3.68	3.10	0.294 7	0.302 5	0.258 9
湖北夷陵头顶石村	高产	3.64	4.41	3.84	0.346 2	0.298 2	0.312 7
	低产	1.12	9.08	3.21	0.301 9	0.286 8	0.287 4
湖北远安蚕种场	高产	1.06	3.30	2.69	0.298 7	0.314 7	0.298 6
	低产	2.15	2.23	2.87	0.265 7	0.302 8	0.287 5
湖北远安木瓜铺村	高产	4.90	3.47	4.39	0.324 7	0.236 9	0.306 4
	低产	1.07	8.06	3.59	0.286 9	0.352 4	0.300 7
湖南澧县蚕桑科学研究所	高产	9.21	3.20	7.24	0.368 4	0.372 4	0.348 7
	低产	5.62	2.14	5.67	0.258 9	0.248 9	0.243 9

表 1-5　高产和低产桑园土壤细菌种群结构

取样地点	桑园类型	细菌种群结构
江西蚕桑茶叶研究所	高产	*Staphylococcus warneri*（11），*Pseudomonas viridilivida*（4），*Bacillus cereus/pseudomycoides*（4），*Burkholderia pyrrocinia*（2），*Pseudomonas marginalis*（1），*No* Identity（6）
	低产	*Ensifer meliloti*（18），*Staphylococcus warneri*（2），*Burkholderia pyrrocinia*（1），*Bacillus cereus/pseudomycoides*（1），*Paenibacillus glucanolyticus*（1），*Pseudomonas putida biotype B*（1）
安徽霍山县	高产	*Staphylococcus warneri*（46），*Ensifer meliloti*（22），*Burkholderia pyrrocinia*（15），*Pseudomonas viridilivida*（7），*Sphingobacterium multivorum*（1），*Bacillus cereus/mycoides*（1）
	低产	*Ensifer meliloti*（7），*Rhizobium radiobacter*（3），*Staphylococcus warneri*（3），*Paenibacillus glucanolyticus*（1），*No* Identity（1）
湖北夷陵头顶石村	高产	*Ensifer meliloti*（13），*Eikenella corrodens*（5），*Bacillus cereus/mycoides*（4），*Bacillus cereus/pseudomycoides*（4），*Staphylococcus warneri*（3），*Rhizobium rhizogenes*（3），*Paenibacillus glucanolyticus*（2），*Burkholderia pyrrocinia*（1）
	低产	*Bacillus cereus/pseudomycoides*（8），*Ensifer meliloti*（5），*Staphylococcus warneri*（5），*Paenibacillus glucanolyticus*（3）
湖北郧县土地沟	高产	*Bacillus megaterium*（12），*Bacillus cereus/mycoides*（10），*Eikenella corrodens*（4），*Ensifer meliloti*（3），*Arthrobacter histidinolovorans*（3），*Rhodococcus equi*（2），*Nocardia africana*（1）
	低产	*Bacillus megaterium*（6），*Bacillus cereus/thuringiensis*（5），*Ensifer meliloti*（2），*Eikenella corrodens*（2），*Variovorax paradoxus*（1）
湖北远安木瓜铺村	高产	*Rhizobium radiobacter*（67），*Staphylococcus warneri*（32），*Burkholderia pyrrocinia*（16），*Ensifer meliloti*（10），*Bacillus cereus/mycoides*（3）
	低产	*Ensifer meliloti*（23），*Staphylococcus warneri*（7），*Bacillus cereus/pseudomycoides*（4），*Bacillus pumilus*（1），*Burkholderia pyrrocinia*（1）
湖北远安蚕种场	高产	*Ensifer meliloti*（23），*Staphylococcus warneri*（19），*Bacillus cereus/pseudomycoides*（6），*Rhizobium radiobacter*（6），*Burkholderia pyrrocinia*（3），*Paenibacillus glucanolyticus*（2），*Bacillus cereus/mycoides*（1），*No* Identity（1）
	低产	*Rhizobium radiobacter*（15），*Ensifer meliloti*（13），*Staphylococcus warneri*（13），*Bacillus cereus/mycoides*（4），*Pseudomonas viridilivida*（3），*Burkholderia pyrrocinia*（2），*No* Identity（1）

（续表）

取样地点	桑园类型	细菌种群结构
湖北南漳凤山村	高产	*Bacillus cereus/pseudomycoides*（18），*Paenibacillus glucanolyticus*（12），*Rhizobium radiobacter*（5），*Bacillus pumilus*（2），*Rhizobium rhizogenes*（2），*Ensifer meliloti*（1），*Bacillus safensis*（1）
	低产	*Bacillus cereus/pseudomycoides*（14），*Pseudomonas viridilivida*（13），*Eikenella corrodens*（4），*Variovorax paradoxus*（2）

本研究对通过平板分离法获得了细菌单株并进行了鉴定，鉴定到的相应细菌数目标注在表中细菌种名后括号中

1.4　桑园施肥管理中存在的问题

桑园土壤与施肥现状调查结果表明，桑园土壤管理存在的主要问题是盲目施肥（未根据桑树生长发育需要及土壤养分特性进行科学施肥），大部分蚕农喜欢施用尿素和复合肥，少数施用农家肥。土壤养分状况分析表明，湖北桑园土壤有机质含量较高，最高可达4.55%，少数桑园土壤速效氮含量中等，其他桑园土壤速效氮含量均缺乏；江西桑园耕层土壤pH值偏酸性，pH值为3.59~6.79，大部分桑园土壤速效磷、土壤速效钾含量缺乏；而山西大部分桑园0~20 cm土层土壤速效磷含量缺乏（0.75~85.46 mg/kg），但土壤速效钾含量极丰富（133.7~655.3 mg/kg）。

根据对高、中、低产桑园桑叶产量、蚕茧产量、土壤养分含量、土壤微生物数量及种群结构的调查结果，可以得出高产桑园（1 750 ~ 3 130 kg/667m^2）的最优土壤环境为pH值6.06 ~ 7.87，有机质含量1.43%~3.2%，速效氮含量100 mg/kg左右，速效磷含量高于20 mg/kg，速效钾含量在100 mg/kg左右，且高产桑园土壤细菌、放线菌数量及其多样性指数较高，细菌种群结构多样性较高，而真菌数量和多样性相对较低。根据确定的最优的有利于桑树高产的桑园土壤环境，如何通过施肥等农艺措施调控桑园土壤，使之达到最优的桑园土壤环境，将是研究工作的重点。

1.5　施肥与土壤微生态环境的关系

合理施用有机肥是有效改善土壤微生态平衡的最佳方式之一，是防治

植物土传病害的一种重要途径（韩颖等，2016；Tao et al.，2017）。研究表明，有机肥能改变土壤的理化性质，增强土壤腐生菌活力，抑制病原菌，增强植株抗病力。此外，有机肥的施用促进了土壤有益微生物增长，或者诱导了拮抗菌的生长，土壤中的拮抗菌将有机肥作为碳源，活力增强，改变土壤中微生物菌群，抑制了根际病原菌，改善了土壤微生物群落结构（蔡燕飞等，2003；Yu et al.，2014；Li et al.，2017）。近年来研究表明，施用生物炭肥可以增加微生物群落，改善土壤的微生态功能活性，从而有助于养分利用，提高植物的生物量，增强作物抵抗病害的能力，有效控制青枯病（万惠霞等，2015；Gu et al.，2016）。然而抑制植物土传病害在一定程度上是土壤微生物的群体作用，当土壤微生物群落结构越丰富，物种越均匀，多样性越高时，对抗病原菌的综合能力越强（Yu et al.，2016）。施用有机肥或生物炭肥提高植物抗病性主要表现在改善土壤微生态环境，如通过改变土壤微生物群落多样性和营养结构，从而抑制土传病害微生物的繁殖。

但是，施肥改善土壤微生态环境，如改善土壤微生物种群结构多样性的同时，也调控根系分泌物的组分和数量，根系分泌物对根际微生物群落结构有选择塑造作用。研究表明，根系分泌物介导下的植物-微生物互作关系变化对于土壤肥力、健康状况，以及植物生长发育有着极其重要的作用。根系分泌物为土壤微生物提供丰富的营养，而土壤微生物可借助趋化感应，游向富含根系分泌物的根际及根表面进行定殖与繁殖。Lakshmanan 等（2012）研究发现，番茄叶片受到病原菌侵染后，可通过调节根系分泌物组分与含量，如增加根系苹果酸分泌释放量，使更多的苹果酸进入根际，从而招募更多的有益菌向根际聚集，这些有益菌可进一步引发植物的诱导性系统抗性以对病原菌产生防御反应。

近年来越来越多的学者认为，根系分泌物生态效应的间接作用及土壤微生物区系紊乱是导致植物病害形成的主要因素，这可能是由于在根系分泌物特定组分的介导下，某些类群的微生物（如土传病原菌）大量繁殖，同时抑制其他有益微生物（如假单胞菌等拮抗菌）的生长，进而改变了植物根系分泌物的组分和数量，为趋化性病原微生物提供更多的碳源、能源，形成恶性循环，造成植物生长发育不良。Zhou 和 Wu（2012）通过外源添加黄瓜自毒物质（香豆酸）至土壤中，也发现香豆酸对土壤微生物群落结构产生显著影响，导致厚壁菌门、β 变形菌门等细菌大量增加，而使拟杆菌门、δ 变形菌门、浮霉菌门等细菌显著减少，同时还造成土壤中病原菌（如尖孢镰刀菌等）大量繁殖增长。Mendes 等（2011）运用 PhyloChip 芯片技术对抑病型土壤和利病型土壤中的微生物群落结构进行分析，发现种植于抑病型土壤的甜菜根际优势群落普遍为拮抗病原菌相关的微生物，如放线菌门、β 变形菌门、γ 变形菌门等，尤其是其中的假单胞菌在抑病型土壤中的数量极显著高于利病型土壤中，这可能是由根系分泌物介导下植物与根际特异微生物共同作用的结果。可见，根系分泌物介导下的土壤微生物群落结构与功能多样性变化对其他植物或植物自身的生长发育都产生重要的影响。然而，对于不同施肥与桑园土壤微生态环境关系等系统研究，目前还未见研究报道。

1.6 研究施肥对桑园土壤微生态环境影响的重要意义

植物的健康状况是植物、土壤环境及土壤微生物间相互作用的结果，其中土壤微生物是植物-土壤系统中比较活跃的组成成分，土壤微生物多样性代表着微生物群落的稳定性，对土壤肥力的演变、植物有效养分的持续供给及土传病害的防治等起着举足轻重的作用（Enwall et al.，2005；Yu et al.，2016）。而根系分泌物对根际微生物群落结构具有选择塑造作用，不同植物体的根际微生物群落结构具有独特性与代表性（Bowsher et al.，2016）；反之，根际微生物群落结构变化也对植物根系分泌物释放、土壤物质循环、能量流动、信息传递等有重要的影响，进而影响植物的生长发育过程（Guo et al.，2017；Kaštovská et al.，2017）。

我国是丝绸大国，蚕茧产量和生丝产量居世界首位。2020 年，桑园面积1 100余万亩，发种量1 600余万张，生产鲜茧 70 余万吨，丝绸工业总产值达2 000多亿元，出口创汇 30 多亿美元，蚕桑产业已经成为推动广西、云南、湖北等中西部地区农村经济发展和带动农民脱贫致富的重要产业。“十一五”期间蚕桑产业出现了由东向中西部转移的趋势，在茧丝绸行业“十二五”发展纲要中，将在中西部地区建设优质蚕桑基地列为重点任务之一。通过对中西部地区重要蚕桑生产基地栽培现状进行调研表明，桑园立地条件普遍较差，多处于山坡地带，桑树产叶量较低，而因养蚕需要每年大量且多次采摘桑叶，为获得高产量桑叶，蚕农长期偏施氮肥，无机氮肥的施入对桑树产叶量增产效果明显，但是，氮肥长期的超量施用也造成了桑园土壤酸化现象严重，土壤环境恶化，氮肥利用率下降，最终导致桑叶产量降低，品质变差，养蚕成绩差。深入探索不同施肥条件下，根系分泌物介导下的植物-土壤-微生物复杂的互作关系，对于合理有效地调控根际微生态系统，提高养分利用效率与作物抗病力，实现蚕桑生产可持续发展，具有重要的理论参考，同时对桑园肥料的合理施用和高效管理具有指导意义。

参考文献

蔡燕飞，廖宗文，章家恩，等，2003. 生态有机肥对番茄青枯病及土壤微生物多样性的影响［J］. 应用生态学报，14：349-353.

韩颖，辛晓通，韩晓日，等，2016. 不同模式长期定位施肥对土壤微生物区系的影响［J］. 华南农业大学学报，37（2）：51-58.

万惠霞，冯小虎，张文梅，等，2015. 生态炭肥防治烟草青枯病及其土壤微生态学机理分析［J］. 江西农业学报，27（6）：92-97.

Bowsher A W, Ali R, Harding S, et al., 2016. Evolutionary divergences in root exudates composition among ecologically-contrasting Helianthus species [J]. Plos One, 11(1): e0148280.

Enwall K, Philippot L, Hallin S, 2005. Activity and composition of the denitrifying bacterial community respond differently to long-term fertilization [J]. Applied and Environmental Microbiology, 71(12): 8335-8343.

Guo M, Gong Z, Miao R, et al., 2017. The influence of root exudates of maize and soybean on polycyclicaromatic hydrocarbons degradation and soil bacterial community structure[J]. Ecological Engineering, 99: 22-30.

Gu Y, Hou Y, Huang D, et al., 2017. Application of biochar reduces *Ralstonia solanacearum* infection via effects on pathogen chemotaxis, swarming motility, and root exudate adsorption[J]. Plant Soil, 415(1/2): 269-281.

Kaštovská E, Edwards K, Šantrůčková H, 2017. Rhizodeposition flux of competitive versus conservative graminoid: contribution of exudates and root lysates as affected by N loading[J]. Plant Soil, 412: 331-344.

Lakshmanan V, Kitto S L, Caplan J L, et al., 2012. Microbe-associated molecular patterns-triggered root responses mediate beneficial rhizobacterial recruitment in *Arabidopsis*[J]. Plant Physiology,160:1642-1661.

Li F, Chen L, Zhang J, et al., 2017. Bacterial community structure after long-term organic and inorganic fertilization reveals important associations between soil nutrients and specific taxa involved in nutrient transformations [J]. Frontiers in Microbiology,8:1-12.

Mendes R,Kruijt M,de Bruijn I,et al.,2011. Deciphering the rhizosphere microbiome for disease-suppressive bacteria[J]. Science,332:1097-1100.

Tao J, Liu X, Liang Y, et al., 2017. Maize growth responses to soil microbes and soil properties after fertilization with different green manures[J]. Applied Microbiology Biotechnology,101:1289-1299.

Yu C,Hu X,Deng W,et al.,2016. Soil fungal community comparison of different mulberry genotypes and the relationship with mulberry fruit sclerotiniosis [J]. Scientific Reports,6:28365.

Yu C, Hu X, Deng W, et al., 2014. Changes in soil microbial community structure and functional diversity in the rhizosphere surrounding mulberry subjected to long-term fertilization[J]. Applied Soil Ecology,86:30-40.

Yu C,Hu X,Deng W,et al.,2016. Response of bacteria community to long-term inorganic nitrogen application in mulberry field soil [J]. Plos One, 11 (12):e0168152.

Zhou X,Wu F,2012. P-Coumaric acid influenced cucumber rhizosphere soil microbial communities and the growth of *Fusarium oxysporum* f. sp. *cucumerinum* Owen[J]. Plos One,7:e48288.

第 2 章　施肥与土壤理化性质

肥料是农业生产的基本资料，是决定植物健康生长的关键因子之一，具有满足植物生长对矿质元素的需求，改善土壤理化性质的作用。土壤理化性质不仅是土壤持水性能更是土壤肥力水平的重要体现，是综合反映土壤质量的重要组成部分。施肥是提高土壤肥力的重要措施，但是不科学的施肥将使得肥料效益变低和土壤质量转差。土壤理化性质的好坏直接决定土壤能否充分为植物发育提供所需的养分，从而影响作物的产量和品质。

2.1　长期偏施氮肥对桑园土壤理化性质的影响

2.1.1　试验设计与土壤样品采集

试验地位于湖北省农业科学院经济作物研究所的桑树资源圃（30°35′N，114°37′E，海拔 50 m），具有典型的亚热带季风性气候，平均年降水量为 1 269 mm，平均温度为 15.8～17.5 ℃。试验桑树品种为湖桑 32 号，分别定植于 1982 年、1997 年和 2010 年，定植株行距为 0.5 m×1.7 m。每个处理小区面积 30 m^2，重复 4 次，自定植以来统一施用化肥尿素，每年施用 450 kg/hm^2（纯 N），肥料分 2 次施入，春季施入 40%，夏伐后施入 60%，施肥方式为沟施，施肥后覆土，以未施肥桑园田埂土壤为对照。

于 2014 年和 2015 年 3 月、4 月、5 月、6 月、7 月、8 月、9 月、11 月，采用“S”形 5 点取样法取施肥 4 年（4Y），17 年（17Y），32 年（32Y）和对照（0Y）0～20 cm 土层土壤并分别混匀，记录取样点 GPS 信息。一部分土样（约 100 g）置于 4 ℃冰箱保存，用于土壤微生物数量检测；一部分土样（约 100 g）用液氮速冻后置于-20 ℃保存，以供后续土壤微生物分子生物学研究；另一部分土样则自然风干，用于土壤理化性质分析。

2.1.2　土壤理化性质测定方法

土壤速效氮、速效磷、速效钾及有机质含量测定，分别采用碱解扩散法、碳酸氢钠浸提-钼锑抗比色法、醋酸铵浸提-火焰光度法和重铬酸钾容量法-外加热法（鲁如坤，2000）。土壤 pH 值的测定采用电位测定法，按土水比 1∶2.5 浸提。

土壤硝态氮的测定采用酚二磺酸比色法，土壤铵态氮测定采用纳氏试剂比色法，土壤潜在硝化速率（PNR）测定采用格里斯试剂比色法。

2.1.3　不同氮肥施用年限桑园土壤速效氮含量比较

从表 2-1 可知，2014 年和 2015 年各取样日期整体而言 4Y 土壤速效氮含量高于其他氮肥施用年限桑园土壤，其次是 17Y 土壤，而 0Y 土壤速效氮含量最低，且与 4Y 土壤间比较差异达显著水平（$P<0.05$）。不同取样时间比较，从 3 月至 11 月，0Y 和 32Y 土壤速效氮的含量波动幅度比较小，4Y 和 17Y 土壤速效氮含量波动幅度稍大，含量最高都是在 11 月份。

表 2-1　不同氮肥施用年限桑园土壤速效氮含量变化　　单位：mg/kg

取样时间		氮肥施用年限			
		0Y	4Y	17Y	32Y
2014 年	3 月	32. 27±0. 88c	49. 27±1. 93a	42. 14±0. 18b	41. 16±0. 22b
	5 月	42. 37±0. 82c	50. 32±0. 84a	45. 13±0. 88b	42. 20±0. 62c
	7 月	34. 35±0. 18c	53. 27±0. 53a	52. 3±0. 16a	43. 62±0. 22b
	9 月	38. 70±0. 31c	54. 40±0. 62a	55. 18±0. 24a	43. 27±0. 20b
	11 月	37. 22±0. 69c	60. 17±0. 52a	60. 15±0. 39a	48. 18±0. 65b
2015 年	3 月	36. 93±0. 53c	50. 24±0. 24a	45. 68±0. 18b	49. 35±0. 12a
	5 月	45. 68±0. 51c	52. 37±0. 34a	47. 43±1. 05bc	49. 88±1. 40b
	7 月	36. 58±1. 23c	55. 64±0. 43a	54. 43±1. 23a	49. 88±0. 18b
	9 月	40. 43±0. 18b	59. 65±0. 61a	58. 63±0. 88a	42. 88±0. 81b
	11 月	38. 68±0. 88c	68. 30±0. 39a	67. 43±1. 23a	52. 48±0. 18b

同行数据后不同小写字母表示处理间差异显著（$P<0.05$）

2.1.4　不同氮肥施用年限桑园土壤速效磷含量比较

从表2-2中可以看出，17Y土壤速效磷含量高于32Y、4Y和0Y桑园土壤，且与4Y和0Y土壤间比较差异达显著水平（$P<0.05$）。各取样日期间比较，从3月至11月，0Y土壤速效磷的含量波动幅度比较小，4Y和17Y土壤波动稍大，且3月含量最高。3月到5月是桑树的萌芽期到果实生长期，此期间速效磷的含量明显降低，说明此时桑树对磷肥的需求量比较大。2014年所有处理9月速效磷含量达到最低水平。

表2-2　不同氮肥施用年限桑园土壤速效磷含量变化　　单位：mg/kg

取样时间		氮肥施用年限			
		0Y	4Y	17Y	32Y
2014年	3月	4.05±0.33d	42.06±0.31b	68.70±1.66a	14.17±0.32c
	5月	6.37±0.60c	14.96±0.42b	36.55±0.51a	16.33±0.32b
	7月	5.16±0.70d	20.58±0.40c	47.01±0.59a	31.26±0.65b
	9月	4.05±0.81d	7.91±0.93c	30.82±0.84a	17.60±0.63b
	11月	6.70±0.64d	20.36±0.52c	63.32±0.51a	29.85±0.60b
2015年	3月	7.47±0.22c	48.25±0.21b	55.72±2.30a	7.98±0.13c
	5月	12.83±0.99c	25.62±0.31b	35.08±0.46a	24.17±0.13b
	7月	9.23±0.44c	18.69±0.30b	22.08±0.13a	24.19±0.58a
	9月	7.10±0.51d	18.63±0.30c	46.39±1.04a	23.07±0.58b
	11月	6.00±0.55c	22.69±0.31b	54.34±0.39a	26.78±0.66b

同行数据后不同小写字母表示处理间差异显著（$P<0.05$）

2.1.5　不同氮肥施用年限桑园土壤速效钾含量比较

由表2-3可知，2014年3月取样，17Y土壤速效钾含量显著高于4Y、32Y和0Y土壤，且处理间比较差异达显著水平（$P<0.05$）。其他取样日期均为4Y土壤速效钾含量最高，与其他取样土壤相比差异达显著水平（$P<0.05$）。各取样日期均为0Y土壤速效钾含量最低。2015年17Y土壤速效钾含量高于其他氮肥施用年限土壤，且与0Y和32Y土壤相比差异均达显著水平，而与4Y土壤相比，除5月外，其他取样日期间比较差异不显著。各取样日期间比较，3月不同氮肥施用年限桑园土壤速效钾含量高

于其他取样日期土壤（2014 年 4Y 处理除外）。

表 2-3　不同氮肥施用年限桑园土壤速效钾含量变化　单位：mg/kg

取样时间		氮肥施用年限			
		0Y	4Y	17Y	32Y
2014 年	3 月	47.00±1.09d	89.50±4.81b	116.50±1.01a	77.50±2.43c
	5 月	58.00±1.07c	99.50±1.62a	58.00±1.16c	71.00±1.31b
	7 月	46.50±0.80d	75.50±5.48a	56.00±0.54c	64.50±2.10b
	9 月	58.00±3.09c	153.50±2.31a	71.50±1.93b	60.00±2.39c
	11 月	68.50±1.08c	147.00±2.19a	57.50±2.61d	79.50±2.44b
2015 年	3 月	70.06±0.79b	135.23±1.02a	135.74±1.04a	70.01±3.01b
	5 月	74.67±2.98d	142.36±1.37b	195.64±4.88a	90.90±1.64c
	7 月	70.40±1.60b	114.10±2.01a	112.17±4.71a	78.09±4.26b
	9 月	81.21±1.06b	109.37±1.51a	106.64±1.64a	63.14±0.82c
	11 月	87.55±1.21b	105.63±1.69a	112.78±1.68a	58.37±4.88c

同行数据后不同小写字母表示处理间差异显著（$P<0.05$）

2.1.6　不同氮肥施用年限桑园土壤有机质含量比较

由表 2-4 可以看出，处理间比较，4Y 土壤有机质含量高于其他处理土壤，且与 32Y 土壤相比，差异达显著水平（$P<0.05$）。不同取样日期间比较，各处理土壤有机质含量变化规律不明显，但总体呈升高趋势。

表 2-4　长期偏施氮肥条件下不同栽植年限桑园土壤有机质含量比较　单位：%

取样时间		氮肥施用年限			
		0Y	4Y	17Y	32Y
2014 年	3 月	1.61±0.031b	1.82±0.021a	1.54±0.023bc	1.52±0.021c
	5 月	1.64±0.021b	1.99±0.058a	1.40±0.015c	1.43±0.014c
	7 月	1.57±0.038b	1.98±0.011a	1.52±0.006b	1.59±0.018b
	9 月	1.76±0.048b	1.91±0.019a	1.62±0.026c	1.49±0.020d
	11 月	1.55±0.037c	1.96±0.022a	1.67±0.015b	1.57±0.014c

（续表）

取样时间		氮肥施用年限			
		0Y	4Y	17Y	32Y
2015年	3月	1.53±0.038c	1.96±0.025a	1.73±0.034b	1.60±0.021c
	5月	1.69±0.068b	2.10±0.032a	1.75±0.079b	1.55±0.016c
	7月	1.96±0.006a	1.96±0.011a	1.57±0.023b	1.41±0.017c
	9月	1.82±0.011ab	1.91±0.015a	1.98±0.042a	1.67±0.074b
	11月	1.60±0.026c	2.04±0.021a	1.83±0.011b	1.77±0.012b

同行数据后不同小写字母表示处理间差异显著（$P<0.05$）

2.1.7 不同氮肥施用年限桑园土壤其他理化指标变化

氮肥对桑园土壤pH值、NH_4^+-N、NO_3^--N、潜在硝化速率等指标的影响因氮肥施用年限不同而异（表2-5）。随着氮肥施用年限的增加，桑园土壤pH值、NO_3^--N含量、潜在硝化速率等指标呈下降趋势，而NH_4^+-N含量呈升高趋势。4Y土壤pH值、NO_3^--N含量和潜在硝化速率显著高于17Y和32Y土壤（$P<0.05$）。

表2-5 氮肥施用不同年限桑园土壤的理化特性

取样时间及施肥处理			理化指标			
			pH值	NH_4^+-N（mg/kg）	NO_3^--N（mg/kg）	潜在硝化（NO_2-N）速率[mg/（kg·h）]
2014年	5月	0Y	6.31±0.09a	0.62±0.03c	24.41±0.74b	0.19±0.02b
		4Y	6.41±0.12a	2.32±0.08b	31.34±0.41a	0.37±0.05a
		17Y	5.82±0.08b	4.38±0.20a	25.57±0.12b	0.23±0.01b
		32Y	5.53±0.06c	4.25±0.06a	21.77±0.63c	0.19±0.01b
	7月	0Y	6.37±0.11a	0.60±0.34d	24.07±0.81c	0.22±0.03b
		4Y	6.39±0.15a	2.63±0.29c	34.46±0.10a	0.38±0.08a
		17Y	5.80±0.10b	3.47±0.42b	28.44±0.02b	0.26±0.03b
		32Y	5.54±0.07c	4.47±0.06a	27.56±0.35bc	0.21±0.04b
	11月	0Y	6.41±0.11a	1.31±0.03c	29.07±0.34ab	0.17±0.03c
		4Y	6.40±0.08a	3.04±0.52b	31.87±0.45a	0.31±0.01a
		17Y	5.89±0.16b	4.38±0.14a	20.21±2.11b	0.23±0.02b
		32Y	5.55±0.17c	4.07±0.20ab	19.24±2.00b	0.20±0.07bc

（续表）

取样时间及施肥处理			理化指标			
			pH 值	NH_4^+-N (mg/kg)	NO_3^--N (mg/kg)	潜在硝化 (NO_2-N) 速率 [mg/ (kg · h)]
2015 年	5 月	0Y	6. 30±0. 09a	1. 32±0. 11c	23. 11±0. 18b	0. 20±0. 02bc
		4Y	6. 38±0. 14a	3. 09±0. 03b	33. 25±0. 38a	0. 38±0. 03a
		17Y	5. 81±0. 18b	3. 59±0. 23ab	23. 46±0. 16b	0. 24±0. 01b
		32Y	5. 53±0. 06c	4. 06±0. 03a	19. 51±0. 54c	0. 17±0. 03c
	7 月	0Y	6. 31±0. 12a	1. 65±0. 40c	25. 77±0. 74b	0. 25±0. 05b
		4Y	6. 38±0. 07a	3. 31±0. 29b	36. 15±0. 42a	0. 34±0. 06a
		17Y	5. 84±0. 05b	4. 21±0. 48a	26. 51±0. 12b	0. 26±0. 02b
		32Y	5. 57±0. 13c	4. 39±1. 26a	20. 65±0. 63c	0. 22±0. 02b
	11 月	0Y	6. 39±0. 07a	2. 05±0. 37b	31. 85±0. 83ab	0. 17±0. 07c
		4Y	6. 37±0. 10a	3. 07±0. 23ab	34. 94±1. 56a	0. 35±0. 10a
		17Y	5. 89±0. 11b	3. 95±0. 34a	23. 78±2. 7b	0. 24±0. 04b
		32Y	5. 54±0. 09c	4. 11±0. 10a	19. 14±1. 59c	0. 21±0. 03bc

同行数据后不同小写字母表示处理间差异显著（$P<0.05$）

2.2　不同施肥种类对桑园土壤理化性质的影响

2.2.1　试验设计与土壤样品采集

试验地选择在湖北省农业科学院经济作物研究所的桑树资源圃（30°35′N，114°37′E，海拔 50 m），具有典型的亚热带季风性气候，平均年降水量为1 269 mm，平均温度为 15. 8 ℃ 到 17. 5 ℃之间。试验桑园的桑树品种为育 71-1，定植于 1997 年。供试桑园的土壤基本肥力状况为有机质 11. 6 g/kg，碱解氮 125. 31 mg/kg，速效磷 113. 24 mg/kg，速效钾 45. 1 mg/kg；土壤 pH 值 6. 21。

桑园自 2008 年起已按以下施肥方案进行长期定量施肥试验。小区试验共设置 4 种施肥方案（全年施肥量）：3 000 kg/hm^{2}有机-无机桑树专用复混肥处理组（OIO）；与 OIO 处理组等氮的尿素，即 450 kg/hm^{2}氮素（N）；与 OIO 处理组等氮、磷、钾的复合肥，即 450 kg/hm^2 N、

120 kg/hm² P_2O_5、180 kg/hm² K_2O（NPK）；对照组为未施肥处理（NF）。每个处理小区面积 30 m²，重复 4 次。供试有机-无机桑树专用复混肥是根据桑园土壤特点及桑树对养分的需求规律研制而成的复合肥料，其中N、P_2O_5、K_2O 的质量比例为 15：4：6，有机质质量分数为 20%。化肥为尿素、过磷酸钙和氯化钾。肥料分 2 次施入，春季施入 40%，夏伐后施入 60%，施肥方式为沟施，施肥后覆土。于 2011 年、2012 年、2014 年进行土壤样品的采集，在每年的 3 月、4 月、5 月、6 月、7 月、8 月、9 月、11 月，采用“S”形 5 点取样法取 0~20 cm 土层土壤并分别混匀，记录取样点 GPS 信息。采集的一部分土样（约 200 g）用液氮冷冻后-80 ℃保存，供分子生物学研究；另一部分土样用于常规分析。

2.2.2 土壤理化性质测定方法

同本章 2.1.2。

2.2.3 不同施肥种类桑园土壤速效氮含量比较

由表 2-6 可见，2012 年除 3 月外，其他取样时期 N 处理土壤速效氮含量高于其他施肥处理，OIO 处理次之，而 NF 处理土壤速效氮含量最低。N 处理与 NF 处理间比较差异达显著水平（$P<0.05$）。2014 年除 3 月和 11 月外，N 处理桑园土壤速效氮含量高于其他施肥处理，OIO 处理次之，NF 处理最低；除 3 月和 4 月外，N 处理土壤速效氮含量与 OIO 处理间比较差异不显著，而与 NF 处理比较差异达显著水平（$P<0.05$）。

表 2-6 不同施肥种类桑园土壤速效氮含量比较 单位：mg/kg

取样时间		施肥处理			
		OIO	N	NPK	NF
2012 年	3 月	50.85±2.05a	46.05±2.36ab	40.15±1.59b	20.92±0.43c
	4 月	32.70±0.38b	41.54±0.54a	27.98±0.69c	18.19±0.79d
	5 月	42.24±0.13a	42.97±1.17a	37.06±0.42b	21.35±0.25c
	6 月	43.33±0.26a	44.59±1.65a	41.94±0.81a	19.06±0.39b
	7 月	39.21±0.55a	41.71±2.09a	30.21±0.26b	16.37±0.38c
	8 月	40.42±0.75a	44.03±1.33a	41.58±0.73a	21.05±0.94b
	9 月	47.36±1.13a	49.72±0.72a	48.30±1.48a	21.51±0.47b
	11 月	51.87±1.32a	53.02±2.12a	43.86±0.23b	22.50±0.09c

（续表）

取样时间		施肥处理			
		OIO	N	NPK	NF
2014 年	3 月	54. 26±0. 18a	44. 27±1. 36b	47. 16±0. 53ab	17. 27±0. 65c
	4 月	49. 24±1. 05b	56. 21±1. 40a	50. 32±0. 53ab	18. 63±1. 36c
	5 月	49. 59±1. 23a	50. 32±0. 18a	49. 25±1. 23a	18. 29±1. 01b
	6 月	52. 25±0. 88a	51. 63±0. 88a	49. 64±0. 18a	19. 34±0. 68b
	7 月	51. 62±1. 23ab	55. 62±0. 18a	52. 36±0. 88ab	18. 69±0. 92c
	8 月	53. 58±0. 88a	54. 26±0. 88a	53. 27±0. 18a	17. 29±0. 86b
	9 月	55. 26±1. 93a	55. 69±0. 88a	53. 90±0. 53a	20. 63±1. 64b
	11 月	57. 39±0. 18a	56. 32±0. 88a	44. 37±0. 18b	19. 24±0. 52c

同行数据后不同小写字母表示处理间差异显著（$P<0.05$）

2.2.4　不同施肥种类桑园土壤速效磷含量比较

由表 2-7 可以看出，2012 年 3 月、5 月、8 月、9 月和 11 月 OIO 处理桑园土壤速效磷含量高于其他施肥处理，8 月、9 月和 11 月 OIO 处理土壤速效磷含量与 N 和 NF 处理间比较差异达显著水平（$P<0.05$）。2014 年 3 月、4 月、5 月、7 月、8 月、11 月 OIO 处理桑园土壤速效磷含量高于其他施肥处理，且处理间比较差异达显著水平（$P<0.05$），3 月、4 月、5 月、6 月、11 月 NPK 处理土壤速效磷含量低于 OIO 处理，但高于 N 和 CK 处理土壤。

施用尿素的土壤中速效磷含量与不施肥的速效磷含量相差不大，说明施用尿素对土壤中速效磷含量提高不明显，而使用桑树专用肥和 NPK 复合肥的土壤，速效磷水平明显提高。3 月和 5 月是桑树迅速生长期，故在这两个月份分别进行追肥。用桑树专用肥和 NPK 复合肥后，土壤速效磷含量增大。11 月的速效磷含量都有上升的趋势，可能的原因是：11 月份已到桑树的落叶期，桑树需要磷的含量很低，且该供试区 10 月和 11 月降水频繁，气候温暖，土壤溶液处于氧化-还原状态，随着高价铁的还原，铁氧化物吸附的磷得以释放，故土壤中磷的含量会增加（阚丹等，2012）。

表 2-7　不同施肥种类桑园土壤速效磷含量比较　　单位：mg/kg

取样时间		施肥处理			
		OIO	N	NPK	NF
2012 年	3 月	22.13±0.13a	10.40±0.38c	12.60±1.35b	14.08±0.22b
	4 月	29.10±0.26b	28.69±0.37a	15.03±0.46c	11.29±0.13c
	5 月	33.91±0.22a	30.16±0.46a	15.90±2.32b	10.70±0.13c
	6 月	20.39±0.13ab	24.87±3.31a	13.27±0.88c	13.71±0.34c
	7 月	19.73±0.34a	21.72±0.58a	18.98±0.46a	13.93±2.21b
	8 月	33.98±2.67a	22.96±1.91b	18.84±0.64b	18.26±0.58b
	9 月	21.79±1.23a	16.57±1.44b	10.47±0.64c	13.86±1.98bc
	11 月	41.91±0.46a	25.37±0.99b	41.00±1.02a	9.82±0.13c
2014 年	3 月	22.12±0.94a	7.14±0.74c	14.30±0.89b	12.32±0.79b
	4 月	28.65±0.60a	20.36±0.65b	23.21±0.70b	13.60±0.80c
	5 月	43.93±1.12a	24.19±1.02c	29.66±1.07b	13.42±0.84d
	6 月	27.62±1.038ab	20.70±0.70b	30.27±0.50a	15.96±0.82c
	7 月	25.64±0.86a	16.94±0.93b	14.08±1.16b	13.75±0.89b
	8 月	31.62±0.69a	21.36±0.91b	18.63±1.06b	20.25±0.81b
	9 月	17.82±0.80a	8.35±0.91b	9.12±0.93b	16.59±0.89a
	11 月	60.67±1.01a	34.13±0.86c	51.32±1.06b	28.51±0.90d

同行数据后不同小写字母表示处理间差异显著（$P<0.05$）

2.2.5　不同施肥种类桑园土壤速效钾含量比较

由表 2-8 可见，2012 年 3 月、5 月、6 月 OIO 处理桑园土壤速效钾含量高于其他施肥处理，且与 N 和 NF 处理间比较差异达显著水平（$P<0.05$），4 月、7 月、8 月、9 月和 11 月 NPK 处理桑园土壤速效钾含量最高，OIO 处理次之，NF 处理土壤速效钾含量最低，且 NPK 处理与其他处理间比较差异均达显著水平（$P<0.05$）。2014 年 3 月和 5 月 OIO 处理桑园土壤速效钾含量最高，NPK 处理次之，但差异未达显著水平，N 和 NF 处理土壤速效钾含量最低，且均与 OIO 和 NPK 处理间差异达显著水平（$P<0.05$）；4 月、6 月、7 月、8 月、9 月、11 月 NPK 处理土壤速效钾含量最高，OIO 处理次之，而 N 处理土壤最低，且 NPK 处理与其他处理间

比较差异均达显著水平（$P<0.05$）。

不施肥桑园土壤速效钾含量在一年中各个时期含量波动不大，为 48.5~63.0 mg/kg，低于 100 mg/kg，故此土壤的速效钾含量也是处于较低水平。施用尿素处理桑园土壤速效钾含量较低，在 3 月和 5 月施用尿素之后，速效钾的含量并没有增加，也说明了施用尿素并不能促进矿物质或有机质分解释放钾素。而施用 NPK 复合肥之后的桑园土壤，其中速效钾的含量较高，NPK 复合肥处理能够在不同程度上提高土壤中速效钾的含量。

表 2-8　不同施肥种类桑园土壤速效钾含量比较　单位：mg/kg

取样时间		施肥处理			
		OIO	N	NPK	NF
2012 年	3 月	160.5±7.5a	113.5±3.0b	119.5±1.5b	48.5±5.0c
	4 月	91.5±2.0b	62.0±3.0c	132.0±0.5a	51.5±3.5c
	5 月	146.0±2.0a	85.5±6.5c	124.5±0.5b	73.0±2.0d
	6 月	83.0±0.0a	67.5±0.5b	82.5±1.5a	53.5±5.0c
	7 月	60.0±1.0b	66.5±0.5b	89.5±0.5a	46.5±0.5c
	8 月	69.0±2.0b	66.5±0.5b	107.0±2.0a	58.0±1.0c
	9 月	73.0±1.0b	56.5±0.5d	93.5±0.5a	63.0±0.0c
	11 月	91.0±0.0b	68.0±2.0c	105.0±0.0a	60.5±1.5c
2014 年	3 月	99.0±1.0a	53.0±3.5b	94.0±0.5a	58.0±2.5b
	4 月	79.5±1.0b	54.5±1.5c	96.5±0.5a	55.5±2.0c
	5 月	89.0±4.5a	57.0±1.5c	86.0±2.5a	63.0±2.0b
	6 月	65.5±4.0b	51.0±1.5c	87.5±5.5a	60.5±2.5b
	7 月	65.0±4.5b	45.0±4.0c	89.5±1.5a	61.5±3.0b
	8 月	60.0±1.0b	45.5±1.0c	93.0±0.5a	58.0±1.5b
	9 月	58.0±1.5b	43.5±0.5c	69.5±1.0a	55.5±2.5b
	11 月	92.5±1.5b	47.0±4.5c	132.0±0.5a	51.0±3.0c

同行数据后不同小写字母表示处理间差异显著（$P<0.05$）

2.2.6　不同施肥种类桑园土壤有机质含量比较

由表 2-9 可知，2012 年 OIO 处理桑园土壤有机质含量高于其他施肥处理，NPK 处理次之，而 N 和 NF 处理土壤有机质含量较低。处理间比较，OIO 处理土壤有机质含量与 N 和 NF 处理比较，差异达显著水平（$P<0.05$）（4 月份 N 处理除外）。2014 年各取样时期 OIO 处理土壤有机质含量高于其他施肥处理，且除与 5 月、6 月、7 月、8 月、11 月 NPK 处理相比差异不显著外，与其他施肥处理各取样时期间比较差异均达显著水平（$P<0.05$），N 和 NF 处理土壤有机质含量相对较低。长期不施肥土壤有机质含量变化相对稳定，各施肥处理平均有机质含量高于长期不施肥处理，施用桑树专用肥处理对于土壤有机质含量有较为明显作用。施用桑树专用肥能稍微提高有机质含量或者维持有机质含量的稳定，可有效地改善土壤有机质状况。

表 2-9　不同氮肥处理桑园土壤有机质含量比较　　单位：%

取样时间		施肥处理			
		OIO	N	NPK	NF
2012 年	3 月	1.90±0.02a	1.54±0.01b	1.61±0.02b	1.51±0.02b
	4 月	1.91±0.02a	1.66±0.07ab	1.72±0.02a	1.53±0.03b
	5 月	2.04±0.06a	1.67±0.05b	1.94±0.01ab	1.43±0.01c
	6 月	1.88±0.06a	1.60±0.00b	1.86±0.05a	1.46±0.02c
	7 月	1.91±0.03a	1.55±0.06c	1.72±0.01b	1.49±0.06c
	8 月	1.90±0.01a	1.57±0.01c	1.79±0.01ab	1.54±0.01c
	9 月	1.94±0.00a	1.38±0.01c	1.79±0.01b	1.41±0.02c
	11 月	1.92±0.02a	1.64±0.03b	1.88±0.01a	1.55±0.02b
2014 年	3 月	1.88±0.03a	1.52±0.04b	1.60±0.05b	1.52±0.07b
	4 月	1.84±0.02a	1.64±0.01bc	1.70±0.02b	1.60±0.03c
	5 月	2.02±0.02a	1.52±0.01b	1.90±0.03a	1.54±0.08b
	6 月	1.84±0.02a	1.57±0.02b	1.81±0.02a	1.53±0.02b
	7 月	1.76±0.04a	1.63±0.02b	1.76±0.04a	1.49±0.01c
	8 月	1.85±0.02a	1.59±0.06b	1.78±0.02a	1.49±0.01c
	9 月	2.00±0.01a	1.51±0.02c	1.83±0.03b	1.59±0.02c
	11 月	1.91±0.01a	1.66±0.01b	1.96±0.02a	1.50±0.02c

同行数据后不同小写字母表示处理间差异显著（$P<0.05$）

2.2.7　不同施肥种类桑园土壤 pH 值比较

由表 2-10 可见，2012 年 6 月、8 月、9 月、11 月，NPK 处理土壤 pH 值高于其他施肥处理，OIO 处理次之，而 N 处理土壤 pH 值最低，其他取样日期 OIO 处理土壤 pH 值最高，NPK 次之，N 处理土壤 pH 值最低。2014 年 5 月、6 月、9 月和 11 月，NPK 处理土壤 pH 值最高，而 N 处理土壤 pH 值最低，其他取样日期 OIO 处理土壤 pH 值最高，N 处理土壤 pH 值最低。

表 2-10　不同施肥种类桑园土壤 pH 值比较

取样时间		施肥处理			
		OIO	N	NPK	NF
2012 年	3 月	6. 40±0. 09a	5. 52±0. 02c	5. 98±0. 03b	6. 40±0. 02a
	4 月	6. 26±0. 05a	4. 93±0. 09b	6. 14±0. 04ab	6. 24±0. 05a
	5 月	6. 32±0. 06a	5. 71±0. 03b	6. 22±0. 07a	6. 26±0. 01a
	6 月	6. 38±0. 05ab	5. 76±0. 10b	6. 58±0. 12a	6. 27±0. 08ab
	7 月	6. 58±0. 09a	5. 82±0. 01b	6. 27±0. 02ab	6. 24±0. 01ab
	8 月	6. 29±0. 02a	5. 64±0. 08b	6. 34±0. 06a	6. 36±0. 09a
	9 月	6. 37±0. 01a	5. 59±0. 01b	6. 64±0. 04a	6. 28±0. 07ab
	11 月	6. 32±0. 02a	5. 69±0. 02b	6. 54±0. 01a	6. 30±0. 01a
2014 年	3 月	6. 34±0. 03a	5. 57±0. 02b	6. 25±0. 02a	6. 31±0. 02a
	4 月	6. 49±0. 09a	5. 21±0. 07c	6. 13±0. 12b	6. 29±0. 08ab
	5 月	6. 11±0. 02a	5. 50±0. 05b	6. 16±0. 01a	6. 15±0. 01a
	6 月	6. 28±0. 05ab	5. 67±0. 06b	6. 41±0. 05a	6. 27±0. 09ab
	7 月	6. 24±0. 03a	5. 61±0. 01b	6. 17±0. 09a	6. 14±0. 01a
	8 月	6. 29±0. 09a	5. 63±0. 10b	6. 29±0. 06a	6. 21±0. 07a
	9 月	6. 21±0. 04ab	5. 64±0. 01b	6. 46±0. 02a	6. 20±0. 02ab
	11 月	6. 42±0. 03a	5. 71±0. 02b	6. 51±0. 01a	6. 24±0. 01ab

同行数据后不同小写字母表示处理间差异显著（$P<0.05$）

2.2.8　土壤养分含量间的相关关系

土壤中的营养成分之间并非独立的，而是相互影响相互作用，表 2-11 中显示出速效磷、有机质、速效钾之间的相关关系，速效磷和速效钾、有机质之间均呈极显著正相关关系，而有机质与速效钾间相关性不显著。

表 2-11　土壤营养成分之间的相关关系

不同养分	速效磷	有机质	速效钾
速效氮	0.128	0.587**	0.217
速效磷	/	0.669**	0.413*
有机质	0.699**	/	0.336

* $P<0.05$；** $P<0.01$

2.3　施肥对不同桑树品种土壤理化性质的影响

2.3.1　试验设计与土壤样品采集

盆栽试验土壤取自广西壮族自治区宾阳县古辣镇南阳村桑园，以 1 年生抗青枯病基因型桑树品种抗青 10 号（KQ10）和易感青枯病基因型桑树品种桂优 12 号（GY12）为试验材料，苗木于 2018 年 8 月下旬定植于盆中，盆直径 24.5 cm，盆高 30 cm，每盆装 10 kg 土壤。定植后置于塑料大棚中观察生长情况。待树苗健康正常生长后，进行以下施肥处理：单施氮肥（300 kg/hm^2 N；N）、氮肥与有机肥配施（300 kg/hm^2 N+900 kg/hm^2 有机肥料；NO）、氮肥与生物炭肥配施（300 kg/hm^2 N+450 kg/hm^2 生物炭肥料；NB），以不施肥为对照组（CK），每个处理 10 盆桑苗，每盆 1 棵一年生桑苗，随机排列。施肥分 2 次施入，第 1 次施总量的 60%，第 2 次施总量的 40%，2 次施肥间隔为 1 周时间。施肥处理中氮肥为尿素，有机肥料为德隆生物有机肥，生物炭肥由山东丰本生物技术有限公司生产，各处理组除草等常规管理措施均相同。

施肥后于 10 月 29 日、11 月 26 日、12 月 24 日采用抖根法（Mallik et al.，1997）收集各处理组桑树的根际土壤。将每个处理组各 3 盆试验桑树材料轻轻挖出，将抖落的土壤收集到样本袋中，并手动去除可见的根系以及其他杂物，然后将一个处理组的 3 个重复的土样轻轻混合为一个混合土样，记上标记后将取得的新鲜土样在保持低温（0 ℃）的条件下迅速带回实验室。带回实验室的新鲜土样分别转入 4 ℃保存，用于分析根际微生物的数量和碳代谢功能多样性；另一部分土样放置常温下直至自然晾干，用于根际土壤理化性质和土壤酶活性分析。

2.3.2　土壤理化性质检测方法

同本章 2.1.2。

2.3.3　不同施肥及不同桑树品种土壤理化性质比较

从表 2-12 中可看出，NB 处理组桑树根际土壤有机质含量显著高于其他施肥处理组和 CK 组（$P<0.05$），NO 处理组次之，CK 土壤有机质含量相对较低。NO 和 NB 处理相对 N 处理和 CK 能够提高土壤速效氮、速效磷和速效钾含量，与 CK 相比差异达显著水平（$P<0.05$）。

表 2-12　不同施肥处理及不同抗病桑树品种根际土壤理化特性比较

调查项	施肥处理	供试品种					
		KQ10-10	GY62-10	KQ10-11	GY62-11	KQ10-12	GY62-12
有机质	CK	26. 1±0. 24c	26. 8±0. 21b	23. 8±0. 05c	25. 5±0. 06b	20. 6±0. 04c	22. 2±0. 08b
	N	29. 3±0. 22b	23. 8±0. 09bc	24. 2±0. 09c	23. 5±0. 17bc	21. 3±0. 06c	18. 7±0. 04c
	NO	29. 8±0. 06b	23. 9±0. 27bc	26. 7±0. 16b	22. 4±0. 06c	25. 9±0. 05b	21. 8±0. 11b
	NB	33. 5±0. 12a	45. 0±0. 02a	45. 2±0. 01a	45. 3±0. 03a	45. 0±0. 02a	44. 7±0. 01a
速效氮	CK	23. 28±0. 53d	24. 50±1. 40bc	19. 78±2. 78d	21. 88±1. 93cd	15. 58±0. 88c	18. 55±1. 05c
	N	43. 75±2. 55c	28. 35±0. 35ab	24. 15±1. 05bc	24. 85±1. 05b	29. 40±1. 50ab	26. 60±0. 70ab
	NO	59. 33±2. 63b	30. 10±0. 21a	30. 62±0. 53a	23. 98±1. 58bc	36. 40±1. 40a	28. 35±0. 35a
	NB	93. 10±3. 50a	31. 15±2. 55a	28. 00±1. 40ab	27. 13±2. 28a	29. 93±0. 18ab	19. 60±2. 80c
速效磷	CK	14. 52±1. 51c	10. 52±1. 73b	10. 55±1. 10d	11. 93±0. 99b	7. 03±1. 76c	8. 57±1. 08b
	N	10. 44±1. 74bc	9. 67±2. 42b	15. 18±1. 29c	8. 79±1. 98c	9. 78±1. 19bc	10. 54±1. 08ab
	NO	17. 38±2. 64b	13. 53±1. 43a	18. 59±0. 11b	15. 73±0. 33b	11. 10±0. 33b	11. 43±1. 10a
	NB	22. 67±1. 85a	10. 22±0. 99b	24. 43±2. 12a	16. 83±2. 64a	19. 59±2. 64a	8. 46±2. 97b

（续表）

调查项	施肥处理	供试品种					
		KQ10-10	GY62-10	KQ10-11	GY62-11	KQ10-12	GY62-12
速效钾	CK	8.50±0.30c	8.50±0.50d	10.00±0.20c	8.00±0.30c	10.00±1.10c	7.00±0.60c
	N	9.50±0.50c	11.50±0.40c	10.50±0.50c	9.00±0.20c	7.00±0.40d	9.00±0.50c
	NO	24.50±0.60b	18.50±0.50b	17.50±0.40b	18.50±0.50b	20.00±0.70b	18.00±0.40b
	NB	40.50±0.50a	47.50±0.30a	44.00±0.30a	49.50±0.50a	55.00±0.40a	41.00±0.30a

施肥处理组编码：N—单施氮肥，NO—氮肥配施有机肥，NB—氮肥配施生物炭肥，CK—未施肥。供试品种编码：KQ10—抗青枯病基因型桑树抗青10号，GY62—感青枯病基因型桑树桂优12号。处理组间的字母不同代表两个处理组间具有显著性差异（$P<0.05$，$n=3$）。-10，-11，-12代表取样月份

2.3.4 桑树根际土壤养分、酶活性与微生物数量相关性分析

采用Pearson相关分析对桑树根际土壤养分、酶活性与根际微生物数量进行相关性分析，从表2-13可见细菌数量与土壤有机质、速效氮含量及土壤脲酶活性存在着显著正相关关系，放线菌数量与土壤有机质、速效氮含量及中性磷酸酶活性存在着显著正相关关系，真菌数量与速效氮含量及脲酶活性呈显著负相关关系。微生物碳代谢多样性指数H与土壤有机质含量呈显著正相关关系。

表2-13 桑树根际土壤养分与根际微生物数量的相关性分析

微生物指标	速效氮	速效磷	速效钾	有机质	脲酶	中性磷酸酶
细菌	0.89 (0.001)	0.35 (0.314)	0.42 (0.207)	0.64 (0.010)	0.76 (0.011)	0.37 (0.121)
真菌	−0.64 (0.020)	−0.06 (0.865)	0.56 (0.071)	0.45 (0.141)	−0.65 (0.020)	0.38 (0.131)
放线菌	0.73 (0.013)	0.03 (0.940)	0.48 (0.132)	0.58 (0.021)	0.41 (0.161)	0.65 (0.024)
香农指数(H)	0.23 (0.201)	0.24 (0.750)	0.45 (0.130)	0.51 (0.028)	0.21 (0.271)	0.28 (0.121)

括号外为相关系数r，r绝对值越接近1，相关性越大；括号内为P值，当$P<0.05$时则为显著相关

2.4　结论

合理施肥是提高土壤肥力和恢复土壤地力的关键技术措施之一，其不仅能补充植物所需的营养物质，增加土地生产力，而且还可以改善土壤质量；但是不科学的施肥将使得肥料效益变低和土壤质量转差。土壤理化性质的好坏直接决定植物发育所需的养分充分与否，从而影响作物产量和品质。土壤有机质是植物养分的主要来源，可以促进作物的生长发育，改良土壤结构，促进土壤微生物的活动。王小兵等（2011）研究表明：长期定位施用有机肥处理土壤中有机质含量得到显著积累，水解氮、速效磷、速效钾含量均有所升高，而土壤全钾含量变化则趋于平缓，甚至有降低趋势。而长期偏施氮肥可增加土壤酸度，使营养元素的有效性发生了变化，以及增加铵态氮的浓度（于翠等，2021）。

本实验结果表明，长期施用有机无机复混肥，一方面，为作物创造了良好的土壤肥力条件，从而为土壤微生物提供了良好的生境；另一方面，提高了肥料利用率，减少了土壤中养分的累积，相对于传统偏施氮肥处理缓和了土壤酸化的趋势，从而减轻了盐分对作物与土壤微生物的胁迫，创造了有利于土壤微生物活动的场所。氮肥对桑园土壤 pH 值、有机质、速效氮、速效磷、速效钾、NH_4^+-N、NO_3^--N、潜在硝化速率等指标的影响因氮肥施用年限不同而异。随着氮肥施用年限的增加，桑园土壤 pH 值、有机质含量、NO_3^--N 含量、潜在硝化速率等指标呈下降趋势，而 NH_4^+-N 含量呈升高趋势。氮肥施用 4 年土壤 pH 值、有机质含量、NO_3^--N 含量和潜在硝化速率显著高于氮肥施用 17 年和 32 年土壤，说明不同的氮肥施用年限影响土壤养分含量的变化。

试验桑树的土壤本身便具有较高的基础磷素肥力，施用桑树专用肥和 NPK 复合肥的土壤，速效磷含量明显提高。试验桑树土壤有机质含量不高，NPK 复合肥能明显提高土壤有机质含量，桑树专用肥和尿素在一定程度上提高土壤有机质含量。在土壤微生物量与营养成分之间的相关分析中，发现土壤微生物生物量碳与速效磷、有机质呈极显著正相关，但是与速效钾含量相关性不显著。土壤微生物生物量氮与速效磷、有机质呈显著正相关，与速效钾含量相关性也不显著。速效磷和速效钾、有机质之间呈极显著正相关关系。

参考文献

阚丹，孙静娴，张雯，等，2012. 混价铁氢氧化物对无机磷的吸附/沉淀［J］. 土壤，44（3）：520-524.

鲁如坤，2000. 土壤农业化学分析方法［M］. 北京：中国农业科技出版社：21-142.

王小兵，骆永明，李振高，等，2011. 长期定位施肥对红壤旱地土壤有机质、养分和 CEC 的影响［J］. 江西农业学报，23（10）：133-136.

于翠，李欣，朱志贤，等，2021. 长期偏施氮肥对桑园土壤氨氧化微生物的影响［J］. 中国土壤与肥料（3）：35-44.

Mallik I U, 1997. Effect of phenolic compounds on selected soil properties [J]. Forest Ecology and Management, 92:11-18.

第 3 章　施肥与土壤酶活性

土壤酶是微生物、动植物活体分泌或动植物残渣、残骸经过分解之后释放到土壤中，是一类具有催化作用的活性物质。土壤酶作为土壤中的关键因子，推动着土壤系统中的生物化学过程，土壤酶可以通过各种酶促作用直接影响土壤养分的矿化作用，反映微生物代谢和营养需求的生化平衡，可衡量土壤微生物能量和养分的限制性，揭示土壤养分转化及供给状况。因此，可用土壤酶活性的强弱来衡量土壤的肥力，酶活性增加会影响土壤氮、磷、有机质等的含量，这些养分的增加也会反作用于酶，提高酶的活性。

土壤酶作为养分转化和循环的催化剂，具有重要的作用。土壤脲酶能够水解尿素，产生氨和碳酸，与土壤的氮素状况息息相关，通过脲酶活性可探索氮肥利用方面的研究，是土壤有机肥和氮肥利用率的重要指标（Dong et al.，2019）。土壤蔗糖酶可以催化蔗糖分解，增加土壤中易溶性营养物质，可作为评价土壤肥力水平的指标。土壤过氧化氢酶能反映土壤中微生物活动与氧化过程的强弱，测定酶活性可体现土壤能量和物质之间的转化程度。土壤磷酸酶是一类催化土壤有机磷化合物矿化的酶，其活性的高低直接影响着土壤中有机磷的分解转化及其生物有效性，是评价土壤磷素生物转化方向与强度的指标，根据其所处环境 pH 值的不同可分为酸性磷酸酶、碱性磷酸酶和中性磷酸酶。蛋白酶降解土壤中的蛋白质，纤维素酶将纤维素水解为单糖，为植物及土壤微生物的生长提供更多的能源物质。脱氢酶将质子和电子从底物转移到受体从而氧化土壤有机物，主要存在于土壤细菌中。脲酶水解尿素转化为氨，为植物提供氮源。碱性磷酸酶可加速有机磷的脱磷速度，影响土壤有效磷含量。过氧化氢酶分解土壤中的过氧化氢，从而抑制过氧化氢的毒害作用。

土壤酶活性可有效改善土壤质量，而且对外界干扰和环境变化的响应较敏感，同时也受到环境因素的影响而发生改变。土壤有效养分含量可通过影响植物和微生物的生长而间接作用于土壤酶，使土壤酶活性与养分之间产生关联（Dong et al.，2019）。多数研究认为，当土壤养分利用率低时，微生物通过分泌相应的酶类满足对养分的需求（Ma et al.，2020；刘仁等，2020）。土壤酶活性表现出相对复杂的变化，可能是由于土壤酶活性受养分需求和养分供应的共同调控，导致酶活性与养分之间缺乏明确的关系（Xu et al.，2017）。其中土壤酶活性的变化不仅与土壤酶本身的特性有关，也是土壤养分、生物特性、环境条件等综合作用的结果。

3.1 长期偏施氮肥对桑园土壤酶活性的影响

3.1.1 试验设计与土壤样品采集

同第2章2.1.1。

3.1.2 土壤酶活性测定方法

（1）土壤脲酶的测定

苯酚钠-次氯酸钠比色法，称取5.00 g风干土样，置于100 mL三角瓶中，随后加入甲苯1.0 mL静置15 min。随后加入柠檬酸盐缓冲液20 mL（pH值6.7）和10%尿素溶液10 mL。摇匀后在37 ℃恒温箱中培养24 h。准时取出过滤，将3 mL滤液加入50 mL容量瓶中，在加1.35 mol/L苯酚钠溶液4 mL和0.9%次氯酸钠3 mL，一边加一边摇匀，静置20 min后定容至刻度，1 h内用分光光度计于比色，波长为578 nm。同时做无土与无基质对照。

标准曲线绘制：分别取氮的工作液（1.471 7 g硫酸铵溶于水中稀释至1 L）1 mL、3 mL、5 mL、7 mL、9 mL、11 mL、13 mL于50 mL容量瓶中，后面步骤与样品一致。

结果计算：

脲酶活性则用24小时后1 g土壤中NH_3-N的毫克数表示。

NH_3-N［mg/（g·h）］=（$a_{样品}-a_{无土}-a_{无基质}$）×V×n/W/24

式中：a：准曲线上对应的NH_3-N毫克数；V：显色体积；n：分取倍数；W：土重（g）。

（2）土壤过氧化氢酶测定

高锰酸钾滴定法，取 2 g 过 1 mm 筛的风干土样于 100 mL 三角瓶中，加入 40 mL 蒸馏水和 5 mL 0.3%的 H_2O_2溶液，随后将三角瓶密封后放入摇床中摇 20 min。到点后立即拿出，加入 5 mL 3 N 的硫酸，用以稳定尚未分解的 H_2O_2。然后用滤纸过滤，吸取滤液 25 mL，用浓度为 0.02 mol/L的高锰酸钾滴定，溶液呈淡粉红色为滴定终点。

结果计算：

高锰酸钾的标定：准确称取 0.15 g $Na_2C_2O_4$于 100 mL 三角瓶中，加入 30 mL 的蒸馏水以及 20 mL 1.5 mol/L 的硫酸，放入水浴锅中加热至 75 ℃左右，用高锰酸钾滴定至紫红色（初始出现的紫红色非滴定终点，一直滴到 30 s 之后颜色不褪为止）。

过氧化氢的标定：吸取 5 mL 0.3% 的 H_2O_2 溶液，加入 10 mL 1.5 mol/L的硫酸，用高锰酸钾滴定至紫红色。

过氧化氢酶的活性是用 1 h 内每 g 土壤分解的过氧化氢的毫克数表示：

过氧化氢酶活性[mg/(g·h)] = $(V-V_s) \times C \times 51/V_0 \times 17/W \times 3$

V：为滴定空白消耗高锰酸钾的体积；V_s：为滴定样品消耗高锰酸钾的体积；C：为标定得出的高锰酸钾的浓度；V_0：为滴定的体积 25 mL；W：土重（g）。

（3）土壤蔗糖酶活性测定

蔗糖酶用的是 3,5-二硝基水杨酸比色法。取 2 g 风干土壤放入 100 mL三角瓶中，加入 8%的蔗糖溶液 15 mL 以及 5 mL 磷酸缓冲液（pH 值 5.5），滴 5 滴甲苯。将混合物轻轻摇匀，随后放入 37 ℃恒温箱中培养 24 小时。到时取出用滤纸过滤，随后吸取滤液 1 mL 移到试管中，加 DNS 试剂 3 mL，在沸腾的水浴锅中加热 5 min，取出放入自来水中冷却。最后将试管中的混合液移至 100 mL容量瓶中，蒸馏水定容至刻度。用分光光度计比色，波长为 508 nm（同时做无土和无基质对照）。标准曲线的绘制则是吸取 5 mg/mL 的葡萄糖标准液 0、0.1 mL、0.2 mL、0.3 mL、0.4 mL、0.5 mL 于试管中，用蒸馏水补充至 1 mL，随后步骤与样品一样。

结果计算：

蔗糖酶活性以 1 h，1 g 风干土生成葡萄糖的 mg 数表示。

蔗糖酶活性[mg/(g·h)] = ($a_{样品}-a_{无土}-a_{无基质}$) ×C×n/W/24

$a_{样品}$、$a_{无土}$、$a_{无基质}$：标准曲线得出对应葡萄糖标准液的体积；

C：葡萄糖标准液浓度；n：分取倍数；W：土重（g）。

（4）土壤酸性磷酸酶活性测定

采用 Solarbio 土壤酸性磷酸酶活性试剂盒测定。

3.1.3 不同氮肥施用年限桑园土壤脲酶活性比较

表 3-1 为不同氮肥施用年限桑园土壤脲酶活性变化不同处理间的比较，各取样日期 4Y 土壤脲酶活性高于其他氮肥施用年限桑园土壤，17Y 土壤次之（2014 年和 2015 年 9 月除外），而 0Y 土壤脲酶活性偏低，且与 4Y 土壤比较差异达显著水平（$P<0.05$）。全年取样间比较，0Y 土壤脲酶活性 3 月到 9 月间变化幅度较小，11 月脲酶活性最低；4Y 和 17Y 土壤脲酶活性 3 月份最高，之后呈逐步下降的趋势；而 32Y 土壤脲酶活性 5 月最高，11 月最低。

表 3-1 不同氮肥施用年限桑园土壤脲酶活性比较

单位：mg/(g·h)

取样时间		氮肥施用年限			
		0Y	4Y	17Y	32Y
2014 年	3 月	1.05±0.07c	1.94±0.06a	1.65±0.09b	1.20±0.06c
	5 月	1.02±0.09b	1.60±0.08a	1.53±0.08a	1.48±0.02ab
	7 月	0.91±0.05b	1.19±0.05a	0.97±0.05b	0.76±0.06c
	9 月	0.81±0.04b	1.29±0.07a	0.81±0.03b	1.21±0.09a
	11 月	0.65±0.01c	1.29±0.05a	0.72±0.03bc	0.85±0.07b
2015 年	3 月	1.07±0.07c	1.84±0.05a	1.60±0.03b	1.06±0.05c
	5 月	0.88±0.02b	1.49±0.05a	1.40±0.02a	1.30±0.07ab
	7 月	0.73±0.03c	1.30±0.09a	0.97±0.06b	0.72±0.07c
	9 月	0.80±0.02c	1.25±0.06a	0.90±0.06bc	1.04±0.03b
	11 月	0.55±0.08c	1.36±0.05a	0.87±0.08b	0.76±0.06bc

同行数据后不同小写字母表示处理间差异显著（$P<0.05$）

3.1.4 不同氮肥施用年限桑园土壤蔗糖酶活性比较

蔗糖酶广泛存在于土壤中且作为有机物的转化者，为植物和微生物提供营养物质（吕国红等，2005）。表 3-2 为不同氮肥施用年限桑园土壤蔗糖酶活性变化，处理间比较，2014 年 3 月和 5 月 17Y 土壤蔗糖酶活性最高，4Y 土壤次之，0Y 土壤最低，处理间比较差异均达显著水平（$P<0.05$）；7 月、9 月、11 月 4Y 土壤蔗糖酶活性最高，其次为 17Y 土壤，0Y 土壤最低，但 4Y 土壤与 17Y 土壤间比较差异未达显著水平（$P<0.05$），而与 32Y 和 0Y 土壤比较差异均达显著水平（$P<0.05$）。2015 年 3 月 17Y 土壤蔗糖酶活性最高，4Y 土壤次之，0Y 土壤最低，且处理间比较差异均达显著水平；5 月、7 月、9 月、11 月 4Y 土壤蔗糖酶活性最高，17Y 土壤次之（11 月除外），0Y 土壤最低，且 4Y 土壤与 17Y 土壤间比较差异不显著（7 月除外），而与 0Y 土壤相比差异达显著水平（$P<0.05$）。不同取样日期间比较，0Y 土壤蔗糖酶活性变化幅度较小，在 3 月和 5 月较高，7 月最低。4Y、17Y 和 32Y 土壤脲酶活性均在 3 月最高，之后呈下降趋势，11 月最低。

表 3-2　不同氮肥施用年限桑园土壤蔗糖酶活性比较

单位：mg/(g·h)

取样时间		氮肥施用年限			
		0Y	4Y	17Y	32Y
2014 年	3 月	0.82±0.07d	1.72±0.06b	2.80±0.05a	1.24±0.03c
	5 月	0.75±0.04d	1.41±0.06b	2.01±0.01a	1.17±0.05c
	7 月	0.65±0.07d	1.62±0.05a	1.40±0.07b	0.85±0.04c
	9 月	0.69±0.05c	1.16±0.02a	1.15±0.05a	1.01±0.05b
	11 月	0.65±0.04b	0.88±0.09a	0.71±0.08ab	0.66±0.08b
2015 年	3 月	0.73±0.07d	1.60±0.02b	2.42±0.01a	1.20±0.02c
	5 月	0.79±0.05c	1.35±0.04a	1.29±0.03a	1.09±0.07b
	7 月	0.70±0.03c	1.55±0.09a	1.09±0.03b	0.93±0.03bc
	9 月	0.61±0.03c	1.13±0.05a	1.10±0.07a	0.79±0.09b
	11 月	0.51±0.08b	0.79±0.07a	0.62±0.05ab	0.69±0.04a

同行数据后不同小写字母表示处理间差异显著（$P<0.05$）

3.1.5　不同氮肥施用年限桑园土壤酸性磷酸酶活性比较

由表 3-3 可知，不同氮肥施用年限处理间比较，2014 年 3 月、5 月、9 月 17Y 土壤酸性磷酸酶活性最高，4Y 土壤次之，0Y 土壤较低，且 3 月和 5 月 17Y 与 4Y、32Y、0Y 土壤间比较差异均达显著水平（$P<0.05$）；7

月和11月4Y土壤酸性磷酸酶活性最高，17Y土壤次之，0Y土壤最低，但4Y和17Y土壤间比较差异不显著，而与0Y和32Y土壤间比较差异均达显著水平（$P<0.05$）。2015年3月和5月17Y土壤酸性磷酸酶活性最高，4Y土壤次之，0Y土壤最低，3月17Y土壤与其他氮肥施用年限土壤相比差异均达显著水平，5月17Y土壤与4Y土壤间比较差异不显著，但与32Y和0Y土壤相比差异均达显著水平（$P<0.05$）；7月、9月、11月4Y土壤酸性磷酸酶活性最高，17Y土壤次之，0Y土壤最低，但4Y土壤与17Y土壤间比较差异不显著，而与32Y和0Y土壤相比差异均达显著水平（$P<0.05$）。不同取样日期间比较，4Y、17Y和32Y土壤5月酸性磷酸酶活性最高，之后呈下降趋势，到11月时又稍有升高，由此说明了土壤酸性磷酸酶活性受到季节的温度和水分影响比较大。而0Y土壤磷素酶活性不同取样日期间变化幅度较小。

各处理土壤年均土壤酶活性均值由高到低排列依次为：17Y>32Y>4Y>0Y。徐冬梅等（2003）在研究模拟酸雨对土壤酸性磷酸酶活性的影响中得出了土壤酸性磷酸酶与土壤pH的关系，酸雨改变了土壤的pH，进而影响酸性磷酸酶的活性，在近中性土壤中，酶活性由激活到抑制的变化过程，在酸性土壤中会使酶活性下降，即为一定量的［H^+］会使得土壤酸性磷酸酶活性增加，过量则会抑制土壤酸性磷酸酶的提高或使得土壤酸性磷酸酶活性降低。长期进行偏施氮肥处理会使土壤酸化，使得［H^+］增大。在表3-3中可见0Y、4Y、17Y这三种处理的桑园土壤酸性磷酸酶活性呈一个上升的趋势，说明了从0年到17年这个过程，土壤中的［H^+］增大。到32年时土壤酸性磷酸酶逐渐减小，即因为［H^+］对于土壤酸性酶而言已是过量，其活性遭到抑制甚至降低。

表3-3　不同氮肥施用年限桑园土壤酸性磷酸酶活性比较

单位：nmol/(g·h)

取样时间		氮肥施用年限			
		0Y	4Y	17Y	32Y
2014年	3月	445.22±10.12c	802.76±6.06b	948.21±9.03a	839.12±4.94b
	5月	464.29±9.07d	977.58±8.05b	1 103.44±7.78a	916.04±6.98c
	7月	329.55±6.04c	626.23±9.32a	618.57±6.07a	576.25±6.08b
	9月	451.55±7.43b	772.99±8.09a	799.10±8.07a	483.96±7.91b
	11月	560.11±7.01c	840.52±8.98a	815.35±5.89a	626.54±9.84b

（续表）

取样时间		氮肥施用年限			
		0Y	4Y	17Y	32Y
2015 年	3 月	431. 25±9. 85d	800. 59±5. 90b	907. 26±7. 64a	751. 25±7. 20c
	5 月	455. 88±8. 93c	970. 26±7. 32a	1 000. 29±5. 96a	794. 26±5. 70b
	7 月	339. 25±5. 90c	610. 63±4. 84a	605. 27±6. 97a	549. 25±8. 04b
	9 月	450. 93±6. 69b	741. 36±7. 40a	734. 30±3. 98a	473. 92±7. 94b
	11 月	548. 65±4. 64c	810. 70±7. 04a	801. 26±7. 08a	602. 55±6. 93b

同行数据后不同小写字母表示处理间差异显著（P<0. 05）

3. 1. 6　不同氮肥施用年限桑园土壤过氧化氢酶活性比较

表 3-4 为不同氮肥施用年限桑园土壤过氧化氢酶活性变化。处理间比较发现，2014 年和 2015 年 4Y 土壤过氧化氢酶活性高于其他处理土壤，0Y 土壤最低，且 4Y 土壤与 0Y 土壤相比差异达显著水平（P<0. 05）。不同取样日期间比较，0Y 土壤过氧化氢酶活性自 3 月至 9 月处于稳定状态，11 月下降。4Y 土壤过氧化氢酶活性在各取样日期均为最高，特别是在 3 月，达到 1. 94 mg/（g · h），与其他处理相比较差异达到显著水平（P<0. 05）。17Y 土壤过氧化氢酶活性 3 月最高，之后呈逐渐下降趋势，而 32Y 土壤过氧化氢酶活性 3 月至 7 月呈下降趋势，9 月份升高，11 月又下降。由此说明了，短期施用氮肥可以提高土壤过氧化氢酶的活性。

表 3-4　不同氮肥施用年限桑园土壤过氧化氢酶活性比较

单位：mg/（g · h）

取样时间		氮肥施用年限			
		0Y	4Y	17Y	32Y
2014 年	3 月	1. 05±0. 07d	1. 94±0. 06a	1. 65±0. 09b	1. 20±0. 06c
	5 月	1. 02±0. 09b	1. 60±0. 08a	1. 53±0. 02a	1. 48±0. 02a
	7 月	0. 91±0. 05b	1. 19±0. 05a	0. 97±0. 05b	0. 76±0. 06c
	9 月	0. 81±0. 04b	1. 29±0. 07a	0. 81±0. 05b	1. 21±0. 09a
	11 月	0. 65±0. 01c	1. 29±0. 05a	0. 72±0. 03bc	0. 85±0. 07b

（续表）

取样时间		氮肥施用年限			
		0Y	4Y	17Y	32Y
2015 年	3 月	1.07±0.07c	1.84±0.05a	1.60±0.03b	1.06±0.05c
	5 月	0.88±0.02c	1.49±0.05a	1.40±0.02a	1.30±0.07ab
	7 月	0.73±0.03c	1.30±0.09a	0.97±0.06b	0.72±0.07c
	9 月	0.80±0.02c	1.25±0.06a	0.90±0.06bc	1.04±0.03b
	11 月	0.55±0.08c	1.36±0.05a	0.87±0.08b	0.76±0.06bc

同行数据后不同小写字母表示处理间差异显著（P<0.05）

3.2 不同施肥种类对桑园土壤酶活性的影响

3.2.1 试验设计与试验方法

本试验设计与土壤样品采集同第 2 章 2.2.1；土壤酶活性测定方法同本章 3.1.2。

3.2.2 不同施肥种类桑园土壤脲酶活性比较

由表 3-5 可见，2012 年 3 月、5 月和 11 月 NPK 处理土壤脲酶活性最高，其次为 OIO 处理土壤，N 处理土壤最低，且 NPK 处理和 OIO 处理相比差异达显著水平（P<0.05），而与 NPK 处理、OIO 处理与 N 处理相比差异均达显著水平（P<0.05）；7 月和 9 月 OIO 处理土壤脲酶活性最高，但与 NPK 处理相比差异不显著，而与 N 处理和 NF 处理相比差异均达显著水平（P<0.05）。2014 年 3 月和 5 月 NPK 处理土壤脲酶活性最高，OIO 处理次之，NF 处理最低，且 NPK 处理与其他处理间相比差异均达显著水平（P<0.05）；7 月和 9 月 OIO 处理土壤脲酶活性最高，NPK 处理次之，N 处理和 NF 处理较低，且 OIO 处理与其他处理间相比差异均达显著水平（P<0.05）；11 月 OIO 处理与 NPK 处理间相比差异不显著，但与 N 和 NF 处理相比差异均达显著水平（P<0.05）。

不同取样日期间相比，OIO 处理土壤脲酶活性在 3 月和 5 月基本上没有变化，在 7 月达到最大值 2.18 mg/（g · h），随后 9 月和 11 月又呈下降趋势。N 处理桑园土壤在 3 月到 5 月这个时期波动较大，在 11 月土壤脲酶活性比不施肥处理的还要低一些。NPK 处理桑园土壤脲酶活性随着季节有轻微的波动，在 9 月和 11 月有些降低，但是幅度并不是很大。由此可以得出施用桑树专用肥和 NPK 复合肥能够显著提高土壤脲酶活性。从这 4 种处理在一整年的动态变化来看，特别是不施肥的桑园土壤脲酶活性基本上处于稳定状态，再次说明了土壤脲酶活性受季节影响比较小。

表 3-5　不同施肥种类桑园土壤脲酶活性比较　单位：mg/(g·h)

取样时间		施肥处理			
		OIO	N	NPK	NF
2012 年	3 月	1. 78±0. 09b	1. 52±0. 09c	2. 39±0. 07a	1. 53±0. 06c
	5 月	1. 75±0. 04b	1. 44±0. 06c	2. 21±0. 08a	1. 59±0. 02bc
	7 月	2. 18±0. 07a	1. 72±0. 10b	2. 02±0. 05a	1. 62±0. 09b
	9 月	1. 79±0. 08a	1. 73±0. 05a	1. 71±0. 05a	1. 62±0. 06a
	11 月	1. 70±0. 11b	1. 43±0. 06c	1. 93±0. 03a	1. 64±0. 04b
2014 年	3 月	1. 93±0. 06b	1. 84±0. 07b	2. 15±0. 05a	1. 41±0. 03c
	5 月	1. 87±0. 08b	1. 50±0. 11c	2. 10±0. 04a	1. 46±0. 05c
	7 月	2. 14±0. 05a	1. 63±0. 08c	1. 96±0. 08b	1. 54±0. 07c
	9 月	1. 90±0. 06a	1. 60±0. 11b	1. 76±0. 06ab	1. 60±0. 04b
	11 月	1. 80±0. 03a	1. 34±0. 10c	1. 80±0. 02a	1. 61±0. 08b

同行数据后不同小写字母表示处理间差异显著（$P<0.05$）

3. 2. 3　不同施肥种类桑园土壤蔗糖酶活性比较

由表 3-6 可知，不同施肥处理对土壤中蔗糖酶活性影响程度是不相同的。处理间比较，3 月、5 月、9 月 OIO 处理桑园土壤蔗糖酶活性高于其他施肥处理和对照，且与对照相比差异达显著水平（$P<0.05$）；7 月和 11 月 NPK 处理土壤蔗糖酶活性最高，OIO 处理次之，N 处理和对照较低，但 11 月 NPK 处理与 OIO 处理相比差异不显著，而与其他处理相比差异均达显著水平（$P<0.05$）。2014 年各取样日期 OIO 处理土壤蔗糖酶活性高于其他施肥处理和对照，NPK 土壤次之，N 处理和对照较低，OIO 处理和 NPK 处理相比，除 11 月差异达显著水平外，其他取样日期差异未达显著

水平（$P<0.05$），OIO 处理和 NPK 处理与 N 处理和对照相比差异均达显著水平（9 月除外）（$P<0.05$）。

不同取样日期间比较，总体而言，3 月各处理土壤蔗糖酶活性较高，之后呈下降趋势，而到 11 月又呈升高趋势。从年均土壤蔗糖酶的活性来看，各处理的排列依次是 OIO>NPK>N>NF，OIO 和 NPK 复合肥能够明显提高土壤中蔗糖酶活性，但是 N 处理土壤蔗糖酶活性较低，这大概是与肥料施种类、季节环境条件变化等有关。土壤蔗糖酶的活性受到多方面因素的影响，与施用量、施用肥类型、施用时间和季节变化等相关，故在研究蔗糖酶活性时，可根据施用量适当的延长或缩短测定土壤蔗糖酶活性的时间，以免错过其活性的高峰期，导致试验结果出现误差。

表 3-6　不同施肥种类桑园土壤蔗糖酶活性比较 单位：mg/(g·h)

取样时间		施肥处理			
		OIO	N	NPK	NF
2012 年	3 月	2.14±0.10a	1.52±0.04c	1.80±0.08b	1.49±0.07c
	5 月	1.85±0.06a	1.77±0.04a	1.79±0.06a	1.40±0.05b
	7 月	1.63±0.05b	1.50±0.02bc	1.86±0.02a	1.40±0.02c
	9 月	1.54±0.06a	1.40±0.06ab	1.35±0.03b	1.30±0.08b
	11 月	1.86±0.07a	1.63±0.07b	1.99±0.05a	1.55±0.07b
2014 年	3 月	1.99±0.03a	1.63±0.08b	1.91±0.02a	1.35±0.07c
	5 月	1.89±0.06a	1.62±0.03b	1.80±0.09a	1.56±0.05b
	7 月	2.05±0.08a	1.43±0.04b	1.95±0.03a	1.47±0.09b
	9 月	1.44±0.09a	1.22±0.08b	1.43±0.05a	1.40±0.08a
	11 月	2.15±0.07b	1.60±0.08c	1.98±0.05a	1.48±0.03d

同行数据后不同小写字母表示处理间差异显著（$P<0.05$）

3.2.4　不同施肥种类桑园土壤酸性磷酸酶活性比较

表 3-7 为不同施肥对桑园土壤酸性磷酸酶活性的影响，处理间比较，OIO 处理土壤酸性磷酸酶活性较高，NPK 处理次之，而 NF 处理土壤酸性磷酸酶活性最低，各取样时期 OIO 处理与其他施肥处理相比差异均达显著水平（$P<0.05$）。不同取样日期间比较，各处理土壤酸性磷酸酶活性从 3 月到 5 月上升，7 月和 9 月下降，而到 11 月又呈升

高趋势。

表 3-7　不同施肥种类桑园土壤酸性磷酸酶活性比较

单位：nmol/(g·h)

取样时间		施肥处理			
		OIO	N	NPK	NF
2012 年	3 月	910. 45±6. 08a	783. 18±6. 16c	882. 47±5. 54b	676. 19±4. 06d
	5 月	1 016. 73±5. 98a	888. 07±6. 38c	918. 84±5. 06b	637. 72±6. 05d
	7 月	776. 70±3. 02a	503. 46±5. 92d	696. 46±4. 06b	541. 59±5. 07c
	9 月	723. 59±8. 64a	589. 31±7. 95c	644. 23±8. 03b	420. 04±7. 19d
	11 月	997. 15±6. 02a	917. 44±2. 09bc	941. 21±7. 18b	690. 17±6. 83d
2014 年	3 月	919. 24±4. 32a	685. 32±6. 98d	845. 24±5. 97b	776. 19±7. 98c
	5 月	1 101. 24±5. 87a	759. 33±5. 03c	869. 37±5. 05b	837. 72±8. 05b
	7 月	798. 37±6. 09a	596. 25±7. 05c	709. 36±4. 08b	541. 59±5. 98d
	9 月	749. 24±8. 63a	567. 37±5. 96c	654. 30±3. 98b	420. 04±7. 06d
	11 月	987. 65±7. 07a	802. 62±9. 04c	928. 36±6. 50b	790. 17±5. 60c

同行数据后不同小写字母表示处理间差异显著（$P<0.05$），后同

3.2.5　不同施肥种类桑园土壤过氧化氢酶活性比较

由表 3-8 可知，处理间比较，2012 年 3 月、5 月和 7 月 OIO 处理土壤过氧化氢酶活性较高，NF 处理最低，3 月和 7 月 OIO 处理与其他施肥处理相比差异均达显著水平（$P<0.05$）；9 月和 11 月 NPK 和 N 处理土壤过氧化氢酶活性较高，与 NF 处理相比差异均达显著水平（$P<0.05$）。2014 年 3 月、5 月、7 月、11 月 OIO 处理土壤过氧化氢酶活性较高，3 月和 5 月 OIO 与其他施肥处理相比差异均达显著水平（$P<0.05$）；9 月 N 和 NPK 处理土壤过氧化氢酶活性较高，与 OIO 和 NF 处理相比差异均达显著水平（$P<0.05$）。不同取样日期间比较，3 月各处理土壤过氧化氢酶活性均较高，之后呈下降趋势，到 9 月或 11 月又有小幅度回升趋势。

表 3-8　不同施肥桑园土壤过氧化氢酶活性比较 单位：mg/(g·h)

取样时间		施肥处理			
		OIO	N	NPK	NF
2012 年	3 月	2. 14±0. 08a	1. 99±0. 07b	1. 99±0. 02b	1. 49±0. 06c
	5 月	1. 65±0. 04a	1. 55±0. 09ab	1. 63±0. 09a	1. 43±0. 02b
	7 月	1. 31±0. 05a	1. 14±0. 05b	1. 09±0. 06b	1. 14±0. 07b
	9 月	1. 00±0. 04b	1. 47±0. 08a	1. 50±0. 06a	1. 21±0. 09b
	11 月	1. 24±0. 02ab	1. 34±0. 03a	1. 34±0. 03a	1. 02±0. 01c
2014 年	3 月	2. 37±0. 05a	2. 03±0. 07b	1. 85±0. 03c	1. 36±0. 06d
	5 月	1. 70±0. 02a	1. 49±0. 07b	1. 52±0. 06b	1. 30±0. 08c
	7 月	1. 30±0. 06a	1. 21±0. 03a	1. 06±0. 07b	1. 16±0. 03ab
	9 月	1. 10±0. 06b	1. 30±0. 08a	1. 30±0. 04a	1. 14±0. 01b
	11 月	1. 30±0. 04a	1. 20±0. 09ab	1. 26±0. 07a	1. 06±0. 01b

3.3　施肥对不同桑树品种根际土壤酶活性的影响

3. 3. 1　试验设计与试验方法

本试验设计与土壤样品采集同第 2 章 2. 3. 1；土壤酶活性检测方法同本章 3. 1. 2。

3. 3. 2　不同施肥及不同桑树品种根际土壤酶活性比较

从表 3-9 中可看出，施肥可以在一定程度上增加桑树根际土壤脲酶的活性，第 1 次取样，NO 处理组桑树根际土壤中的脲酶活性高于其他施肥处理组和 CK 组，且与 CK 组差异达显著水平（$P<0.05$）；第 2 次和第 3 次取样，NB 处理组桑树根际土壤中的脲酶活性高于其他施肥处理组和 CK 组，抗病桑树品种的中 NB 和 NO 处理组相比差异不显著，但均与 N 处理组和 CK 组差异达显著水平（$P<0.05$）。抗病桑树根际土壤中的脲酶活性高于易感病桑树根际土壤。

表 3-9　不同施肥处理及不同抗病桑树品种的根际土壤脲酶活性比较

单位：mg/(g·h)

取样时间	不同品种	施肥处理			
		CK	N	NO	NB
10 月	KQ10	8.03±0.02b	8.61±0.60ab	9.23±0.28a	9.08±0.16a
	GY12	7.93±0.07b	8.51±0.24ab	9.15±0.79a	8.24±0.02b
11 月	KQ10	5.73±0.04c	8.24±0.46b	9.10±0.10ab	9.47±0.09a
	GY12	4.97±0.63c	8.13±0.16a	6.97±0.70b	8.24±0.24a
12 月	KQ10	6.83±0.08b	7.71±0.79b	8.66±0.76a	8.96±0.24a
	GY12	6.63±0.23c	6.87±0.16b	8.24±0.13a	8.45±0.33a

从表 3-10 中可看出，施肥可以在不同程度上增加桑树根际土壤中性磷酸酶活性，生物炭肥的施入对增加抗青枯病桑树品种根际土壤中性磷酸酶活性的作用相对较大，第 2 次（11 月）和第 3 次（12 月）取样，抗病桑树品种根际土壤的中性磷酸酶活性高于易感病桑树品种的根际土壤。此说明，施肥对桑树根际土壤中性磷酸酶活性的增加有一定的促进作用，且对抗青枯病桑树品种根际土壤的作用更大。

表 3-10　不同施肥处理及不同抗病桑树品种的根际土壤中性磷酸酶活性比较

单位：nmol/(g·d)

取样时间	不同品种	施肥处理			
		CK	N	NO	NB
10 月	KQ10	26.47±3.36a	35.26±0.10ab	31.81±1.38b	37.04±0.30a
	GY12	32.10±1.09a	29.24±0.79b	32.79±3.36a	20.45±2.27c
11 月	KQ10	25.98±2.47c	34.87±2.47ab	37.83±2.07a	36.65±0.10a
	GY12	25.58±0.10c	34.66±1.88a	33.09±0.69ab	29.73±0.10b
12 月	KQ10	23.01±0.30cd	24.99±1.09c	28.45±0.00a	31.81±2.17b
	GY12	20.25±0.30c	24.69±0.59b	27.83±0.79a	24.79±0.49b

从表 3-11 中可看出，KQ 品种 3 次取样 NO 和 NB 处理土壤过氧化氢酶活性高于 N 和 CK 处理，且均达差异显著水平（12 月 NO 处理除外）（$P<0.05$）；GY 品种前两次取样 NO 和 NB 处理土壤过氧化氢酶活性

高于 N 和 CK 处理，且均达差异显著水平（$P<0.05$），而第三次取样，NO 和 NB 处理土壤过氧化氢酶活性低于 N 和 CK 处理，处理间差异也均达显著水平（$P<0.05$）。

表 3-11 不同施肥处理及不同抗病桑树品种的根际土壤过氧化氢酶活性比较

mg/(g·h)

取样时间	不同品种	施肥处理			
		CK	N	NO	NB
10 月	KQ10	1.55±0.13c	1.44±0.160c	2.95±0.13a	2.45±0.13b
	GY12	0.56±0.19c	1.26±0.19b	1.58±0.11a	1.58±0.14a
11 月	KQ10	1.44±0.18b	1.64±0.06ab	1.73±0.03a	1.86±0.15a
	GY12	1.82±0.11b	1.86±0.09b	2.01±0.18a	2.02±0.04a
12 月	KQ10	0.72±0.11d	1.49±0.08b	0.96±0.08c	2.14±0.12a
	GY12	1.60±0.13a	1.75±0.10a	1.18±0.02b	1.03±0.15b

3.4 结论

偏施氮肥时不同栽植年限桑园土壤中土壤脲酶活性年均高低依次为：4 年>17 年>32 年>0 年，不随栽植年限的增长而有所影响。对于土壤酸性磷酸酶，在 0 年、4 年、17 年这 3 种处理中呈一个上升的趋势，而到 32 年时减小。过氧化氢酶活性最高是在 4 年，与土壤酸性磷酸酶相似，受到土壤 pH 值的影响，适量的氮可以提高土壤过氧化氢酶的活性，而长期偏氮处理不能提高土壤过氧化氢酶活性。这说明了长期偏施氮肥，影响了土壤酸碱度，从而影响了土壤酶活性的变化。

从土壤内各种酶活性的变化上来看，施用有机肥显著提高土壤内蔗糖酶、脲酶、多酚氧化酶、过氧化氢酶活性，特别是过氧化氢酶活性提高幅度最大，这与郑钰铟等（2018）、韩忠明等（2016）的研究结果相似，同时单纯施用氮肥降低土壤内蛋白酶和蔗糖酶活性，脲酶、多酚氧化酶活性与对照之间无显著差异，这与吉艳之等（2008）和王巍巍等（2016）的研究结果相似，这可能与单纯施用氮肥导致土壤板结有关。

桑树专用肥和 NPK 复合肥能够显著提高土壤脲酶活性，尿素不能提高脲酶活性，各处理对土壤脲酶活性影响由大到小依次为 NPK 复合肥>桑树专用肥>不施肥>氮肥，土壤脲酶活性受季节影响比较小。从年均土壤蔗糖酶的活性来看，各处理对土壤蔗糖酶活性影响的排列依次是：NPK 复合肥>尿素>不施肥>桑树专用肥，NPK 复合肥和尿素能够明显提高土壤中蔗糖酶活性，但是桑树专用肥只能在一定程度上提高土壤蔗糖酶活性，且受季节的影响。供试土壤的酸性磷酸酶活性较高，且施用桑树专用肥、NPK 复合肥均可以显著提高其活性，故土壤中只需投入少量的桑树专用肥或与 NPK 复合肥混施即可。对于土壤过氧化氢酶而言，施用尿素、NPK 复合肥能显著提高其活性，施用桑树专用肥的提高效果不明显，其中施用尿素的效果最为显著。

施肥与桑树基因型的不同均能对土壤酶的活性造成一定的影响。从表 3-5 到表 3-11 可看出，土壤过氧化氢酶活性对土壤环境的变化最敏感，土壤中性磷酸酶其次，土壤脲酶受到土壤环境的影响最小。施肥可以增加抗青枯病基因型桑树品种根际土壤过氧化氢酶活性，特别是有机肥和生物炭肥的施入。但对感青枯病基因型桑树品种根际土壤过氧化氢酶活性的增加效果的作用不大。同时，施肥还可以在一定程度上增加桑树根际土壤中性磷酸酶和脲酶活性，特别是有机肥和生物炭肥的施入。并且，有机肥和生物炭肥的施入还可以使得抗青枯病基因型桑树品种根际土壤中性磷酸酶活性增加的更多，并使得抗青枯病基因型桑树品种根际土壤的脲酶活性受环境影响更小。

总的来说，有机肥和生物炭肥的施入可以显著提高桑树根际土壤酶活性，单施氮肥也可以在一定程度上提高桑树根际土壤酶活性，但是效果不如有机肥和生物炭肥的施入明显。并且，抗青枯病基因型桑树品种根际土壤对施肥更敏感，有机肥和生物炭肥的施入使得抗青枯病基因型桑树品种根际土壤酶活性增加并且稳定，对感青枯病基因型桑树品种的根际土壤酶活性虽然有所增加，但是不稳定。

参考文献

韩忠明，杨颂，韩梅，等，2016. 不同菌剂对人参连作土壤酶活性的影响 [J]. 东北农业科学，41 (1)：50-53.

吉艳芝，冯万忠，陈立新 等. 2008. 落叶松混交林根际与非根际土壤养分、微生物和酶活性特征［J］. 生态环境，（1）：339-343.
刘仁，陈伏生，方向民，等，2020. 凋落物添加和移除对杉木人工林土壤水解酶活性及其化学计量比的影响［J］. 生态学报，40（16）：5739-5750.
吕国红，周广胜，赵先丽，等，2005. 土壤碳氮与土壤酶相关性研究进展［J］. 辽宁气象，02：6-8.
王巍巍，魏春雁，张之鑫 等. 2016. 不同种稻年限盐碱地水田表层土壤酶活性变化及其与土壤养分关系［J］. 东北农业科学，41（4）：43-48.
徐冬梅，刘广深，许中坚，等，2003. 模拟酸雨组成对棉花根际土壤水解酶活性的影响［J］. 土壤通报（3）：216-218.
郑钰铟，胡素萍，陈辉，等，2018. 油茶饼粕生物炭和有机肥对土壤酶活性的影响［J］. 森林与环境学报，38（3）：348-354. .
Dong C C, Wang W, Liu H Y, et al., 2019. Temperate grassland shifted from nitrogen to phosphorus limitation induced by degradation and nitrogen deposition: Evidence from soil extracellular enzyme stoichiometry [J]. Ecological Indicators, 101: 453-464.
Ma W J, Li J, Gao Y, et al., 2020. Responses of soil extracellular enzyme activities and microbial community properties to interaction between nitrogen addition and increased precipitation in a semiarid grassland ecosystem [J]. Science of the Total Environment, 703: 134691.
Xu Z W, Yu G R, Zhang X Y, et al., 2017. Soil enzyme activity and stoichiometry in forest ecosystems along the North-South Transect in eastern China (NSTEC) [J]. Soil Biology and Biochemistry, 104: 152-163.

第4章　施肥与桑树根系分泌物

根系分泌物是植物在生长过程中释放的各种化合物，但其成分和数量会因植物种类以及周围环境改变而变化。影响分泌的主要因素分为物理因素、化学因素及生物因素，如植物种类、植物基因型，植物的营养状况，植物年龄，根系环境的理化特性、根际微生物、植物的损伤因子和机械阻力、以及水分、空气、光照和温度等。在施加氮肥较少的情况下，会减少植物氨基酸的渗出，增加有机酸在根系分泌物中的含量。磷元素的缺乏则会促进糖的分泌，钾元素缺乏会抑制糖的渗出，铁元素的缺乏则增加了谷氨酸、葡萄糖、核糖醇和柠檬酸盐的渗出（Carvalhais et al.，2010），CO_2浓度也会影响根系分泌物的渗出（Paterson et al.，2000；Jones et al.，2009）。

根系分泌物中除了植物排出的无用代谢物之外，有一些有着重要的功能。如：根系分泌物能够保护植物根系（锁水、润滑）、加强根与土的粘连，利于根部固定（宋日等，2019）；植物释放的有机酸含有羧基基团（Boldt-burisch et al.，2019），可以作为阳离子交换剂，提高土壤阳离子交换量、改变土壤周围的pH值，对土壤中的铁、锰、锌和磷等元素的溶解度也有一定作用；对植物种子萌发、酶活性、株高、茎粗等都有影响；还可以通过对环境中的有害物质进行螯合沉淀，减轻重金属离子对植株的伤害。当植物缺乏某一营养时，植物可以分泌相关物质释放到土壤中，帮助吸收缺乏的元素，从而帮助植物生长；根系分泌物中还会有一些对植株自身或者其他植株生长产生抑制或者毒害的成分，如酚醛类等的化感物质。可见根系分泌物在植物生长发育中的重要性。

本章旨在探究不同施肥条件下青枯病不同抗性桑树品种根系分泌物差异，进而深入系统地探讨不同施肥桑树根际土壤微生物种群结构与根系分泌物组分差异及其对青枯病发生的相互关系，对桑园肥料的合理施用和高效管理具有指导意义，而且为桑园合理施肥及青枯病的防控提供理论依据。

4.1 试验设计与土壤样品采集

实验材料：树龄为两年的抗青枯病品种抗青 10 号扦插苗，树龄为两年的易感青枯病品种桂优 12 号实生苗，桑树苗均来源于广西壮族自治区南宁市宾阳县古辣镇育苗基地。病土均为广西壮族自治区南宁市青秀区南阳村本地常年患桑青枯病的沙壤土。

施肥种类：处理中氮肥为尿素，有机肥料选购自德隆生物有机肥，其有机质含量大于 25%；生物炭粉和生物炭基肥（以下简称“炭基肥”）选购自山东丰本生物技术股份有限公司。

实验材料处理：将从广西壮族自治区运到湖北省经济作物研究所桑园的病土混合均匀后装入相同的栽培桶中（桶高 30 cm，直径 24. 5 cm 的圆柱体盆栽中），每桶盛 15 kg 的带菌病土。2019 年 10 月 25 日将采集树苗，种在桑园进行缓苗半个月。

2019 年 11 月 6 日，挑选长势一致生长状态良好的抗青 10 号和桂优 12 号桑苗，用枝剪剪掉所有叶子（以防桑叶增加桑树的蒸腾量，在过渡期不好存活），把根部过长的侧根和须根剪掉（保证根部形状一致，保证提取根系分泌物时，产生根系分泌物的侧根和须根等部位为施肥处理后生长出来的），保留主根，并将所有树苗高度控制在 60 cm 左右。将处理好的抗青 10 号和桂优 12 号桑苗种在桶中，每个桶中种植一棵桑树苗，每个品种 35 棵，将树苗放入温室大棚进行缓苗。树苗生长状况良好后，于 2019 年 12 月 3 日进行施肥处理，共设置 10 个处理。

KN：抗青 10 号单施氮肥（300 kg N/hm^2）；

KNC：抗青 10 号氮肥与炭基肥配施（300 kg N/hm^2 氮肥、450 kg N/hm^2 炭基肥）；

KNS：抗青 10 号氮肥与生物炭粉配施（300 kg N/hm^2、450 kg N/hm^2 生物炭粉）；

KNY：抗青 10 号氮肥与有机肥配施（300 kg N/hm^2、900 kg N/hm^2 有机肥）；

KCK：抗青 10 号不施肥（对照组）；

GN：桂优 12 号单施氮肥（300 kg N/hm^2）；

GNC：桂优 12 号氮肥与炭基肥配施（300 kg N/hm^2 氮肥、450 kg N/hm^2 炭基肥）；

GNS：桂优 12 号氮肥与生物炭粉配施（300 kg N/hm^2、450 kg N/hm^2 生物炭粉）；

GNY：桂优 12 号氮肥与有机肥配施（300 kg N/hm^2、900 kg N/hm^2 有机肥）；

GCK：桂优 12 号不施肥（对照组）。

施肥量按照栽培桶面积进行换算，每种处理 7 个重复。施肥时使用环状沟施，在根际周围 10 cm 左右撒施一圈，避免直接倒在树苗根部，以免烧根。后期所有树苗浇水和除草等管理措施处理均保持一致。

4.2　根系分泌物样品收集及检测

2020 年 4 月 10 日，选取感病品种桂优 12 号和抗病品种抗青 10 号 5 种不同施肥处理长势一致的 4 棵桑树苗，从栽培桶中小心取出，抖落根际土壤，尽量减少根系损伤。使用短期水培养收集法（Fabio et al.，2015），将桑树根系先用轻缓的自来水流小心冲洗至根系表面没有土壤，再用去离子水冲洗 3 遍，所有清洗处理均以对根系损伤最小为前提，之后将每种处理的 4 棵桑树根系放入玻璃瓶中，加入 500 mL 去离子水，玻璃瓶避光处理 24 小时后，将桑树根系取出，而后将玻璃瓶放入旋转蒸发仪(50 ℃)中蒸发至 60 mL 左右后，分装至 10 mL 离心管中，每管根系分泌物体积为 8 mL，置于-80 ℃冰箱冷冻保藏。

根系分泌物提取及流程：将-80 ℃冰箱冷冻保藏的两种桑树品种 5 个处理获得的根系分泌物，每种取出 6 管，即设置 6 个重复组，根系分泌物的代谢组提取、测定和分析由上海美吉生物医药科技有限公司进行。样品采用非靶向代谢组学方法，基于 LC-MS 平台，根系分泌物进行前处理后，经过液相色谱进行组分分离，单一组分再进入到高真空质谱仪的离子源进行离子化，按质荷比（m/z）分开而得到质谱图，最后通过样品的质谱数据分析，得到样品的定性定量结果。

4.3 不同施肥及不同桑树品种根系分泌物比较

4.3.1 主成分分析

代谢组的原始谱图中有众多数据点，高维的数据集需要利用模式识别技术进行分析，从而达到数据降维或者进行样本判别分类的目的，而主成分分析（Principal Component Analysis，PCA）是常用的一种简化分析方法。PCA图反映了所有处理的样本经过降维分析后的情况（图4-1，图4-2），在主成分横纵坐标p1，p2上有相对坐标点，各个坐标点的距离代表了样本间聚集和离散程度。质控样本QC距离十分紧密，离散度小，表明本次代谢组流程可靠，分析结果是有效的。置信椭圆表示每个处理间的“真实”样本在95%的置信度下，分布在此区域内；超过此区域可以认为是可能存在异常的样本。根据图中所示，除样本KN5与KNS1之外，无论在阴离子模式还是在阳离子模式下，其余样本均处于置信椭圆中，并且不同施肥处理间都有明显分离，说明不同施肥处理对根系分泌物的成分均有显著影响，并且桂优12号桑树所有的处理样本与抗青10号所有的处理样本之间离散程度很高，表明基因型不同对其根系分泌物成分的组成有显著影响。

4.3.2 施加氮肥对桑树根系分泌物中差异代谢物的影响

4.3.2.1 施加氮肥的桑树根系分泌物中差异代谢物筛选与鉴定

差异火山图利用 t 检验的单变量分析以及变异倍数结合的分析方法，可以展示出两个处理间代谢差异物质的情况。火山图的横坐标是代谢物质在两个处理间差异的倍数变化值，即 $\log_2FC$；纵坐标表示代谢物质表达量变化差异的统计学检验值，即 $-\log_{10}P$ 值，值越高则表达差异越显著，为方便比较，横纵坐标的数值都做了对数化处理。图中每个点代表一个特定的代谢物，在左边黑色的点代表表达差异下调的代谢物，右边深灰色的点代表表达差异上调的代谢物，底部灰色的点表示既不上调也不下调的代谢物质，越靠左右两边和上边的点表达差异越显著。

从差异火山图4-3-A（单施氮肥与不施肥处理的桂优12号）、图4-3-B（单施氮肥与不施肥处理的抗青10号）中可以得知，从总体上看，

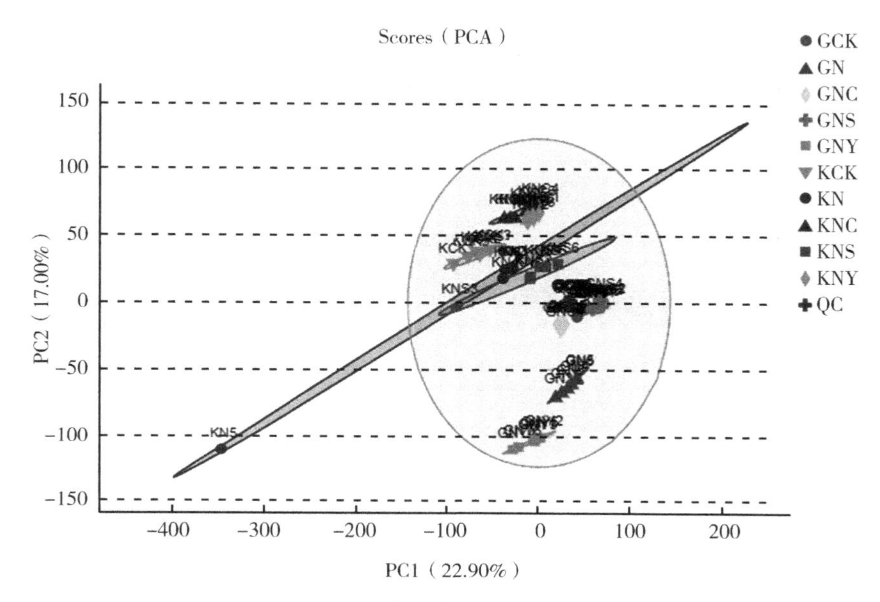

图 4-1　阳离子模式下主成分得分

桂优 12 号桑树施加氮肥后明显下调的物质高于明显上调的代谢物；而施加氮肥与不施肥的抗青 10 号桑树相比，则是明显上调的代谢物高于明显下调的代谢物。

抗青 10 号桑树施加氮肥与不施肥对照组的差异代谢物在筛选条件设置为 $P<0.05$、VIP>1 的情况下，共检测出 325 种已报道的代谢物，其中上调的代谢物有 206 种，下调的代谢物有 109 种。根据 HMDB Superclass 分类规则，检测的代谢物中含量最多的为脂质和类脂分子，为 104 种；苯丙烷和聚酮化合物为 79 种；有机氧化合物为 40 种；有机杂环化合物为 21 种；有机酸及其衍生物为 13 种；苯环类化合物为 11 种；核苷、核苷酸和类似物为 4 种；生物碱及其衍生物 2 种；木质素、新木质素及其类似物为 1 种，其余代谢物未分类。根据 FC 值大小排序，其中上下调前 10 的代谢物如表 4-1 所示。

桂优 12 号桑树施加氮肥与其对照组的样本中在筛选条件为 $P<0.05$、VIP >1 的情况下，共检测出已报道的化合物 325 种，其中上调的代谢物有 143 种，下调的代谢物有 182 种。代谢物中种类最多的是脂类和脂质分子，为 104 种；聚酮化合物种类为 88 种；有机氧化合物为 35 种；有机杂

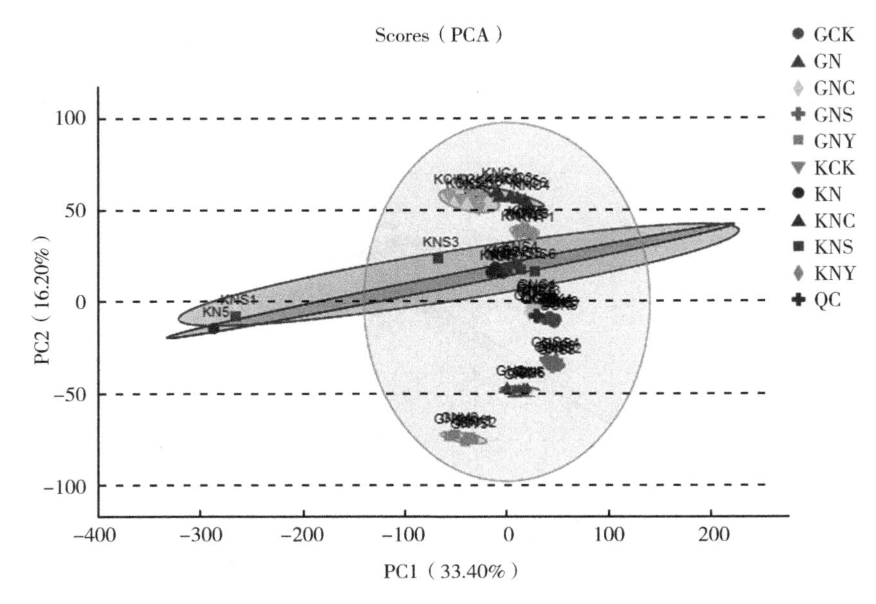

图 4-2　阴离子模式下主成分得分

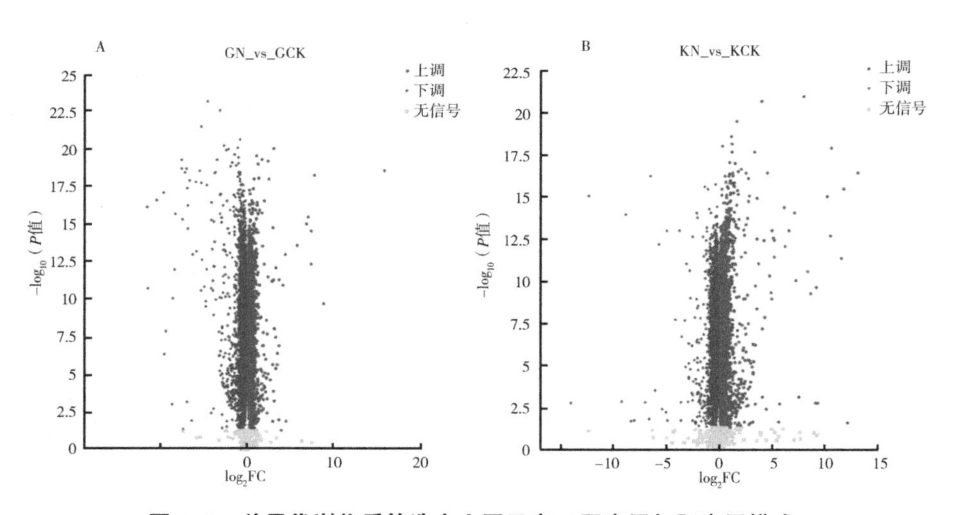

图 4-3　差异代谢物质筛选火山图示意（阴离子加阳离子模式）

环化合物质为 23 种；有机酸及其衍生物为 16 种；苯环类化合物为 6 种；核苷、核苷酸和类似物有 4 种；有机氮化合物为 4 种；木质素、新木质素及相关化合物为 3 种；生物碱及其衍生物为 2 种。上调代谢物中种类最多的有脂质和类脂质分子 22 种，苯丙烷和聚酮化合物 14 种。根据 Change（FC）值大小排序，其中上下调前 10 的代谢物如表 4-2 所示。

表 4-1　KN_vs_KCK 差异物质中上下调前 10 的代谢物

代谢物	VIP	FC 值(KN/KCK)	*P* 值
Sonchuionoside C	3. 446 3	1 287. 071 7	1. 036E-15
Lymecycline	2. 081 8	193. 315 9	0. 000 789 7
Caryatin glucoside	3. 288 1	7. 860 2	0. 000 005 20
4′,7-Dihydroxy-2′,5-dimethoxyisoflavone	3. 144 3	5. 651 6	1. 193E-09
Myricanene B 5-[arabinosyl-(1->6)-glucoside]	2. 6 648	4. 801 6	0. 000 508 6
3,4,5-trihydroxy-6-(2-hydroxy-6-methoxyphenoxy) oxane-2-carboxylic acid	2. 956 9	3. 786 8	3. 723E-07
2-Methoxy-1,4-benzoquinone	3. 064 3	3. 625 3	3. 296E-17
10-Hydroxymelleolide	2. 434 1	3. 344	7. 842E-08
Isoeugenitin	2. 942 2	3. 194 9	2. 946E-20
3,4,5-trihydroxy-6-[4-hydroxy-3-(3- oxopropyl)phenoxy]oxane-2-carboxylic acid	2. 764 3	2. 990 3	2. 823E-13
11-Methoxynoryangonin	1. 707 2	0. 706 1	1. 301E-08
Vitisin A	1. 906 8	0. 704 2	6. 282E-12
Diospyrin	2. 055 9	0. 697 9	6. 621E-14
D-Sedoheptulose 7-phosphate	2. 501 7	0. 563 2	5. 783E-13
Mangiferdesmethylursanone	2. 285 4	0. 560 3	9. 814E-08
8-Epiisoivangustin	1. 966 3	0. 495 5	1. 871E-10
Peumoside	2. 455 1	0. 485 3	0. 000 001 41
(S)-9-Hydroxy-10-undecenoic acid	2. 181 2	0. 448	6. 657E-08
Cortisol	1. 376 7	0. 293 8	0. 006 113
3-Methyl-3-butenyl apiosyl-(1->6)-glucoside	1. 772 5	0. 010 3	0. 016 37
11-Methoxynoryangonin	1. 707 2	0. 706 1	1. 301E-08
Vitisin A	1. 906 8	0. 704 2	6. 282E-12

表 4-2　GN_vs_GCK 差异物质中上下调前 10 的代谢物

代谢物	VIP	FC 值(GN/GCK)	P 值
3-Methyl-3-butenyl apiosyl-(1->6)-glucoside	2. 700 7	160. 667	5. 09E-13
4′,7-Dihydroxy-2′,5-dimethoxyisoflavone	2. 382 1	4. 618	2. 6E-09
Ixocarpanolide	2. 910 2	4. 431 8	9. 41E-07
Lymecycline	2. 273 1	3. 649 4	0. 001 919
2-Methoxy-1,4-benzoquinone	2. 283 4	2. 563	3. 85E-10
9′-Carboxy-gamma-tocotrienol	1. 624	2. 522 9	4. 71E-05
Austdiol	2. 024 5	1. 925 3	1. 12E-09
Purpurenin	2. 469 3	1. 910 7	5. 97E-14
D8′-Merulinic acid A	1. 892 6	1. 868 1	1. 1E-09
N-Oleoyl tyrosine	2. 34	1. 862 2	9. 04E-07
Graveobioside A	2. 234 5	0. 571 7	2. 27E-12
3″-O-Caffeoylcosmosiin	2. 138	0. 561 8	4. 9E-10
D-Linalool 3-(6″-malonylglucoside)	2. 517 7	0. 555 5	7. 63E-10
Ichangin 4-glucoside	2. 291 9	0. 543 7	1. 37E-06
3,4,5-trihydroxy-6-[(3-phenylpropanoyl)oxy]oxane-2-carboxylic acid	2. 293 1	0. 518 9	2. 79E-10
Vitisin A	2. 201 9	0. 510 8	2. 25E-06
Kaempferol	2. 376 5	0. 497 1	4. 18E-10
3,5,6,7-tetrahydroxy-2-(4-hydroxyphenyl)-1-chromen- 1-ylium	2. 575 9	0. 442 6	3. 25E-14
Cortisol	1. 888 9	0. 233 4	0. 001 135
Miscanthoside	3. 022	0. 190 8	1. 25E-13

对两组处理做韦恩图分析，可以直观地发现两个代谢组中共有差异代

谢物以及特有差异代谢物。图 4-4 中饼图重叠部分表示 KN 与 KCK（KN_vs_KCK）、GN 与 GCK（GN_vs_GCK）共同拥有的代谢物的数目，为 148 种；没有重叠的部分表示该代谢集中所特有的代谢物数目，KN_vs_KCK 中特有代谢物为 177 种，GN_vs_GCK 中特有的代谢物为 177 种，代谢物并集共有 502 种。GN_vs_GCK 和 KN_vs_KCK 之间的差异代谢物数量虽然相同，但是根据上面的分析可知，在同样的施肥处理中，代谢物种类和含量均有不同。

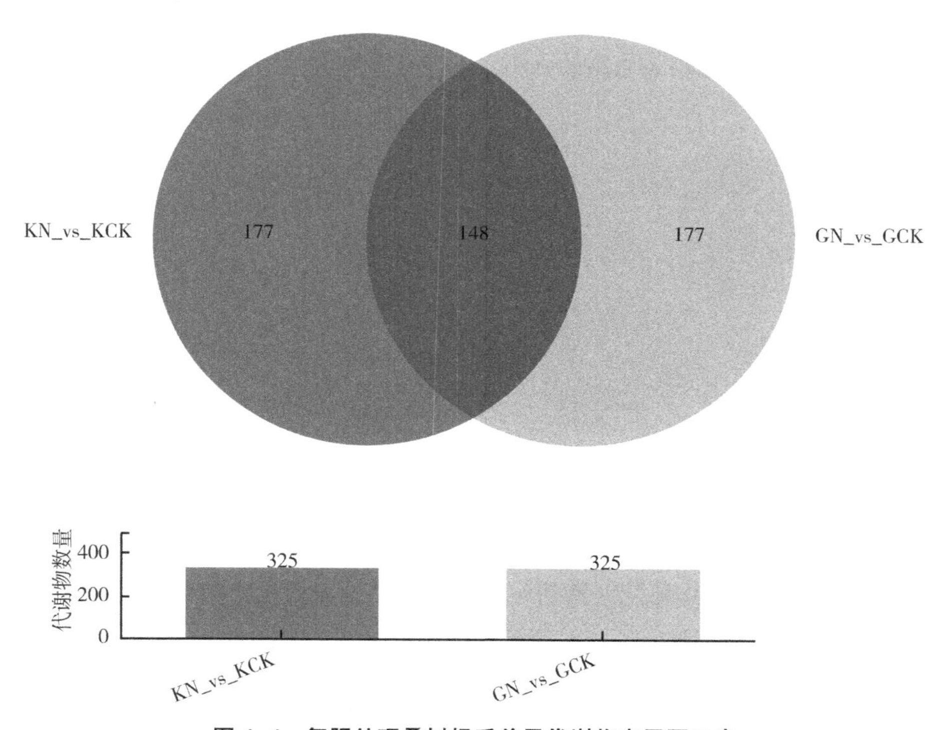

图 4-4　氮肥处理桑树根系差异代谢物韦恩图示意

4.3.2.2　施加氮肥桑树根系分泌物差异代谢物层级聚类热图分析

GN_vs_GCK 与 KN_vs_KCK 的聚类热图分析如图 4-5 所示。将在阴离子和阳离子模式下筛选到的差异分泌物质进行丰度排序，选取了丰度前 300 的代谢物进行聚类热图分析，图中每列表示一个样本，每行表示一个代谢物。由于在施加氮肥的抗青 10 号的 6 个样本中，样本 KN5 在 PCA 图中出圈，所以在进行聚类热图分析时，将该样本剔除。聚类热图中的颜色代表了代谢物在该处理中相对表达量的大小，具体表达量见右下侧的颜色条。图中左侧部分为代谢物聚类的树状图，右侧为代谢物的名称，两个代谢物分支离得越近，说明该代谢物表达量越接近；图形上方是样本聚类树状图，下方为样本的名称。

每个处理的重复均能聚在一起，表明组内代谢物表达量的变化趋势一致；图形左边的树状图越接近的代谢物，表示其表达量越相近，施加氮肥与不施肥的处理能明显分开，300 种代谢物也被明显聚为两支。这些差异物质可以后续进行相关通路的分析。

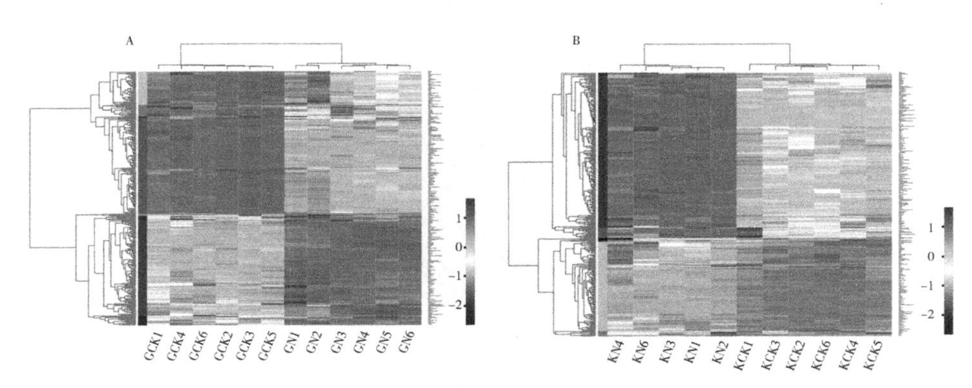

图 4-5　氮肥处理桑树根系差异代谢物聚类热图示意

A：GN_vs_GCK；B：KN_vs_KCK

4.3.2.3　施加氮肥对桑树根系分泌物中差异代谢物相关通路分析

分别将施加氮肥处理与对照处理桑树的根系差异代谢物进行功能通路的统计，KN_vs_KCK 组共匹配到 28 种功能通路之中，GN_vs_GCK 组共匹配到 45 种功能通路之中，其中与代谢途径相关的代谢物数量分别为 20 种和 25 种，其次为次生代谢产物的生物合成，与之相关的代谢物数量分别是 10 种和 14 种。在 GN_vs_GCK 代谢组中，还有 7 种物质与类黄酮生物合成有关，5 种物质与甘油磷脂代谢有关的功能代谢通路相关。

将施加氮肥处理及对照组桑树根系差异代谢物进行代谢通路的统计，KN_vs_KCK 组差异物质富集到 24 条通路中，GN_vs_GCK 组差异物质富集到 40 种通路之中，得到显著性前 20 的富集通路图 4-6。

GN 与 GCK 相比汇总的显著差异代谢通路有：类黄酮生物合成、甘油

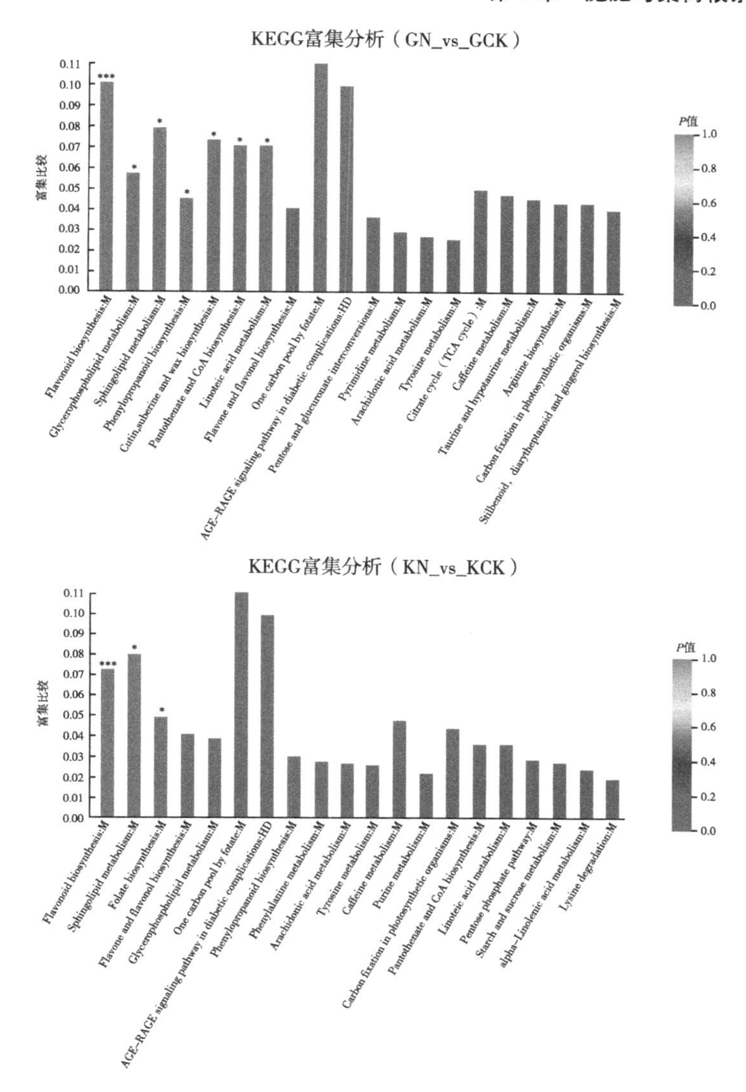

图 4-6　氮肥处理桑树根系差异代谢物前 20 的代谢通路

横坐标表示通路名称（中文译名见表 4-3，4-4），名称后的字母表示该通路所属的代谢通路类别（M：Metabolism，新陈代谢；HD：Human Disease，人类疾病）；纵坐标表示富集比例，表示该通路中富集到的代谢物数目（Metabolite number）与注释到该代谢物数目（Background number）的比值，比值越大，表示富集的程度越大。$P<0.001$ 标记为 ***，$P<0.01$ 标记为 **，$P<0.05$ 标记为 *

磷脂代谢、鞘脂代谢、苯丙烷生物合成、角质，木栓质和蜡的生物合成、泛酸和 CoA 生物合成、亚油酸代谢。

KN 与 KCK 相比显著差异的代谢通路有：叶酸碳代谢通路、光合生物中的碳固定、咖啡因代谢。

表 4-3 和表 4-4 展示了不同处理组，P 值代表富集出来的结果是否具有统计学上的显著意义，P 值越小，在统计学上就越有显著意义，一般 P 值<0.05 认为该功能为显著富集项。

类黄酮生物合成通路富集到的代谢物中均有槲皮素与山柰酚，槲皮素本身具有抗菌抗病毒的作用，滕南等（2015）使用槲皮素做抑菌试验，发现其能够明显抑制肠杆菌、绿脓杆菌等细菌，并且浓度越高抑制效果越好，山柰酚也有很好的抑菌作用。

叶酸一碳库代谢通路（One carbon pool by folate）中富集到的物质为 10-甲酰基四氢叶酸（10-Formyl-tetrahydrifolate），叶酸是所有生物中一碳单位的供体，在植物中，四氢叶酸通过 10-甲酰基四氢叶酸合成酶以依赖 ATP 的方式被甲酸酯活化，生成氧化程度最高的叶酸之一，即 10-甲酰基四氢叶酸，之后又被转化为 5-甲酰基四氢叶酸。活化的叶酸在嘌呤、甲酰甲硫酰基-tRNA 和胸苷的生物合成以及蛋氨酸、甘氨酸和丝氨酸的生物合成中至关重要（Collakova et al.，2008）。

表 4-3 KEGG 代谢通路富集（GN_vs_GCK）

通路描述	本研究代谢物中的比例	背景代谢物中的比例	P 值
Flavonoid biosynthesis 类黄酮生物合成	7/38	69/3 877	0
Glycerophospholipid metabolism 甘油磷脂代谢	3/38	52/3 877	0.013 8
Sphingolipid metabolism 鞘脂代谢	2/38	25/3 877	0.024 4
Phenylpropanoid biosynthesis 苯丙烷类生物合成	3/38	66/3 877	0.02 6
Cutin, suberine and wax biosynthesis 角质、木脂和蜡的生物合成	2/38	27/3 877	0.028 1
Pantothenate and CoA biosynthesis 泛酸和辅酶 A 生物合成	2/38	28/3 877	0.030 1

（续表）

通路描述	本研究代谢物中的比例	背景代谢物中的比例	P 值
Linoleic acid metabolism 亚油酸代谢	2/38	28/3 877	0. 030 1
Flavone and flavonol biosynthesis 黄酮和黄酮醇的生物合成	2/38	49/3 877	0. 082 5
One carbon pool by folate 叶酸一碳库	1/38	9/3 877	0. 084 9
AGE-RAGE signaling pathway in diabetic 糖尿病患者的 AGE-RAGE 信号通路	1/38	10/3 877	0. 093 9
Pentose and glucuronate interconversions 戊糖和葡萄糖醛酸相互转化通路	2/38	55/3 877	0. 100 5
Pyrimidine metabolism 嘧啶代谢	2/38	68/3 877	0. 142 6
Arachidonic acid metabolism 花生四烯酸代谢	2/38	75/3 877	0. 166 7
Tyrosine metabolism 酪氨酸代谢	2/38	78/3 877	0. 177 2
Citrate cycle (TCA cycle) 柠檬酸循环(TCA 循环)	1/38	20/3 877	0. 179 2
Caffeine metabolism 咖啡因代谢	1/38	21/3 877	0. 187 3
Taurine and hypotaurine metabolism 牛磺酸和亚牛磺酸代谢	1/38	22/3 877	0. 195 3
Arginine biosynthesis 精氨酸生物合成	1/38	23/3 877	0. 203 2
Carbon fixation in photosynthetic organisms 光合生物中的碳固定	1/38	23/3 877	0. 203 2
Stilbenoid, diarylheptanoid and gingerol biosynthesis 二苯乙烯类、二芳基庚烷类和姜辣素的生物合成	1/38	25/3 877	0. 218 9
Purine metabolism 嘌呤代谢	2/38	92/3 877	0. 227 5
Alanine, aspartate and glutamate metabolism 丙氨酸、天冬氨酸和谷氨酸代谢	1/38	28/3 877	0. 241 8

（续表）

通路描述	本研究代谢物中的比例	背景代谢物中的比例	*P* 值
C5-Branched dibasic acid metabolism C5-支链二元酸代谢	1/38	32/3 877	0. 271 3
beta-Alanine metabolism β-丙氨酸代谢	1/38	32/3 877	0. 271 3
Pentose phosphate pathway 戊糖磷酸途径	1/38	35/3 877	0. 292 7
Lysine biosynthesis 赖氨酸生物合成	1/38	35/3 877	0. 292 7
Folate biosynthesis 叶酸生物合成	1/38	41/3 877	0. 333 7
Butanoate metabolism 丁酸代谢	1/38	42/3 877	0. 340 3
alpha-Linolenic acid metabolism α-亚麻酸代谢	1/38	42/3 877	0. 340 3
ABC transporters ABC 转运蛋白	2/38	126/3 877	0. 351 7
Histidine metabolism 组氨酸代谢	1/38	47/3 877	0. 372 3
Ascorbate and aldarate metabolism 抗坏血酸和醛糖酸代谢	1/38	47/3 877	0. 372 3
Glycine, serine and threonine metabolism 甘氨酸、丝氨酸和苏氨酸代谢	1/38	50/3 877	0. 390 8
Aminoacyl-tRNA biosynthesis 氨酰-tRNA 生物合成	1/38	52/3 877	0. 402 9
Glyoxylate and dicarboxylate metabolism 乙醛酸和二羧酸代谢	1/38	61/3 877	0. 454 2
Anthocyanin biosynthesis 花青素生物合成	1/38	66/3 877	0. 480 9
Phenylalanine metabolism 苯丙氨酸代谢	1/38	72/3 877	0. 511 2
Sesquiterpenoid and triterpenoid biosynthesis 倍半萜类和三萜类化合物的生物合成	1/38	88/3 877	0. 583 8
Ubiquinone and other terpenoid-quinone biosynthesis 泛醌和其他萜类醌生物合成	1/38	90/3 877	0. 592 2
Amino sugar and nucleotide sugar metabolism 氨基糖和核苷酸糖代谢	1/38	108/3 877	0. 66

表 4-4　KEGG 代谢通路富集（KN_vs_KCK）

通路描述	本研究代谢物中的比例	背景代谢物中的比例	*P* 值
Flavonoid biosynthesis 类黄酮生物合成	5/29	69/3 877	0. 000 1
Sphingolipid metabolism 鞘脂代谢	2/29	25/3 877	0. 014 6
Folate biosynthesis 叶酸生物合成	2/29	41/3 877	0. 037
Flavone and flavonol biosynthesis 黄酮和黄酮醇的生物合成	2/29	49/3 877	0. 051 2
Glycerophospholipid metabolism 甘油磷脂代谢	2/29	52/3 877	0. 056 9
One carbon pool by folate 叶酸一碳库	1/29	9/3 877	0. 065 4
AGE - RAGE signaling pathway in diabetic complications 糖尿病并发症中的 AGE-RAGE 信号通路	1/29	10/3 877	0. 072 4
Phenylpropanoid biosynthesis 苯丙烷类生物合成	2/29	66/3 877	0. 086 4
Phenylalanine metabolism 苯丙氨酸代谢	2/29	72/3 877	0. 100 2
Arachidonic acid metabolism 花生四烯酸代谢	2/29	75/3 877	0. 107 3
Tyrosine metabolism 酪氨酸代谢	2/29	78/3 877	0. 114 5
Caffeine metabolism 咖啡因代谢	1/29	21/3 877	0. 146 2
Purine metabolism 嘌呤代谢	2/29	92/3 877	0. 149 9
Carbon fixation in photosynthetic organisms 光合生物中的碳固定	1/29	23/3 877	0. 159
Pantothenate and CoA biosynthesis 泛酸和辅酶 A 生物合成	1/29	28/3 877	0. 190 2
Linoleic acid metabolism 亚油酸代谢	1/29	28/3 877	0. 190 2
Pentose phosphate pathway 戊糖磷酸途径	1/29	35/3 877	0. 232
Starch and sucrose metabolism 淀粉和蔗糖代谢	1/29	37/3 877	0. 243 5

（续表）

通路描述	本研究代谢物中的比例	背景代谢物中的比例	P 值
alpha-Linolenic acid metabolism α-亚麻酸代谢	1/29	42/3 877	0. 271 7
Lysine degradation 赖氨酸降解	1/29	52/3 877	0. 325
Aminoacyl-tRNA biosynthesis 氨酰-tRNA 生物合成	1/29	52/3 877	0. 325
Pentose and glucuronate interconversions 戊糖和葡萄糖醛酸相互转化	1/29	55/3 877	0. 340 2
Anthocyanin biosynthesis 花青素生物合成	1/29	66/3 877	0. 393 3
Ubiquinone and other terpenoid-quinone biosynthesis 泛醌和其他萜类醌生物合成	1/29	90/3 877	0. 495 2

4.3.3 氮肥与有机肥配施对桑树根系分泌的差异代谢物影响

4.3.3.1 氮肥与有机肥配施桑树根系分泌物中差异代谢物筛选与鉴定

施加氮肥和有机肥的桂优 12 号与抗青 10 和其不施肥的对照组相比，对差异物质进行火山图分析。根据差异火山图 4-7 可以较直观地看出

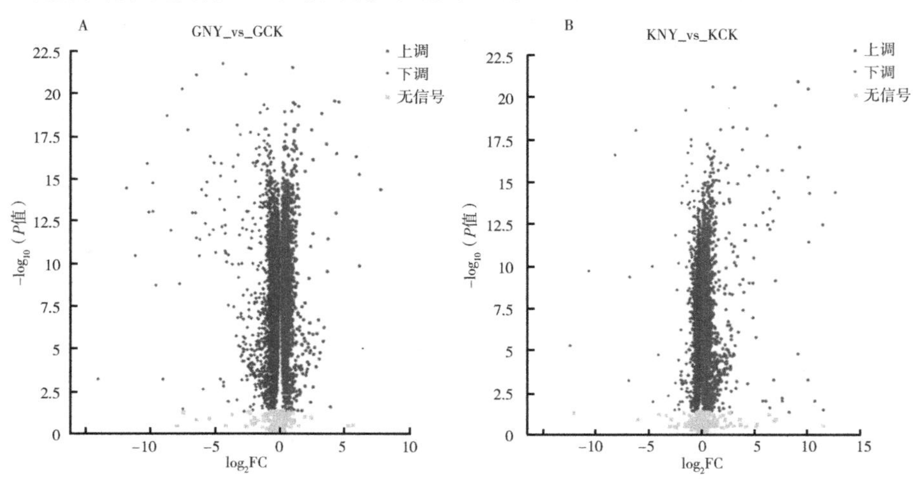

图 4-7 氮肥与有机肥配施处理桑树差异代谢物质筛选火山图示意
（阴离子加阳离子模式）

GKY_vs_GCK 组中下调的物质明显多于 KNY_vs_KCK 中的下调物质，但上调代谢物明显少于 KNY_vs_KCK 组。

桂优 12 号桑树氮肥与有机肥配施及不施肥的对照组处理中共检测出 342 种代谢物，在筛选条件为：$P<0.05$、VIP >1，其中上调的代谢物有 89 种，下调的代谢物有 253 种。代谢物中种类最多的是苯丙素和聚酮化合物（92 种）、脂质和类脂质分子（85 种）、有机氧化合物（37 种）、有机杂环化合物（22 种）、有机酸及其衍生物（18 种）、苯环型化合物（13 种）、核苷和核苷酸及其类似物（3 种）、有机氮化合物（3 种）、生物碱及其衍生物（2 种）。根据 Fold Change（FC 值）大小排序，其中上下调前 10 的代谢物如表 4-5 所示。

表 4-5　GNY_vs_GCK 差异物质中上下调前 10 的代谢物

代谢物	VIP	FC 值(GNY/GCK)	*P* 值
3-Methyl-3-butenyl apiosyl-(1->6)-glucoside	3.081 4	218.740 1	4.14E-15
Lymecycline	3.001 1	6.225 4	8.43E-06
9′-Carboxy-gamma-tocotrienol	2.529 4	4.552 8	7.64E-10
Isobutyrylcarnitine	2.254	2.292 7	4.82E-06
N-Trifluoroacetyladriamycinol	2.310 9	1.982 2	3.81E-20
N-Oleoyl tyrosine	2.099 7	1.917 9	5.08E-07
13-Hydroxy-9-methoxy-10-oxo-11-octadecenoic acid	2.049 3	1.842 2	7.89E-14
(R)-3,4-Dihydro-2-(4,8,12-trimethyl-3,7,11-tridecatrienyl)-2H-1-benzopyran-6-ol	1.850 9	1.748 1	8.31E-14
Hydroxyisonobilin	1.503 6	1.652	0.000 702
2,3-dinor Prostaglandin E1	1.901 5	1.603 4	2.18E-12
Miscanthoside	1.965 7	0.485 6	0.000 142

（续表）

代谢物	VIP	FC 值(GNY/GCK)	*P* 值
Ustiloxin D	2. 335 6	0. 483 5	2. 01E-15
Liquiritin apioside	2. 245 1	0. 472 3	1. 3E-18
3, 5, 6, 7 - tetrahydroxy - 2 - (4 - hydroxyphenyl)-1-chromen-1-ylium	2. 500 9	0. 447 7	3. 06E-12
3,4,5-trihydroxy-6-(2-hydroxy-6-methoxy-phenoxy)oxane-2-carboxylic acid	1. 749 2	0. 440 2	6. 86E-06
3, 4, 5 - trihydroxy - 6 - [(3 - phenylpropanoyl)oxy]oxane-2-carboxylic acid	2. 429 4	0. 438 4	1. 51E-17
Sec-o-Glucosylhamaudol	2. 690 9	0. 274 2	1. 75E-17
Simvastatin	2. 53	0. 247 2	1. 9E-08
Melleolide C	2. 556 5	0. 150 1	2. 56E-06
Caryatin glucoside	2. 358 6	0. 010 7	3. 43E-12

在 $P<0.05$、VIP>1 的筛选条件下，施加氮肥和有机肥与不施肥的抗青 10 号差异代谢物共找出 336 种，其中上调的代谢物有 253 种，下调的代谢物有 83 种。根据 HMDB Superclass 分类规则，化合物有：脂质和类脂质分子 118 种、苯丙烷和聚酮化合物 74 种、有机氧化合物 33 种、有机杂环化合物 24 种、有机酸及其衍生物 19 种、苯环化合物 4 种、核苷和核苷酸及其类似物 4 种、木质素和新木脂素及其相关化合物 3 种、生物碱及其衍生物 2 种、有机氮化合物 2 种。根据 FC 值的大小排列，其中上下调前 10 的代谢物如表 4-6 所示。

表 4-6　KNY_vs_KCK 差异物质中上下调前 10 的代谢物

代谢物	VIP	FC 值(KNY/KCK)	*P* 值
Lymecycline	1. 255 2	93. 402 9	0. 026 82

（续表）

代谢物	VIP	FC 值（KNY/KCK）	*P* 值
Caryatin glucoside	3.305 4	7.248 4	2.28E-06
Myricanene B 5-[arabinosyl-(1->6)-glucoside]	2.812 5	5.060 1	6.41E-05
4′,7-Dihydroxy-2′,5-dimethoxyisoflavone	2.907 6	4.584 4	1.93E-09
3,4,5-trihydroxy-6-(2-hydroxy-6-methoxyphenoxy)oxane-2-carboxylic acid	2.567 5	2.921 5	1.72E-06
2-Methoxy-1,4-benzoquinone	2.671 7	2.788 8	1.5E-14
3,4,5-trihydroxy-6-[4-hydroxy-3-(3-oxopropyl)phenoxy]oxane-2-carboxylic acid	2.605 4	2.584 1	5.9E-16
10-Hydroxymelleolide	2.043 2	2.514 2	9.26E-07
Sakuranetin	3.042 9	2.423 5	6.67E-13
Austdiol	2.668 7	2.411 4	1.08E-17
Budesonide	1.428 5	0.846 8	2.39E-12
5′-Hydroxy-3′-methoxysativan	1.448 6	0.839 1	1.77E-10
Phlorisobutyrophenone 2-glucoside	1.676 3	0.824 4	4.35E-14
3,4,5-trihydroxy-6-[(3-phenylpropanoyl)oxy]oxane-2-carboxylic acid	1.497 6	0.821 4	1.62E-10
Pyranocyanin A	1.378 4	0.801 8	7.54E-07
Bryophyllin A	2.081 8	0.712 6	6.79E-12
3beta-HYDROXYDEOXODIHYDRODEOXYGEDUNIN	1.842 8	0.696 7	1.28E-07
(S,E)-Zearalenone	2.202 6	0.662 9	6.7E-13
8-Epiisoivangustin	2.044 7	0.511 4	1.46E-11

（续表）

代谢物	VIP	FC 值(KNY/KCK)	*P* 值
(S)-9-Hydroxy-10-undecenoic acid	2.206 9	0.492 3	4.56E-08
2,2,6,7-Tetramethylbicyclo[4.3.0]nona-1(9),4-dien-8-one	2.107	0.461	7.77E-13
Cortisol	1.556 2	0.181 1	8.36E-04

对两组处理做韦恩图分析，图 4-8 中饼图重叠部分表示 KNY_vs_KCK、GNY_vs_GCK 中共同拥有的代谢物的数目为 143 种，没有重叠的部分表示该代谢集中所特有的代谢物数目，KNY_vs_KCK 中特有代谢物为 193 种，GNY_vs_GCK 中特有的代谢物为 199 种，代谢物并集共有

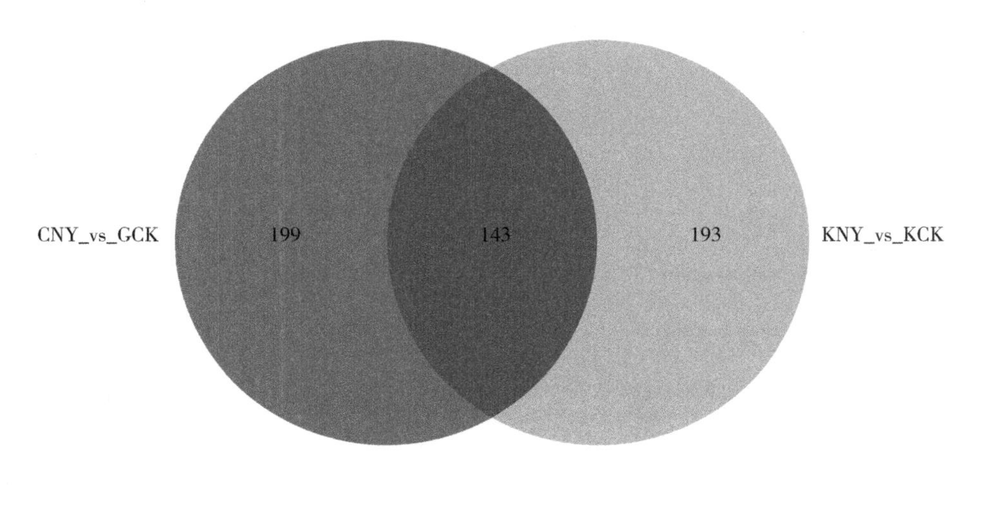

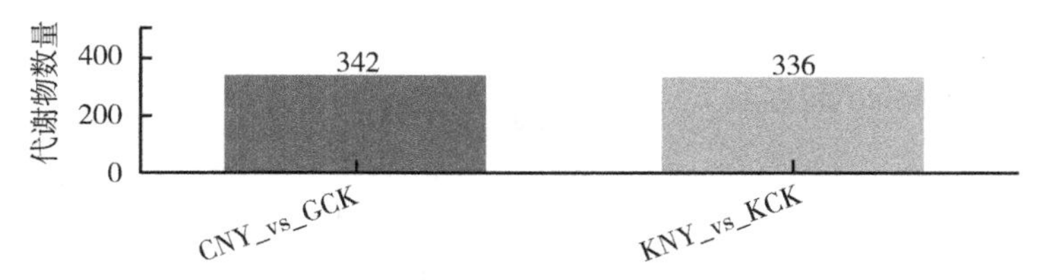

图 4-8　氮肥与有机肥配施处理桑树差异代谢物质韦恩图分析

535 种。

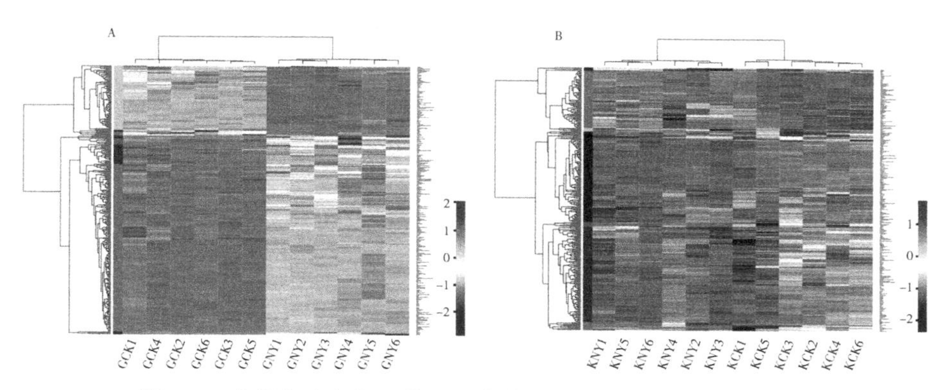

图 4-9　氮肥与有机肥配施处理桑树差异代谢物质聚类热图示意

4.3.3.2　氮肥与有机肥配施桑树根系分泌物中差异代谢物层级聚类热图分析

GNY（施加氮肥与有机肥的桂优 12 号桑树）_vs_GCK（未施肥的桂优 12 号桑树）（图 4-9-A）、KNY（施加氮肥与有机肥的抗青 10 号桑树）_vs_KCK（未施肥的抗青 10 号桑树）（图 4-9-B）的聚类热图中，每个处理的重复均能聚在一起，氮肥和有机肥配施与不施肥的处理能明显分开，300 种代谢物质也被明显聚为两支，这些差异物质可以进行后续的相关通路的分析。

4.3.3.3　氮肥与有机肥配施桑树根系分泌物的差异代谢物相关通路分析

将氮肥与有机肥配施和仅施加氮肥的抗青 10 号桑树与桂优 12 号桑树的差异代谢物进行功能通路统计，KNY_vs_KCK 组共匹配到 28 种功能通路之中，GNY_vs_GCK 组共匹配到 26 种功能通路之中，其中与代谢途径相关的代谢物数量分别为 20 种和 15 种，其次为次生代谢产物的生物合成，与之相关的代谢物数量分别是 12 种和 9 种。对氮肥与有机肥配施和仅施加氮肥的抗青 10 号桑树与桂优 12 号桑树的差异代谢物进行代谢通路的统计，KNY_vs_KCK 组共富集到 25 种通路，GNY_vs_GCK 组共富集到 23 种代谢通路，见图 4-10。

KNY 与 KCK 相比显著差异的代谢通路有：类黄酮生物合成，亚油酸

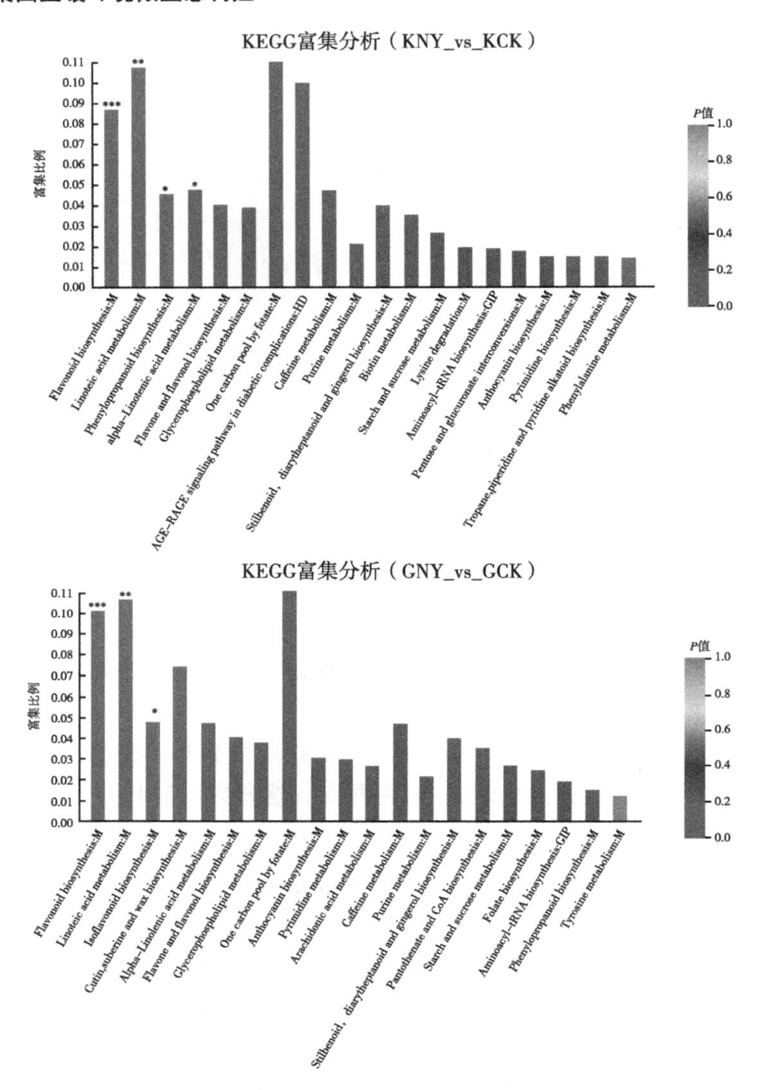

图 4-10 氮肥与有机肥配施处理桑树差异代谢物质前 20 的代谢通路

横坐标表示通路名称（中文译名见表 4-7，4-8），名称后的字母表示该通路所属的代谢通路类别（M：Metabolism，新陈代谢；HD：Human Disease，人类疾病；GIP：Genetic Information Processing，遗传信息处理）；纵坐标表示富集比例，表示该通路中富集到的代谢物数目（Metabolite number）与注释到该代谢物数目（Background number）的比值，比值越大，表示富集的程度越高。$P<0.001$ 标记为 ***，$P<0.01$ 标记为 **，$P<0.05$ 标记为 *

代谢，异黄酮类生物合成，角质、木栓质和蜡的生物合成，α-亚麻酸代谢。GNY 与 GCK 相比，具有显著差异的代谢通路为：类黄酮生物合成，亚油酸代谢，异黄酮的生物合成，角质、木栓质和蜡的生物合成、α-亚麻酸代谢。类黄酮生物合成通路与黄酮和黄酮醇的合成通路，富集到的代谢物中均有槲皮素与山柰酚，槲皮素本身具有抗菌抗病毒的作用。表 4-7 和表 4-8 中展示出富集到的代谢通路。

表 4-7　KEGG 代谢通路富集（KNY_vs_KCK）

通路描述	本研究代谢物中的比例	背景代谢物中的比例	*P* 值
Flavonoid biosynthesis 类黄酮生物合成	6/31	69/3 877	0
Linoleic acid metabolism 亚油酸代谢	3/31	28/3 877	0. 001 3
Phenylpropanoid biosynthesis 苯丙烷类生物合成	3/31	66/3 877	0. 015 1
alpha-Linolenic acid metabolism α-亚麻酸代谢	2/31	42/3 877	0. 043 7
Flavone and flavonol biosynthesis 黄酮和黄酮醇的生物合成	2/31	49/3 877	0. 057 7
Glycerophospholipid metabolism 甘油磷脂代谢	2/31	52/3 877	0. 064 1
One carbon pool by folate 叶酸一碳库	1/31	9/3 877	0. 069 8
AGE-RAGE signaling pathway in diabetic 糖尿病患者的 AGE-RAGE 信号通路	1/31	10/3 877	0. 077 2
Caffeine metabolism 咖啡因代谢	1/31	21/3 877	0. 155 5
Purine metabolism 嘌呤代谢	2/31	92/3 877	0. 166 7
Stilbenoid, diarylheptanoid and gingerol biosynthesis 二苯乙烯类、二芳基庚烷类和姜辣素的生物合成	1/31	25/3 877	0. 182 4
Biotin metabolism 生物素代谢	1/31	28/3 877	0. 201 9
Starch and sucrose metabolism 淀粉和蔗糖代谢	1/31	37/3 877	0. 258

（续表）

通路描述	本研究代谢物中的比例	背景代谢物中的比例	*P* 值
Lysine degradation 赖氨酸降解	1/31	52/3 877	0. 343 1
Aminoacyl-tRNA biosynthesis 氨酰-tRNA 生物合成	1/31	52/3 877	0. 343 1
Pentose and glucuronate interconversions 戊糖和葡萄糖醛酸相互转化	1/31	55/3 877	0. 359
Anthocyanin biosynthesis 花青素生物合成	1/31	66/3 877	0. 414
Pyrimidine metabolism 嘧啶代谢	1/31	68/3 877	0. 423 5
Tropane, piperidine and pyridine alkaloid biosynthesis 托烷、哌啶和吡啶生物碱的生物合成	1/31	68/3 877	0. 423 5
Phenylalanine metabolism 苯丙氨酸代谢	1/31	72/3 877	0. 442
Arachidonic acid metabolism 花生四烯酸代谢	1/31	75/3 877	0. 455 5
Tryptophan metabolism 色氨酸代谢	1/31	81/3 877	0. 481 6
Ubiquinone and other terpenoid-quinone biosynthesis 泛醌和其他萜类醌生物合成	1/31	90/3 877	0. 518 6
Amino sugar and nucleotide sugar metabolism 氨基糖和核苷酸糖代谢	1/31	108/3 877	0. 584 9
ABC transporters ABC 转运蛋白	1/31	126/3 877	0. 642 4

表 4-8　KEGG 代谢通路富集（GNY_vs_GCK）

通路描述	本研究代谢物中的比例	背景代谢物中的比例	*P* 值
Flavonoid biosynthesis 类黄酮生物合成	7/32	69/3 877	0
Linoleic acid metabolism 亚油酸代谢	3/32	28/3 877	0. 001 5

（续表）

通路描述	本研究代谢物中的比例	背景代谢物中的比例	P 值
Isoflavonoid biosynthesis 异黄酮生物合成	3/32	63/3 877	0. 014 5
Cutin, suberine and wax biosynthesis 角质、木脂和蜡的生物合成	2/32	27/3 877	0. 020 4
alpha-Linolenic acid metabolism α-亚麻酸代谢	2/32	42/3 877	0. 046 3
Flavone and flavonol biosynthesis 黄酮和黄酮醇的生物合成	2/32	49/3 877	0. 061
Glycerophospholipid metabolism 甘油磷脂代谢	2/32	52/3 877	0. 067 8
One carbon pool by folate 叶酸一碳库	1/32	9/3 877	0. 072
Anthocyanin biosynthesis 花青素生物合成	2/32	66/3 877	0. 102 2
Pyrimidine metabolism 嘧啶代谢	2/32	68/3 877	0. 107 4
Arachidonic acid metabolism 花生四烯酸代谢	2/32	75/3 877	0. 126 4
Caffeine metabolism 咖啡因代谢	1/32	21/3 877	0. 160 1
Purine metabolism 嘌呤代谢	2/32	92/3 877	0. 175 2
Stilbenoid, diarylheptanoid and gingerol biosynthesis 二苯乙烯类、二芳基庚烷类和姜辣素的生物合成	1/32	25/3 877	0. 187 7
Pantothenate and CoA biosynthesis 泛酸和辅酶 A 生物合成	1/32	28/3 877	0. 207 8
Starch and sucrose metabolism 淀粉和蔗糖代谢	1/32	37/3 877	0. 265 2
Folate biosynthesis 叶酸生物合成	1/32	41/3 877	0. 289 4
Aminoacyl-tRNA biosynthesis 氨酰-tRNA 生物合成	1/32	52/3 877	0. 352

（续表）

通路描述	本研究代谢物中的比例	背景代谢物中的比例	*P* 值
Phenylpropanoid biosynthesis 苯丙烷类生物合成	1/32	66/3 877	0. 424
Tryptophan metabolism 色氨酸代谢	1/32	81/3 877	0. 492 6
Sesquiterpenoid and triterpenoid biosynthesis 倍半萜类和三萜类化合物的生物合成	1/32	88/3 877	0. 521 8
Amino sugar and nucleotide sugar metabolism 氨基糖和核苷酸糖代谢	1/32	108/3 877	0. 596 6
ABC transporters ABC 转运蛋白	1/32	126/3 877	0. 654 1

4. 3. 4 氮肥与生物炭配施对桑树根系分泌物的差异代谢物影响

4. 3. 4. 1 氮肥与生物炭配施桑树根系分泌物的差异代谢物筛选与鉴定

对 GNS_vs_GCK，KNS_vs_KCK 两组处理根系分泌物中差异代谢物质进行火山图分析（图 4-11）发现。在筛选条件为 *P* 值<0. 05、VIP>1 时。

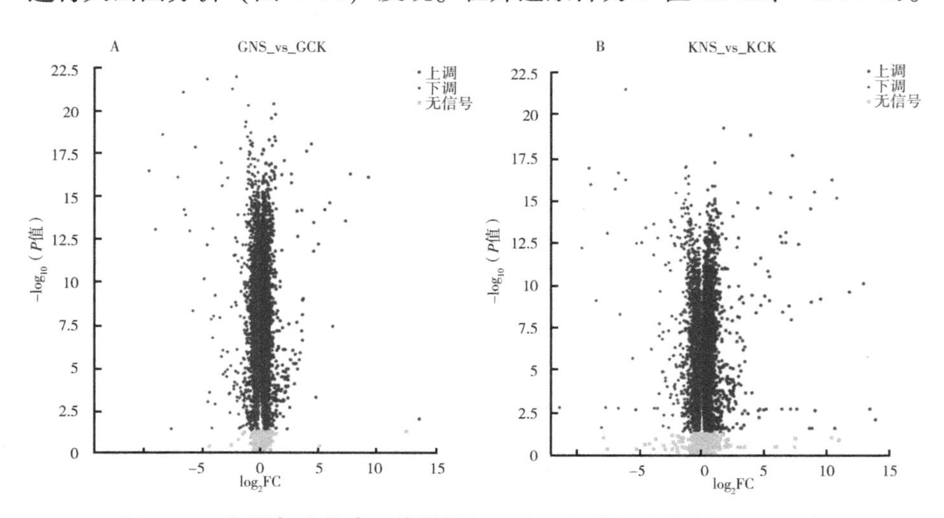

图 4-11 氮肥与生物炭配施桑树根系差异代谢物质筛选火山图示意（阴离子加阳离子模式）

桂优 12 号桑树生物炭与氮肥配施和未施肥的样本相比共检测出 351 种代谢物，其中上调的代谢物有 199 种，下调的代谢物有 152 种。代谢物中种类最多的是脂质和类脂质分子（109 种），其余有聚酮化合物（87 种）、有机杂环化合物（34 种）、有机氧化合物（26 种）、有机酸及其衍生物（18 种）、苯环型化合物（11 种）、核苷和核苷酸及其类似物（5 种）、有机氮化合物（4 种）、生物碱及其衍生物（2 种）、木质素和新木脂素及相关化合物（2 种），剩余未分类。根据 FC 值大小排序，其中上下调前 10 的代谢物如表 4-9 所示。

表 4-9　GNS VS GCK 差异物质中上下调前 10 的代谢物

代谢物	VIP	FC 值(GNS/GCK)	*P* 值
3-Methyl-3-butenyl apiosyl-(1->6)-glucoside	3.319 9	200.741 1	4.69E-17
3,4,5-trihydroxy-6-(2-methyl-3-phenylpropoxy)oxane-2-carboxylic acid	3.060 3	5.864 2	3.53E-06
Lymecycline	2.910 1	4.479	0.000 252
9′-Carboxy-gamma-tocotrienol	2.472 2	3.719 5	4.92E-08
8-Epiisoivangustin	2.621 9	2.574 6	5.16E-15
Isobutyrylcarnitine	2.485 1	2.054 1	2.74E-05
N-Oleoyl tyrosine	2.693 2	1.986 8	3.48E-07
(R)-3,4-Dihydro-2-(4,8,12-trimethyl-3,7,11-tridecatrienyl)-2H-1-benzopyran-6-ol	2.304 7	1.762 5	1.39E-12
N-Trifluoroacetyladriamycinol	2.462 2	1.732 5	7.31E-17
10-Hydroxymelleolide	1.052 1	1.714 7	0.04296
Sakuranetin	2.000 4	0.588 6	1.13E-06
Tetrahydrobiopterin	2.498 9	0.557 7	1.8E-10
Sec-o-Glucosylhamaudol	2.559	0.546	2.48E-06
PE(18:1(11Z)/22:0)	2.185 8	0.500 7	0.000 398
Ustiloxin D	2.665	0.468 6	3.59E-17
3,4,5-trihydroxy-6-[(3-phenylpropanoyl)oxy]oxane-2-carboxylic acid	2.696 5	0.447 9	4.2E-10
Cnidimol 7-glucoside	2.979 9	0.387 8	1.02E-10
Simvastatin	2.982 6	0.177 8	2.98E-09
Caryatin glucoside	2.270 1	0.161 6	0.000 286
Cortisol	2.437 8	0.058 1	1.88E-07

在筛选条件为 $P<0.05$、VIP>1 时，抗青 10 号桑树施加氮肥与生物炭和不施肥对照组差异物种共检测出 351 种代谢物。其中上调的代谢物有 195 种，下调的代谢物有 156 种。根据 HMDB Superclass 分类规则，化合物有：脂质和类脂质分子（120 种）、聚酮化合物种类（60 种）、有机氧化合物（34 种）、有机杂环化合物有（26 种）、有机酸及其衍生物（21 种）、苯环型化合物（7 种）、核苷和核苷酸及类似物（6 种）、木质素和新木脂素及相关化合物（5 种）、生物碱及其衍生物（4 种）、有机氮化合物（3 种）、碳氢化合物衍生物（1 种），其余均未分类。根据 FC 值大小排序，其中上下调前 10 的代谢物如表 4-10 所示。

表 4-10　KNS_vs_KCK 差异物质中上下调前 10 的代谢物

代谢物	VIP	FC 值(KNS/KCK)	*P* 值
Myricanene B 5-[arabinosyl-(1->6)-glucoside]	2.564 3	4.999 2	0.000 25
3,4,5-trihydroxy-6-(2-methyl-3-phenylpropoxy)oxane-2-carboxylic acid	2.532 6	4.820 8	7.01E-06
10-Hydroxymelleolide	2.806 4	4.167 6	1.02E-08
9′-Carboxy-gamma-tocotrienol	2.606 4	2.957 7	1.96E-09
Isobutyrylcarnitine	1.814 5	2.897	0.008 597
Glycylprolylhydroxyproline	2.781 6	2.518	9.18E-07
N2-Malonyl-D-tryptophan	2.575 8	2.160 8	3.99E-08
(3beta,5alpha,9alpha,22E,24R)-3,5,9-Trihydroxy-23-methylergosta-7,22-dien-6-one	2.443 2	2.041 2	1.65E-15
N-Acetyl-DL-tryptophan	2.430 7	2.000 5	8.01E-11
Elatoside G	2.357	1.990 7	1.58E-16
Bryophyllin A	2.511 9	0.510 7	7.38E-09
2,2,6,7-Tetramethylbicyclo[4.3.0]nona-1(9),4-dien-8-one	1.939 4	0.477 2	3.41E-11
Cerebroside B	2.480 7	0.473 9	6.34E-14
Tetrahydrobiopterin	2.317 3	0.470 6	9.46E-13
Ustiloxin D	2.541 1	0.468 3	1.08E-16
Mammea B/BC cyclo E	2.468 2	0.450 2	6.53E-07

（续表）

代谢物	VIP	FC 值(KNS/KCK)	*P* 值
LysoPE(18:4(6Z,9Z,12Z,15Z)/0:0)	2.553 2	0.435 5	6.92E-14
N-Acetyl-a-neuraminic acid	2.513 9	0.397 8	1.2E-17
Melleolide C	2.997 8	0.087 4	1.83E-13
Simvastatin	3.497	0.014 2	3.33E-22

对两组处理进行韦恩图分析，图 4-12 中饼图重叠部分表示 KNS_vs_KCK，GNS_vs_GCK 组中共同拥有的代谢物的数目为 171 种，没有重叠的部分表示该代谢集中所特有的代谢物数目，KNS_vs_KCK 组中特有代谢物为 180 种，GNS_vs_GCK 组中特有的代谢物为 180 种，代谢物并集共有 531 种。

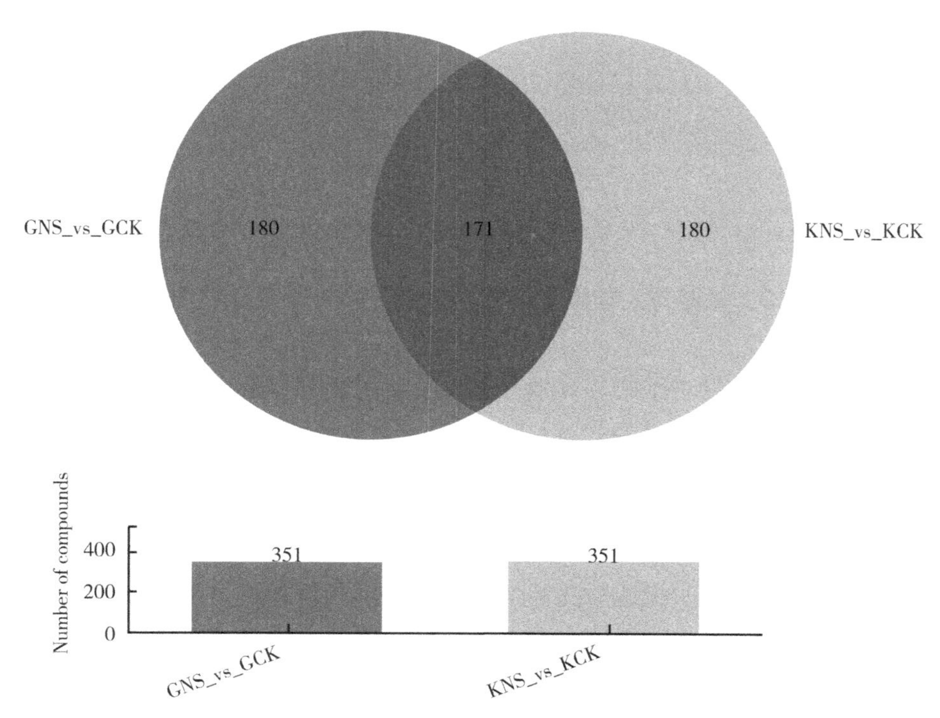

图 4-12　氮肥与生物炭配施桑树根系差异代谢物质韦恩图分析

4.3.4.2　氮肥与生物炭肥配施桑树根系分泌物中差异代谢物层级聚类热图分析

GNS（施加氮肥与生物炭的桂优 12 号桑树）_vs_GCK（未施肥的桂优 12 号桑树）与 KNS（施加氮肥与生物炭的抗青 10 号桑树）_vs_KCK（未施肥的抗青 10 号桑树）的聚类热图中（图 4-13），每个处理的重复均能聚在一起，KNS3 这一样本与 KN 这组处理差异稍大一些，施肥与不施肥的处理能明显分开，300 种代谢物质根据表达量也被明显聚为两支，这些差异物质可以进行后续分析。

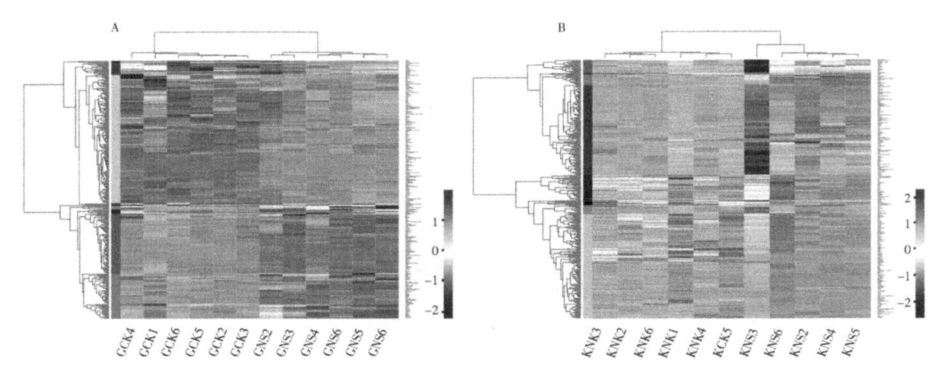

图 4-13　氮肥与生物炭配施桑树根系差异代谢物质聚类热图示意

4.3.4.3　氮肥与生物炭配施桑树根系分泌物的差异代谢物相关通路分析

将氮肥和生物炭配施与对照组的抗青 10 号桑树与桂优 12 号桑树的差异代谢物进行功能通路统计，KNS 与 KCK 组共匹配到 48 种功能通路之中，GNS 与 GCK 组共匹配到 30 种功能通路之中，其中与代谢途径相关的代谢物数量分别为 25 种和 24 种，其次为次生代谢产物的生物合成，与之相关的代谢物数量分别为 13 种和 7 种。

对氮肥与生物炭配施与其对照组的抗青 10 号桑树与桂优 12 号桑树的差异代谢物进行代谢通路的统计，KNS 与 KCK 组共富集到 43 种代谢通路之中，GNS 与 GCK 组共富集到 26 种代谢通路之中，两组差异代谢物质前 20 的代谢通路见图 4-14。

在 KNS 与 KCK 相比中显著差异的代谢通路有：亚油酸代谢、α-亚麻

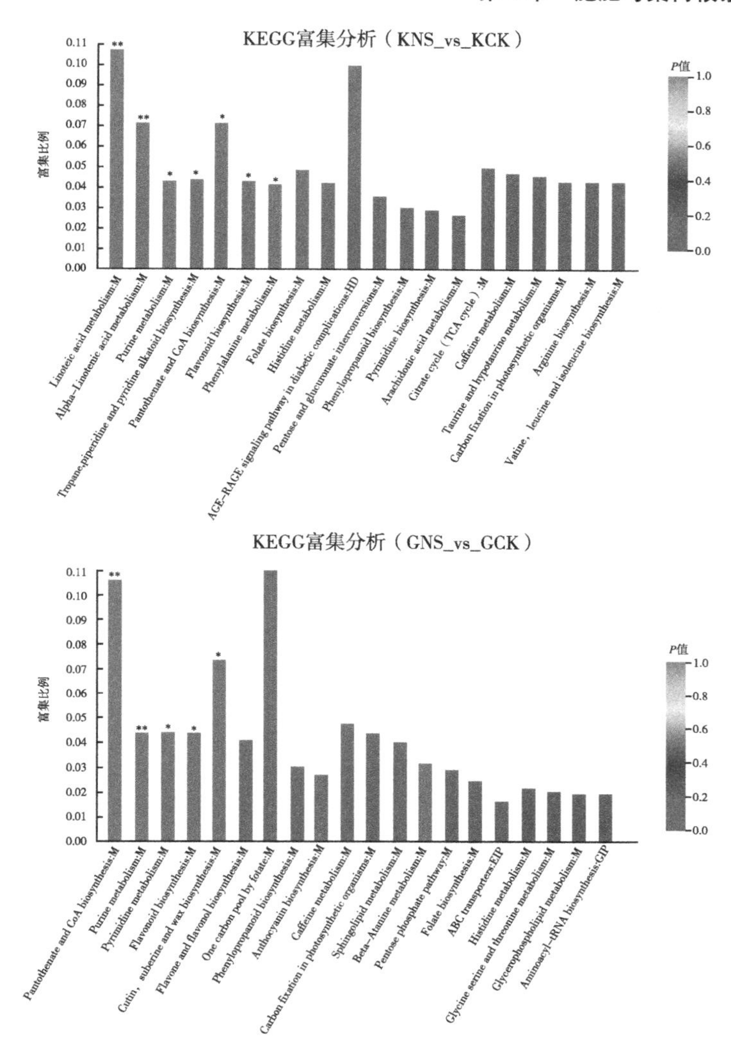

图 4-14　氮肥与生物炭配施桑树根系差异代谢物质前 20 的代谢通路

横坐标表示通路名称（中文译名见表 4-11，4-12），名称后的字母表示该通路所属的代谢通路类别（M：Metabolism，新陈代谢；HD：Human Disease，人类疾病；GIP：Genetic Information Processing，遗传信息处理；EIP：Environmental Information Processing，环境信息处理）；纵坐标表示富集比例，表示该通路中富集到的代谢物数目（Metabolite number）与注释到该代谢物数目（Background number）的比值，比值越大，表示富集的程度越大。其中 $P<0.001$ 标记为 ***，$P<0.01$ 标记为 **，$P<0.05$ 标记为 *。图 4-18，4-22 同

酸代谢、嘌呤代谢、托品烷、哌啶和吡啶生物碱生物合成、泛酸和 CoA 生物合成、类黄酮生物合成、苯丙氨酸代谢。亚油酸代谢途径在很多生物存在，研究表明亚油酸能够破坏乳酸菌的细胞膜，影响细菌的正常代谢，导致其死亡（Huijuan et al.，2020）。

GNS 与 GCK 相比，具有显著差异的代谢通路为泛酸和 CoA 生物合成、嘌呤代谢、嘧啶代谢、类黄酮生物合成、角质、木栓质和蜡的生物合成。泛酸盐和 CoA 生物合成途径的通路在 GNS 与 GCK 代谢通路中也为显著性通路，泛酸属于 B 族维生素，是合成 CoA 的前体，CoA 是生物体 70 多种酶的辅酶因子（Genschel，2004），在体内的能源代谢及能量交换中有重要作用。聚酮类化合物大都具有抗菌、抗虫等作用，而酰基 CoA 是聚酮类化合物生成的重要前体物质（张潇潇，2008）。表 4-11 和表 4-12 中展示了富集到的代谢通路。

表 4-11　KEGG 代谢通路富集（KNS_vs_KCK）

通路描述	本研究代谢物中的比例	背景代谢物中的比例	*P* 值
Linoleic acid metabolism 亚油酸代谢	3/40	28/3 877	0.002 8
alpha-Linolenic acid metabolism α-亚麻酸代谢	3/40	42/3 877	0.008 8
Purine metabolism 嘌呤代谢	4/40	92/3 877	0.014 1
Tropane, piperidine and pyridine alkaloid biosynthesis 托烷、哌啶和吡啶生物碱的生物合成	3/40	68/3 877	0.032 1
Pantothenate and CoA biosynthesis 泛酸和辅酶 A 生物合成	2/40	28/3 877	0.033 1
Flavonoid biosynthesis 类黄酮生物合成	3/40	69/3 877	0.033 3
Phenylalanine metabolism 苯丙氨酸代谢	3/40	72/3 877	0.037 2
Folate biosynthesis 叶酸生物合成	2/40	41/3 877	0.066 1
Histidine metabolism 组氨酸代谢	2/40	47/3 877	0.083 9
AGE-RAGE signaling pathway in diabetic 糖尿病患者的 AGE-RAGE 信号通路	1/40	10/3 877	0.098 6

（续表）

通路描述	本研究代谢物中的比例	背景代谢物中的比例	P 值
Pentose and glucuronate interconversions 戊糖和葡萄糖醛酸相互转化	2/40	55/3 877	0. 109 5
Phenylpropanoid biosynthesis 苯丙烷类生物合成	2/40	66/3 877	0. 147 6
Pyrimidine metabolism 嘧啶代谢	2/40	68/3 877	0. 154 8
Arachidonic acid metabolism 花生四烯酸代谢	2/40	75/3 877	0. 180 6
Citrate cycle(TCA cycle) 柠檬酸循环(TCA 循环)	1/40	20/3 877	0. 187 7
Caffeine metabolism 咖啡因代谢	1/40	21/3 877	0. 196 2
Taurine and hypotaurine metabolism 牛磺酸和亚牛磺酸代谢	1/40	22/3 877	0. 204 5
Carbon fixation in photosynthetic organisms 光合生物中的碳固定	1/40	23/3 877	0. 212 8
Arginine biosynthesis 精氨酸生物合成	1/40	23/3 877	0. 212 8
Valine,leucine and isoleucine biosynthesis 缬氨酸、亮氨酸和异亮氨酸的生物合成	1/40	23/3 877	0. 212 8
Sphingolipid metabolism 鞘脂代谢	1/40	25/3 877	0. 229
Cutin,suberine and wax biosynthesis 角质、木脂和蜡的生物合成	1/40	27/3 877	0. 244 9
Alanine,aspartate and glutamate metabolism 丙氨酸、天冬氨酸和谷氨酸代谢	1/40	28/3 877	0. 252 8
Glycolysis/Gluconeogenesis 糖酵解/糖异生	1/40	31/3 877	0. 275 8
beta-Alanine metabolism β-丙氨酸代谢	1/40	32/3 877	0. 283 4
C5-Branched dibasic acid metabolism C5-支链二元酸代谢	1/40	32/3 877	0. 283 4
Lysine biosynthesis 赖氨酸生物合成	1/40	35/3 877	0. 305 5

(续表)

通路描述	本研究代谢物中的比例	背景代谢物中的比例	*P* 值
Pentose phosphate pathway 戊糖磷酸途径	1/40	35/3 877	0. 305 5
Starch and sucrose metabolism 淀粉和蔗糖代谢	1/40	37/3 877	0. 319 9
Butanoate metabolism 丁酸代谢	1/40	42/3 877	0. 354 6
Valine, leucine and isoleucine degradation 缬氨酸、亮氨酸和异亮氨酸降解	1/40	42/3 877	0. 354 6
Galactose metabolism 半乳糖代谢	1/40	45/3 877	0. 374 6
Cyanoamino acid metabolism 氰基氨基酸代谢	1/40	45/3 877	0. 374 6
ABC transporters ABC 转运蛋白	2/40	126/3 877	0. 375 4
Ascorbate and aldarate metabolism 抗坏血酸和醛糖酸代谢	1/40	47/3 877	0. 387 6
Lysine degradation 赖氨酸降解	1/40	52/3 877	0. 418 9
Glycerophospholipid metabolism 甘油磷脂代谢	1/40	52/3 877	0. 418 9
Aminoacyl-tRNA biosynthesis 氨酰-tRNA 生物合成	1/40	52/3 877	0. 418 9
Glyoxylate and dicarboxylate metabolism 乙醛酸和二羧酸代谢	1/40	61/3 877	0. 471 4
Anthocyanin biosynthesis 花青素生物合成	1/40	66/3 877	0. 498 6
Glucosinolate biosynthesis 芥子油苷生物合成	1/40	75/3 877	0. 544 1
Tryptophan metabolism 色氨酸代谢	1/40	81/3 877	0. 572 1
Sesquiterpenoid and triterpenoid biosynthesis 倍半萜类和三萜类化合物的生物合成	1/40	88/3 877	0. 602 7

表 4-12　KEGG 代谢通路富集（GNS_vs_GCK）

通路描述	本研究代谢物中的比例	背景代谢物中的比例	*P* 值
Pantothenate and CoA biosynthesis 泛酸和辅酶 A 生物合成	3/35	28/3 877	0.001 9
Purine metabolism 嘌呤代谢	4/35	92/3 877	0.008 9
Pyrimidine metabolism 嘧啶代谢	3/35	68/3 877	0.022 6
Flavonoid biosynthesis 类黄酮生物合成	3/35	69/3 877	0.023 5
Cutin, suberine and wax biosynthesis 角质、木脂和蜡的生物合成	2/35	27/3 877	0.024 1
Flavone and flavonol biosynthesis 黄酮和黄酮醇的生物合成	2/35	49/3 877	0.071 5
One carbon pool by folate 叶酸一碳库	1/35	9/3 877	0.078 5
Phenylpropanoid biosynthesis 苯丙烷类生物合成	2/35	66/3 877	0.118 7
Arachidonic acid metabolism 花生四烯酸代谢	2/35	75/3 877	0.146 2
Caffeine metabolism 咖啡因代谢	1/35	21/3 877	0.173 8
Carbon fixation in photosynthetic organisms 光合生物中的碳固定	1/35	23/3 877	0.188 7
Sphingolipid metabolism 鞘脂代谢	1/35	25/3 877	0.203 4
beta-Alanine metabolism β-丙氨酸代谢	1/35	32/3 877	0.252 8
Pentose phosphate pathway 戊糖磷酸途径	1/35	35/3 877	0.273
Folate biosynthesis 叶酸生物合成	1/35	41/3 877	0.311 9

（续表）

通路描述	本研究代谢物中的比例	背景代谢物中的比例	*P* 值
ABC transporters ABC 转运蛋白	2/35	126/3 877	0. 315 6
Histidine metabolism 组氨酸代谢	1/35	47/3 877	0. 348 7
Glycine, serine and threonine metabolism 甘氨酸、丝氨酸和苏氨酸代谢	1/35	50/3 877	0. 366 4
Glycerophospholipid metabolism 甘油磷脂代谢	1/35	52/3 877	0. 377 9
Aminoacyl-tRNA biosynthesis 氨酰-tRNA 生物合成	1/35	52/3 877	0. 377 9
Pentose and glucuronate interconversions 戊糖和葡萄糖醛酸相互转化	1/35	55/3 877	0. 394 9
Isoflavonoid biosynthesis 异黄酮生物合成	1/35	63/3 877	0. 437 8
Phenylalanine metabolism 苯丙氨酸代谢	1/35	72/3 877	0. 482 6
Tryptophan metabolism 色氨酸代谢	1/35	81/3 877	0. 524
Sesquiterpenoid and triterpenoid biosynthesis 倍半萜类和三萜类化合物的生物合成	1/35	88/3 877	0. 553 9
Amino sugar and nucleotide sugar metabolism 氨基糖和核苷酸糖代谢	1/35	108/3 877	0. 629 6

4. 3. 5 氮肥与炭基肥配施对桑树根系分泌物的差异代谢物影响

4. 3. 5. 1 氮肥与炭基肥配施对桑树根系分泌物中差异代谢物筛选与鉴定

对 GNC_vs_GCK，KNC_vs_KCK 两组处理根系分泌物中差异代谢物质进行火山图分析，结果如图 4-15 所示。

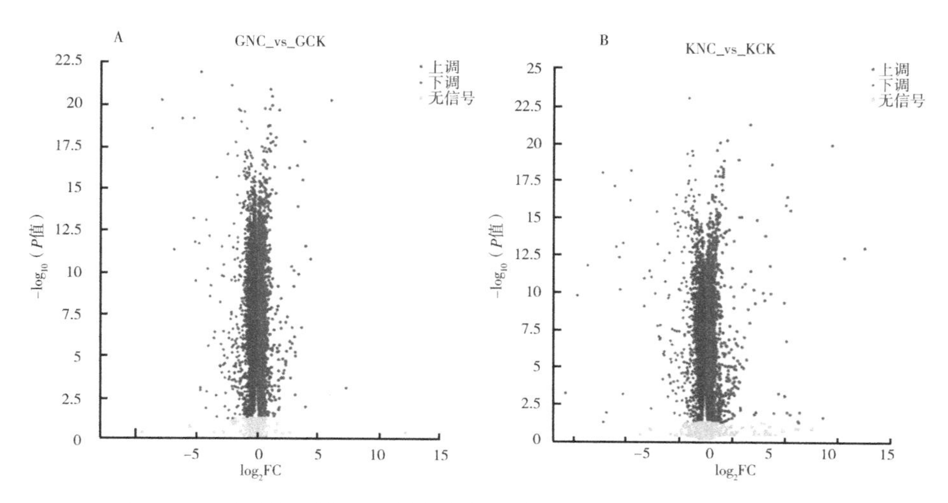

图 4-15　氮肥与炭基肥配施桑树根系差异代谢物质筛选火山图示意（阴离子加阳离子模式）

在筛选条件为 $P<0.05$、VIP>1 下，桂优 12 号桑树氮肥和炭基肥配施与对照组的样本相比共检测出 329 种已报道的差异代谢物。其中上调代谢物共 119 种，下调代谢物共有 210 种。根据 HMDB Superclass 分类规则，化合物种类有脂质和类脂质分子（99 种）、苯丙烷和聚酮化合物（73 种）、有机杂环化合物（34 种）、有机氧化合物（34 种）、有机酸及其衍生物（19 种）、苯环型化合物（7 种）、生物碱及其衍生物（3 种）、有机氮化合物（3 种）、木质素、新木脂素及其相关化合物（2 种）、碳氢化合物衍生物（1 种），其他物质未分类。根据 FC 值大小排序，其中上下调前 10 的代谢物如表 4-13 所示。

抗青 10 号桑树施加氮肥和炭基肥配施与只施加氮肥的对照组差异物种共检测出 336 种代谢物，筛选条件为 $P<0.05$、VIP>1，其中上调的代谢物有 209 种，下调的代谢物有 127 种。根据 HMDB Superclass 分类规则，化合物有脂质和类脂质分子（125 种）、苯丙烷和聚酮化合物（58 种）、有机氧化合物（30 种）、有机酸及其衍生物（22 种）、有机杂环化合物（18 种）、苯环型化合物（12 种）、核苷和核苷酸及其类似物（4 种）、生物碱及其衍生物（3 种）、有机氮化合物（3 种）、木质素和新木脂素及相关化合物（2 种）。根据 Fold Change（FC 值）大小排序，其中上下调前 10 的代谢物如表 4-14 所示。

表 4-13　GNC_vs_GCK 差异物质中上下调前 10 的代谢物

代谢物	VIP	FC 值(GNC/GCK)	*P* 值
3,4,5-trihydroxy-6-(2-methyl-3-phenyl-propoxy) oxane-2-carboxylic acid	3. 789 3	7. 661 5	1. 91E-07
9′-Carboxy-gamma-tocotrienol	2. 756	4. 063 8	3. 45E-09
10-Hydroxymelleolide	1. 887 5	2. 333 6	7. 9E-06
10,20-Dihydroxyeicosanoic acid	2. 640 4	2. 151 2	1. 08E-10
Adipostatin A	2. 530 4	1. 994 7	5. 16E-08
(3beta,5alpha,9alpha,22E,24R)-3,5,9-Trihydroxy-23-methylergosta-7,22-dien-6-one	2. 002 1	1. 571 6	1. 62E-15
(1S,2S,4R,8R)-p-Menthane-1,2,9-triol	2. 361 5	1. 550 6	3. 41E-16
Trans-Caffeic acid [apiosyl-(1->6)-glucosyl] ester	1. 633 2	1. 549 4	0. 001 707
Ponasteroside A	2. 343 7	1. 528	1. 84E-10
Glycylprolylhydroxyproline	2. 182 9	1. 522 7	1. 1E-12
Liquiritin apioside	2. 598 7	0. 593 3	1. 05E-07
(-)-Catechin 3-O-gallate	2. 204 8	0. 593 3	7. 36E-09
3beta-hydroxydeoxodihydrodeoxygedunin	2. 774 9	0. 550 5	1. 12E-10
Sec-o-Glucosylhamaudol	2. 798 7	0. 537	2. 07E-06
Melledonal B	2. 196 1	0. 536 6	8E-08
3R-hydroxy-butanoic acid	2. 425 2	0. 508 1	8. 77E-10
4′,5,6-Trimethylscutellarein 7-glucoside	2. 251 7	0. 502 9	0. 000 106
Cnidimol 7-glucoside	2. 927 3	0. 472 4	2. 26E-06

（续表）

代谢物	VIP	FC 值（GNC/GCK）	*P* 值
3,4,5-trihydroxy-6-[(3-phenylpropanoyl)oxy]oxane-2-carboxylic acid	2.852 2	0.437 6	7.41E-12
Isobutyrylcarnitine	2.129 2	0.281	0.000 577

表 4-14　KNC_vs_KCK 差异物质中上下调前 10 的代谢物

代谢物	VIP	FC 值（KNC/KCK）	*P* 值
Cortisol	3.430 4	4.310 1	4.2E-11
3,4,5-trihydroxy-6-(2-methyl-3-phenylpropoxy) oxane-2-carboxylic acid	2.212 2	3.774 7	0.000 319
Elatoside G	2.959 3	2.349 7	3.54E-19
(3b,16b,20R)-Pregn-5-ene-3,16,20-triol 3-glucoside	3.197 9	2.313	4.35E-09
Melledonal B	2.640 1	2.311 8	1.21E-08
N-Acetyl-DL-tryptophan	2.624 4	1.996 2	1.27E-12
9′-Carboxy-gamma-tocotrienol	1.932 8	1.951 1	1.85E-07
Scopolamine	2.933 1	1.852 7	2.43E-13
Methyl 5-hydroxyoxindole-3-acetate	2.010 1	1.843	5.42E-08
N-cis-Feruloyltyramine	2.655 3	1.753 9	3.56E-14
7,8-Dihydro-3b,6a-dihydroxy-alpha-ionol 9-[apiosyl-(1->6)-glucoside]	2.384 9	0.532 5	4.29E-15
Cerebroside B	2.596 3	0.499	1.29E-10
Tetrahydrobiopterin	2.510 9	0.468 9	1.17E-15
LysoPE(18:4(6Z,9Z,12Z,15Z)/0:0)	2.656 3	0.468 8	1.28E-10
Ustiloxin D	2.750 3	0.461 9	2.98E-20
DG(11D3/13M5/0:0)	3.055 5	0.461 8	2.5E-10

（续表）

代谢物	VIP	FC 值(KNC/KCK)	*P* 值
Blumealactone C	2. 495 8	0. 422 7	9. 6E-07
N-Acetyl-a-neuraminic acid	2. 720 7	0. 390 6	9. 08E-24
PE(18:1(11Z)/22:0)	2. 714 8	0. 355 3	1. 24E-08
Simvastatin	3. 695	0. 045 5	9. 36E-12

对两组处理进行韦恩图分析，图 4-16 中饼图重叠部分表示 KNC_vs_KCK，GNC_vs_GCK 共同拥有的代谢物，数目为 150 种；没有重叠的部分表示该代谢集中所特有的代谢物数目，KNC_vs_KCK 中特有代谢物为 186 种，GNC_vs_GCK 中特有的代谢物为 179 种，代谢物并集共有

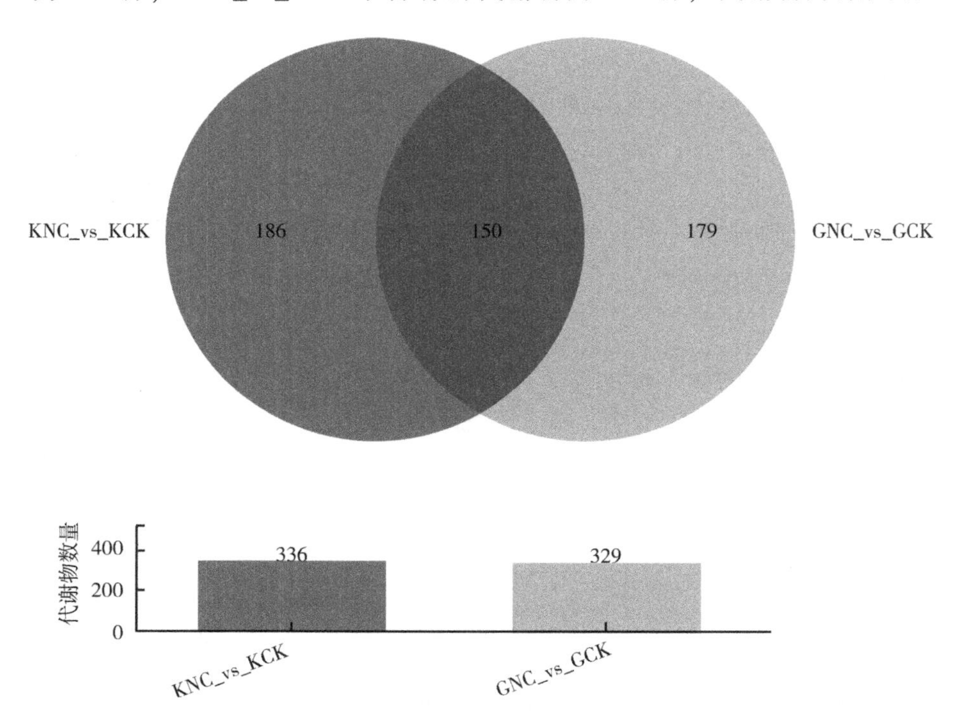

图 4-16　氮肥与炭基肥配施桑树根系差异代谢物质韦恩图分析

515 种。

4.3.5.2　氮肥和炭基肥配施桑树根系分泌物中差异代谢物层级聚类热图分析

图 4-17 中 GNC_vs_GCK 和 KNC_vs_KCK 的聚类热图中，每个处理的重复均能聚在一起，施加氮肥与不施肥的处理能明显分开，300 种代谢物质也被明显聚为两支，对这些差异物质后续进行代谢通路分析。

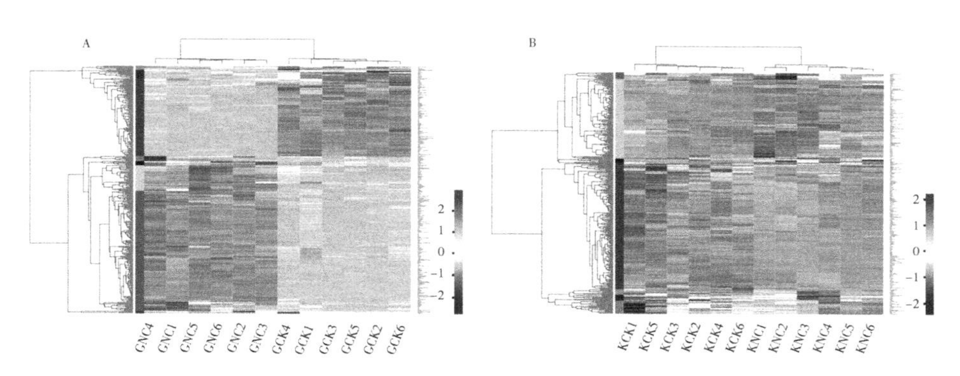

图 4-17　氮肥与炭基肥配施桑树根系差异代谢物质聚类热图示意

4.3.5.3　氮肥和炭基肥配施桑树差异代谢物相关通路分析

将氮肥和炭基肥配施与未施肥的抗青 10 号桑树与桂优 12 号桑树的差异代谢物进行功能通路统计，发现 KNC_vs_KCK 组共匹配到 43 种功能通路之中，GNC_vs_GCK 组共匹配到 30 种功能通路之中，其中与代谢途径相关的代谢物数量分别为 25 种和 12 种，其次为次生代谢产物的生物合成，与之相关的代谢物数量都是 8 种。

对氮肥与生物炭配施与仅施加氮肥的抗青 10 号桑树与桂优 12 号桑树的差异代谢物进行代谢通路的统计，KNC_vs_KCK 组共富集到 38 种代谢通路之中，GNC_vs_GCK 组共富集到 26 种代谢通路之中，其中差异代谢物前 20 的代谢通路见图 4-18。

KNC 与 KCK 相比差异显著的代谢通路有嘌呤代谢、鞘脂代谢、泛酸和 CoA 生物合成（表 4-15）。GNC 与 GCK 相比，具有显著差异的代谢通

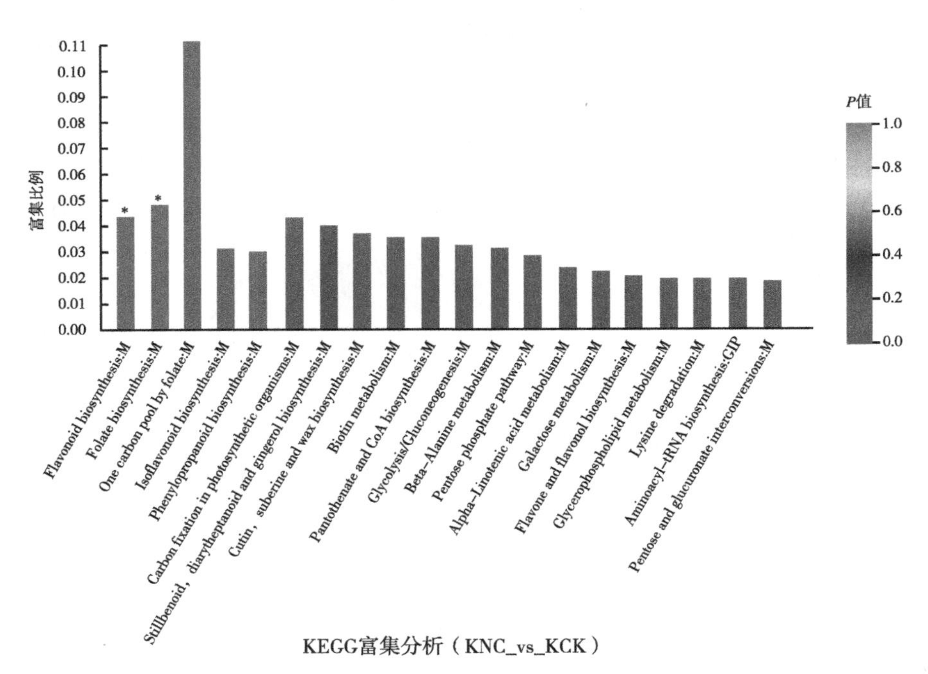

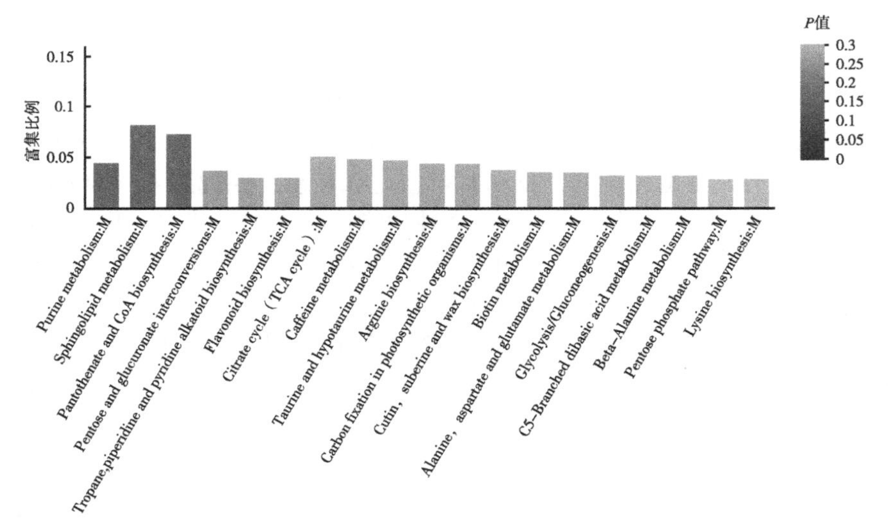

图 4-18　氮肥与炭基肥配施桑树根系差异代谢物质前 20 的代谢通路

路为类黄酮生物合成与叶酸生物合成（表 4-16）。

表 4-15　KEGG 代谢通路富集（KNC_vs_KCK）

通路描述	本研究代谢物中的比例	背景代谢物中的比例	P 值
Purine metabolism 嘌呤代谢	4/34	92/3 877	0.008
Sphingolipid metabolism 鞘脂代谢	2/34	25/3 877	0.019 7
Pantothenate and CoA biosynthesis 泛酸和辅酶 A 生物合成	2/34	28/3 877	0.024 5
Pentose and glucuronate interconversions 戊糖和葡萄糖醛酸相互转化	2/34	55/3 877	0.083 1
Tropane, piperidine and pyridine alkaloid biosynthesis 托烷、哌啶和吡啶生物碱的生物合成	2/34	68/3 877	0.118 9
Flavonoid biosynthesis 类黄酮生物合成	2/34	69/3 877	0.121 8
Citrate cycle(TCA cycle) 柠檬酸循环(TCA 循环)	1/34	20/3 877	0.161 9
Caffeine metabolism 咖啡因代谢	1/34	21/3 877	0.169 3
Taurine and hypotaurine metabolism 牛磺酸和亚牛磺酸代谢	1/34	22/3 877	0.176 6
Arginine biosynthesis 精氨酸生物合成	1/34	23/3 877	0.183 9
Carbon fixation in photosynthetic organisms 光合生物中的碳固定	1/34	23/3 877	0.183 9
Cutin, suberine and wax biosynthesis 角质、木脂和蜡的生物合成	1/34	27/3 877	0.212 3
Biotin metabolism 生物素代谢	1/34	28/3 877	0.219 3
Alanine, aspartate and glutamate metabolism 丙氨酸、天冬氨酸和谷氨酸代谢	1/34	28/3 877	0.219 3
Glycolysis/Gluconeogenesis 糖酵解/糖异生	1/34	31/3 877	0.239 8
C5-Branched dibasic acid metabolism C5-支链二元酸代谢	1/34	32/3 877	0.246 5

（续表）

通路描述	本研究代谢物中的比例	背景代谢物中的比例	*P* 值
beta-Alanine metabolism β-丙氨酸代谢	1/34	32/3 877	0. 246 5
Pentose phosphate pathway 戊糖磷酸途径	1/34	35/3 877	0. 266 3
Lysine biosynthesis 赖氨酸生物合成	1/34	35/3 877	0. 266 3
Folate biosynthesis 叶酸生物合成	1/34	41/3 877	0. 304 4
Butanoate metabolism 丁酸代谢	1/34	42/3 877	0. 310 6
alpha-Linolenic acid metabolism α-亚麻酸代谢	1/34	42/3 877	0. 310 6
Histidine metabolism 组氨酸代谢	1/34	47/3 877	0. 340 6
Ascorbate and aldarate metabolism 抗坏血酸和醛糖酸代谢	1/34	47/3 877	0. 340 6
Flavone and flavonol biosynthesis 黄酮和黄酮醇的生物合成	1/34	49/3 877	0. 352 3
Lysine degradation 赖氨酸降解	1/34	52/3 877	0. 369 4
Glycerophospholipid metabolism 甘油磷脂代谢	1/34	52/3 877	0. 369 4
Nicotinate and nicotinamide metabolism 烟酸盐和烟酰胺代谢	1/34	55/3 877	0. 386 1
Glyoxylate and dicarboxylate metabolism 乙醛酸和二羧酸代谢	1/34	61/3 877	0. 418 1
Phenylpropanoid biosynthesis 苯丙烷类生物合成	1/34	66/3 877	0. 443 6
Pyrimidine metabolism 嘧啶代谢	1/34	68/3 877	0. 453 5
Phenylalanine metabolism 苯丙氨酸代谢	1/34	72/3 877	0. 472 8
Arachidonic acid metabolism 花生四烯酸代谢	1/34	75/3 877	0. 486 8

（续表）

通路描述	本研究代谢物中的比例	背景代谢物中的比例	*P* 值
Tyrosine metabolism 酪氨酸代谢	1/34	78/3 877	0. 500 4
Tryptophan metabolism 色氨酸代谢	1/34	81/3 877	0. 513 7
Amino sugar and nucleotide sugar metabolism 氨基糖和核苷酸糖代谢	1/34	108/3 877	0. 618 9
ABC transporters ABC 转运蛋白	1/34	126/3 877	0. 676 4

表 4-16　KEGG 代谢通路富集（GNC_vs_GCK）

通路描述	本研究代谢物中的比例	背景代谢物中的比例	*P* 值
Flavonoid biosynthesis 类黄酮生物合成	3/26	69/3 877	0. 010 5
Folate biosynthesis 叶酸生物合成	2/26	41/3 877	0. 030 2
One carbon pool by folate 叶酸一碳库	1/26	9/3 877	0. 058 8
Isoflavonoid biosynthesis 异黄酮生物合成	2/26	63/3 877	0. 065 8
Phenylpropanoid biosynthesis 苯丙烷类生物合成	2/26	66/3 877	0. 071 4
Carbon fixation in photosynthetic organisms 光合生物中的碳固定	1/26	23/3 877	0. 143 8
Stilbenoid, diarylheptanoid and gingerol biosynthesis 二苯乙烯类、二芳基庚烷类和姜辣素的生物合成	1/26	25/3 877	0. 155 3
Cutin, suberine and wax biosynthesis 角质、木脂和蜡的生物合成	1/26	27/3 877	0. 166 6
Biotin metabolism 生物素代谢	1/26	28/3 877	0. 172 3
Pantothenate and CoA biosynthesis 泛酸和辅酶 A 生物合成	1/26	28/3 877	0. 172 3
Glycolysis/Gluconeogenesis 糖酵解/糖异生	1/26	31/3 877	0. 188 9

（续表）

通路描述	本研究代谢物中的比例	背景代谢物中的比例	*P* 值
beta-Alanine metabolism β-丙氨酸代谢	1/26	32/3 877	0. 194 4
Pentose phosphate pathway 戊糖磷酸途径	1/26	35/3 877	0. 210 7
alpha-Linolenic acid metabolism α-亚麻酸代谢	1/26	42/3 877	0. 247 3
Galactose metabolism 半乳糖代谢	1/26	45/3 877	0. 262 5
Flavone and flavonol biosynthesis 黄酮和黄酮醇的生物合成	1/26	49/3 877	0. 282 4
Glycerophospholipid metabolism 甘油磷脂代谢	1/26	52/3 877	0. 296 9
Lysine degradation 赖氨酸降解	1/26	52/3 877	0. 296 9
Aminoacyl-tRNA biosynthesis 氨酰-tRNA 生物合成	1/26	52/3 877	0. 296 9
Pentose and glucuronate interconversions 戊糖和葡萄糖醛酸相互转化	1/26	55/3 877	0. 311 1
Anthocyanin biosynthesis 花青素生物合成	1/26	66/3 877	0. 361
Tropane, piperidine and pyridine alkaloid biosynthesis 托烷、哌啶和吡啶生物碱的生物合成	1/26	68/3 877	0. 369 7
Arachidonic acid metabolism 花生四烯酸代谢	1/26	75/3 877	0. 399 2
Tryptophan metabolism 色氨酸代谢	1/26	81/3 877	0. 423 5
Sesquiterpenoid and triterpenoid biosynthesis 倍半萜类和三萜类化合物的生物合成	1/26	88/3 877	0. 450 6
ABC transporters ABC 转运蛋白	1/26	126/3 877	0. 577 6

4. 3. 6　基因型对桑树根系分泌物的差异代谢物影响

4. 3. 6. 1　两种基因型桑树根系分泌物中差异代谢物筛选与鉴定

将不施肥处理的抗青 10 号与桂优 12 号桑树进行比对，筛选条件为

$P<0.05$、VIP>1 时，差异代谢物为 332 种物质，其中 267 种为下调代谢物，65 种为上调代谢物。在 $P<0.05$、VIP>1 筛选条件下，FC<0.87 的代谢物（下调代谢物）共 15 种，FC>1.2 的代谢物（上下调代谢物）共 92 种，上调下调物质数量上的差异，从差异火山图 4-19 中可以明显看出。基因型对上调下调之间的差距的影响远大于施肥对差异分泌物的影响。后续分析时，对变化倍数不设限，默认为 1。

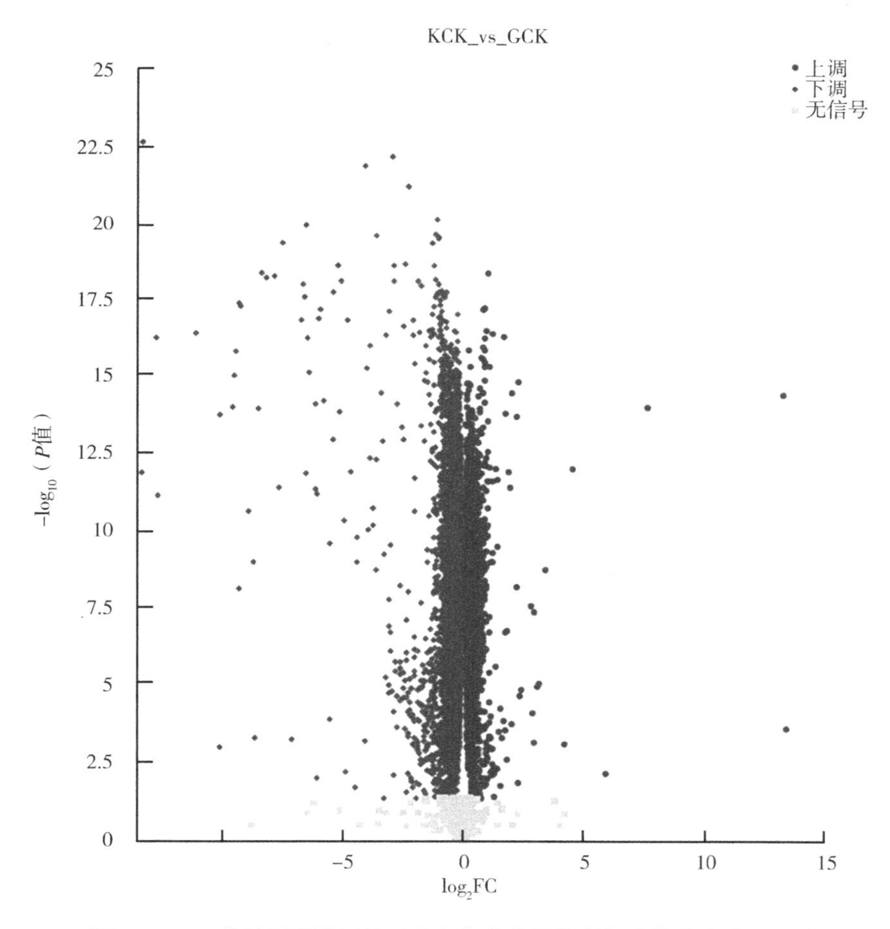

图 4-19　两种基因型桑树根系分泌物中差异代谢物质筛选火山图示意（阴离子加阳离子模式）

在 332 种代谢物中，2 种属于生物碱及其衍生物，8 种属于苯环型化合物，1 种属于碳氢化合物衍生物，2 种属于木质素、新木脂素及相关化合物，110 种属于脂类或者类脂，3 种属于核苷、核苷酸和类似物，13 种属于有机酸及其衍生物，1 种属于有机氮化合物，25 种属于有机氧化合物，30 种属于有机杂环化合物，72 种属于苯丙烷和聚酮化合物质，有 65 种代谢物属于其他。其中脂质和类脂物质在差异物质中占比最大，其余是聚酮类化合物。根据 FC 值大小排序，其中上下调前 10 的代谢物如表 4-17 所示。

表 4-17　KCK_vs_GCK 差异物质中上下调前 10 的代谢物

代谢物	VIP	FC 值(KCK/GCK)	*P* 值
3-Methyl-3-butenyl apiosyl-(1->6)-glucoside	1.722	90.047 6	0.008 686
8-Epiisoivangustin	1.849	1.935 8	9.83E-11
9′-Carboxy-gamma-tocotrienol	1.020 8	1.713 7	0.005125
N-Oleoyl tyrosine	1.473 6	1.424 7	0.000 48
Bryophyllin A	1.821 3	1.413 7	1.13E-12
Trans-Caffeic acid [apiosyl-(1->6)-glucosyl] ester	1.117 5	1.406 8	0.02
Maclurin 3-C-(6″-p-hydroxybenzoyl-glucoside)	1.466 3	1.378 7	1.6E-07
(S,E)-Zearalenone	1.780 1	1.362 2	1.78E-12
Daphniphylline	1.406 1	1.276 7	6.87E-05
Simvastatin	1.584 3	1.272 3	1.85E-13
Cortisol	1.461 4	0.517 8	0.000 288
Beta-Thujaplicin	2.074 4	0.491 5	6.73E-10
3,4,5-trihydroxy-6-(2-hydroxy-6-methoxyphenoxy)oxane-2-carboxylic acid	1.675 1	0.479 4	0.000 297
15-Octadecene-9,11,13-triynoic acid	2.266 5	0.454 1	7.02E-09
3-Hydroxy-beta-ionol 3-[glucosyl-(1->6)-glucoside]	2.209 4	0.450 1	5.56E-05
Isobutyrylcarnitine	1.440 5	0.398 3	0.015 95
[10]-Dehydrogingerdione	2.486 7	0.391 3	7.49E-13
6-pentadecyl Salicylic Acid	2.032 2	0.374 8	1.66E-05

（续表）

代谢物	VIP	FC 值(KCK/GCK)	P 值
Caryatin glucoside	1.909 1	0.254 5	0.001 212
Myricanene B 5-[arabinosyl-(1->6)-glucoside]	2.915 6	0.153 1	3.95E-06

通过分析不同施肥条件及桑树基因型差异与未施肥处理的桑树的根系分泌物差异代谢物的韦恩图（图 4-20-A，B），可以看出在特异性差异分泌物数量上，基因型对桑树根系分泌物的影响更大，对于桂优 12 号桑树品种，共有差异分泌物为 39 种；在施加氮肥的基础上，施加有机肥、生物炭和炭基肥的特有差异物数量有所区别，分别为 47 种、53 种、41 种以及 50 种，而施加生物炭粉时的特有差异物最少，品种不同导致的特有差异物最多，为 82 种。抗青 10 号桑树品种，共有差异分泌物为 42 种，品种不同导致的特有差异物最多，为 88 种，单施氮肥 54 种，氮肥配施生物炭粉 52 种，氮肥配施有机肥为 41 种，氮肥配施炭基肥特有差异物最少，为 29 种。

通过比较相同桑树基因型之间的根系分泌物差异代谢物的韦恩图（图 4-20C，D），可看出共有 63 种物质为抗青 10 号的 4 种施肥处理共有，将 63 种物质进行新建代谢集，命名为 KJ；桂优 12 号则共有 69 种代谢物质，将 69 种物质进行新建代谢集，命名为 GJ，进行代谢通路的分析。

联合韦恩图分析，基因型差异对根系分泌物的数量差异影响最大。通过对抗青 10 号与桂优 12 号未施肥组比较，具有显著差异（$P<0.05$）的物质为 3-Methyl-3-butenyl apiosyl-（1->6）-glucoside，是一种脂肪酰糖苷，具有两亲性，除该物质之外，在抗青 10 号和桂优 12 号代谢物中属于脂肪酰糖苷类物质还有 8 种，但是差异不显著。脂肪酰糖苷类物质被证实茄科含有此类物质，并在植物与昆虫（Leckie et al., 2016）以及植物与真菌互作中有重要作用，还具有一定的抗菌作用（Dembitsky et al., 2004；Asai et al., 2010；Luu et al., 2017）。Carlos 等（2020）在草莓的研究中发现，其提取物中的一种脂肪酰糖苷类物质，在拟南芥中引起了暂时性的氧化爆发、胼胝质积累以及防御基因的表达，有着明显的抑菌作用，并且还能促进拟南芥的初生根伸长及二次发育。由此推测，在桑树中我们发现的这种脂肪酸酰糖苷也能起到类似作用。除了在基因型相比中3-Methyl-3-butenyl apiosyl-（1->6）-glucoside具有显著性差异外，在GN/GCK、GNS/GCK、GNY/GCK中也均有显著差异。3-Methyl-3-butenyl apiosyl-（1->6）-glucoside物质在桂优12号桑树施肥处理组中也均存在，并且在GN_vs_GCK（160.667），GNY_vs_GN（218.74），GNS_vs_GN（200.741）相比代谢组中均显著存在，表明施肥对桂优12号分泌该物质有增强作用。

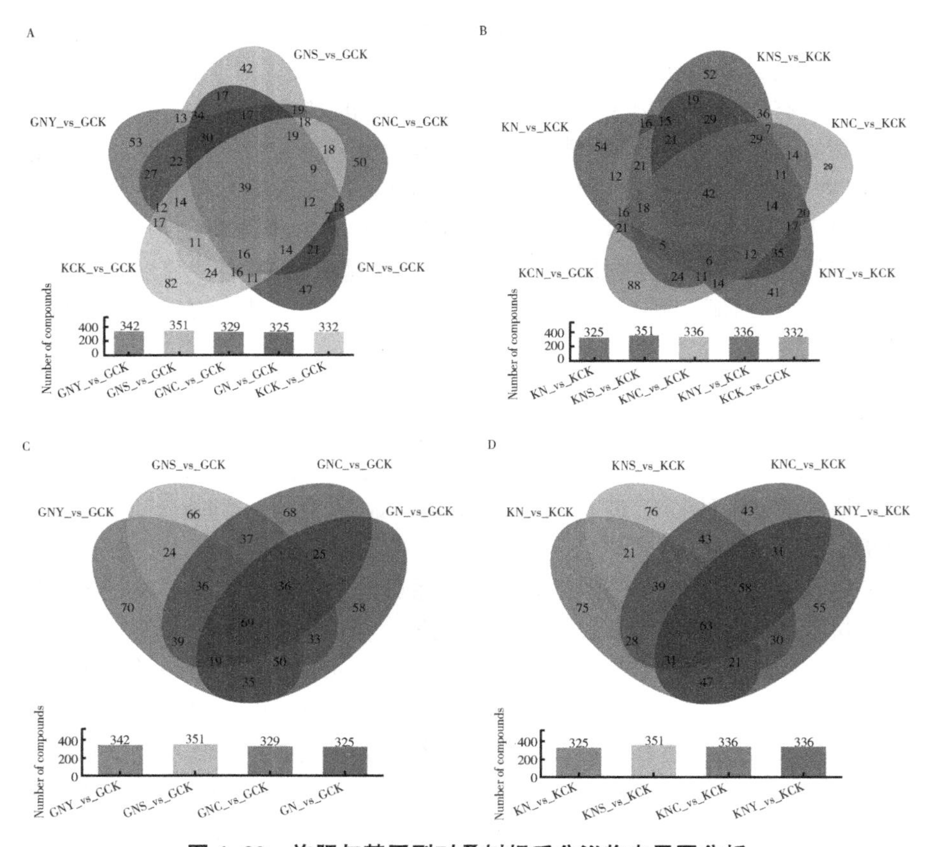

图4-20　施肥与基因型对桑树根系分泌物韦恩图分析

8-Epiisoivangustin属于萜内脂，在基因型差异物中为显著性第二的物质，在植物次生代谢过程中，产生代谢产物最多的是萜类化合物，银杏中的萜类物质主要存在于叶子和根部，银杏萜内脂作为药物或者保健品有很大市场。但是对 8-Epiisoivangustin 这种物质，目前研究不详。9′-羧基-γ-生育三烯酚（9′-Carboxy-gamma-tocotrienol）在基因型差异代谢物中为显著性第三的物质，并且在所有相比组中，发现该物质均为上调。表明在抗青 10 号中，该物质高于桂优 12 号，并且施肥能够提高该物质的含量。γ-生育三烯酚属于维生素 E 的一种，可以作为抗氧化剂具有维持膜稳定性作用，还会参与光合保护的信号通路中。

Bryophyllin A 为落地生根（毒）素 A，Yamagishi 等（1988）发现其在植物落地生根中存在，并分离得到该化合物，检测到其有显著的细胞毒性，推测其可能具有一定的杀菌作用。

而在不同基因型桑树的差异根系分泌物中，显著下调物质有：Beta-Thujaplicin、3,4,5-trihydroxy-6-(2-hydroxy-6-methoxyphenoxy)oxane-2-carboxylic acid、15-Octadecene-9,11,13-triynoic acid、3-Hydroxy-beta-ionol 3-[glucosyl-(1->6)-glucoside]、Isobutyrylcarnitine、[10]-Dehydrogingerdione、6-pentadecyl Salicylic Acid、Caryatin glucoside 和 Myricanene B 5-[arabinosyl-(1->6)-glucoside]。其中 Myricanene B 5-[arabinosyl-(1->6)-glucoside]为环状二芳基庚烷，它在杨梅属、核桃属等根部、茎皮、花及果实中均广泛分布，在大鼠体内实验中被证明其具有抗炎活性（Akihisa et al., 2006）。这种物质在抗青 10 号和桂优 12 号桑树的根系分泌物中也均有存在，并且发现通过施肥能够增加其含量。

4.3.6.2　不同基因型根系分泌物中差异代谢物层级聚类热图分析

KCK（未施肥抗青 10 号桑树）_vs_GCK（未施肥的桂优 12 号桑树）的聚类热图中（图 4-21），每个处理的重复均能聚在一起，施加氮肥与不施肥的处理能明显分开，300 种代谢物质也被明显聚为两支，差异物质是进行后续代谢通路分析的基础。

4.3.6.3　不同基因型桑树根系分泌物差异代谢物相关通路分析

对两种不同基因型的桑树根系分泌物进行分析，共匹配到 25 种功能通路（差异代谢物质前 20 的代谢通路见图 4-22），其中与代谢通路相关的代谢物质数量为 18 种，与次生代谢通路相关的代谢物质数量为 8 种。KEGG 通路富集分析选择植物全部代谢物的富集背景，富集到 22 种通路中，显著的通路有咖啡因代谢、类黄酮生物合成、泛酸和 CoA 生物合成、α-亚麻酸代谢、黄酮和黄酮醇的合成，具体富集通路见表 4-18。

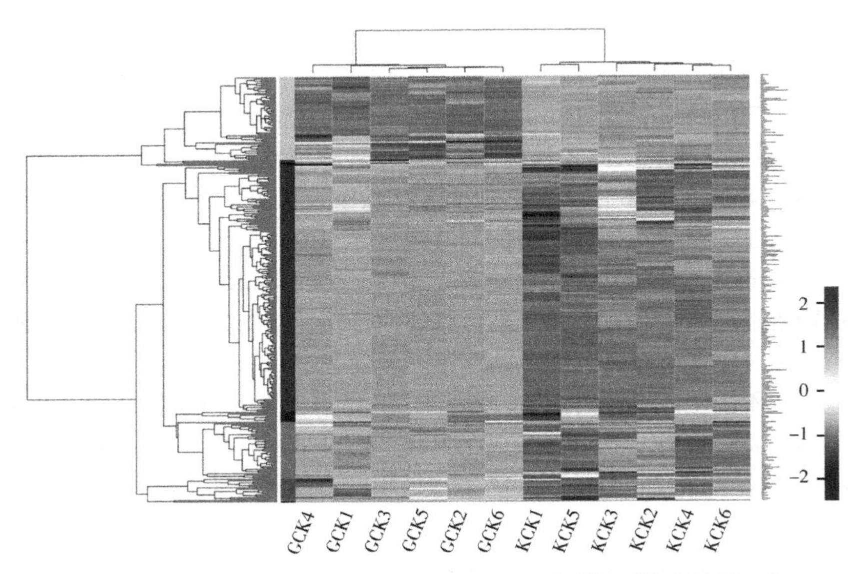

图 4-21　两种基因型桑树根系分泌物中差异代谢物质聚类热图示意

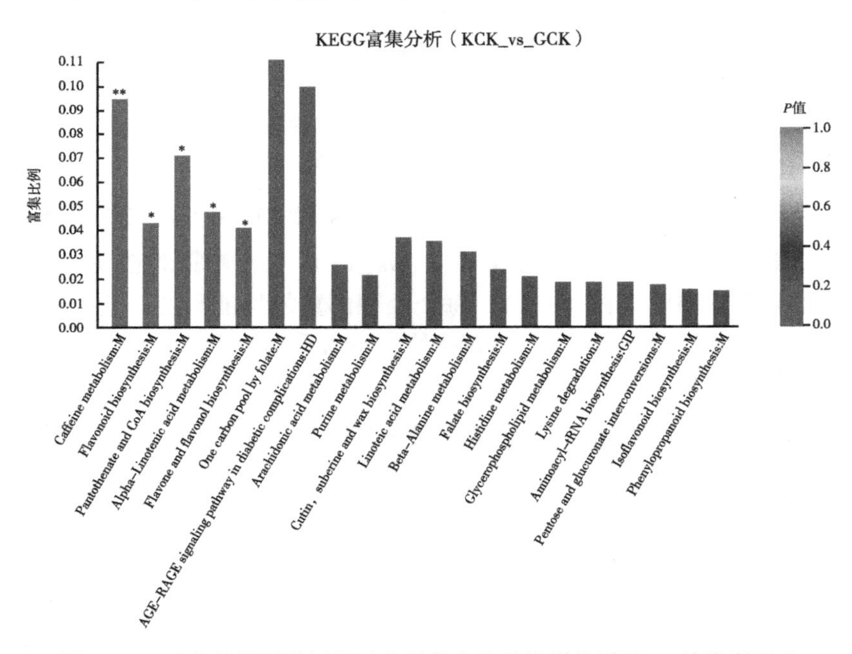

图 4-22　两种基因型桑树根系分泌物中差异代谢物质前 20 的代谢通路

表 4-18　KEGG 代谢通路富集（KCK_vs_GCK）

通路描述	本研究代谢物中的比例	背景代谢物中的比例	*P* 值
Caffeine metabolism 咖啡因代谢	2/27	21/3 877	0. 009
Flavonoid biosynthesis 类黄酮生物合成	3/27	69/3 877	0. 011 6
Pantothenate and CoA biosynthesis 泛酸和辅酶 A 生物合成	2/27	28/3 877	0. 015 8
alpha-Linolenic acid metabolism α-亚麻酸代谢	2/27	42/3 877	0. 033 9
Flavone and flavonol biosynthesis 黄酮和黄酮醇的生物合成	2/27	49/3 877	0. 044 9
One carbon pool by folate 叶酸一碳库	1/27	9/3 877	0. 061
AGE-RAGE signaling pathway in diabetic 糖尿病患者的 AGE-RAGE 信号通路	1/27	10/3 877	0. 067 6
Arachidonic acid metabolism 花生四烯酸代谢	2/27	75/3 877	0. 095
Purine metabolism 嘌呤代谢	2/27	92/3 877	0. 133 5
Cutin, suberine and wax biosynthesis 角质、木脂和蜡的生物合成	1/27	27/3 877	0. 172 5
Linoleic acid metabolism 亚油酸代谢	1/27	28/3 877	0. 178 3
beta-Alanine metabolism β-丙氨酸代谢	1/27	32/3 877	0. 201 1
Folate biosynthesis 叶酸生物合成	1/27	41/3 877	0. 250 3
Histidine metabolism 组氨酸代谢	1/27	47/3 877	0. 281 4
Lysine degradation 赖氨酸降解	1/27	52/3 877	0. 306 4
Aminoacyl-tRNA biosynthesis 氨酰-tRNA 生物合成	1/27	52/3 877	0. 306 4
Glycerophospholipid metabolism 甘油磷脂代谢	1/27	52/3 877	0. 306 4
Pentose and glucuronate interconversions 戊糖和葡萄糖醛酸相互转化	1/27	55/3 877	0. 321
Isoflavonoid biosynthesis 异黄酮生物合成	1/27	63/3 877	0. 358 4
Phenylpropanoid biosynthesis 苯丙烷类生物合成	1/27	66/3 877	0. 372

（续表）

通路描述	本研究代谢物中的比例	背景代谢物中的比例	*P* 值
Sesquiterpenoid and triterpenoid biosynthesis 倍半萜类和三萜类化合物的生物合成	1/27	88/3 877	0. 463 1
Ubiquinone and other terpenoid－quinone biosynthesis 泛醌和其他萜类醌生物合成	1/27	90/3 877	0. 470 8

图 4-23 为将 GJ（桂优 12）与 KJ（抗青 10 号）进行相比所得的富

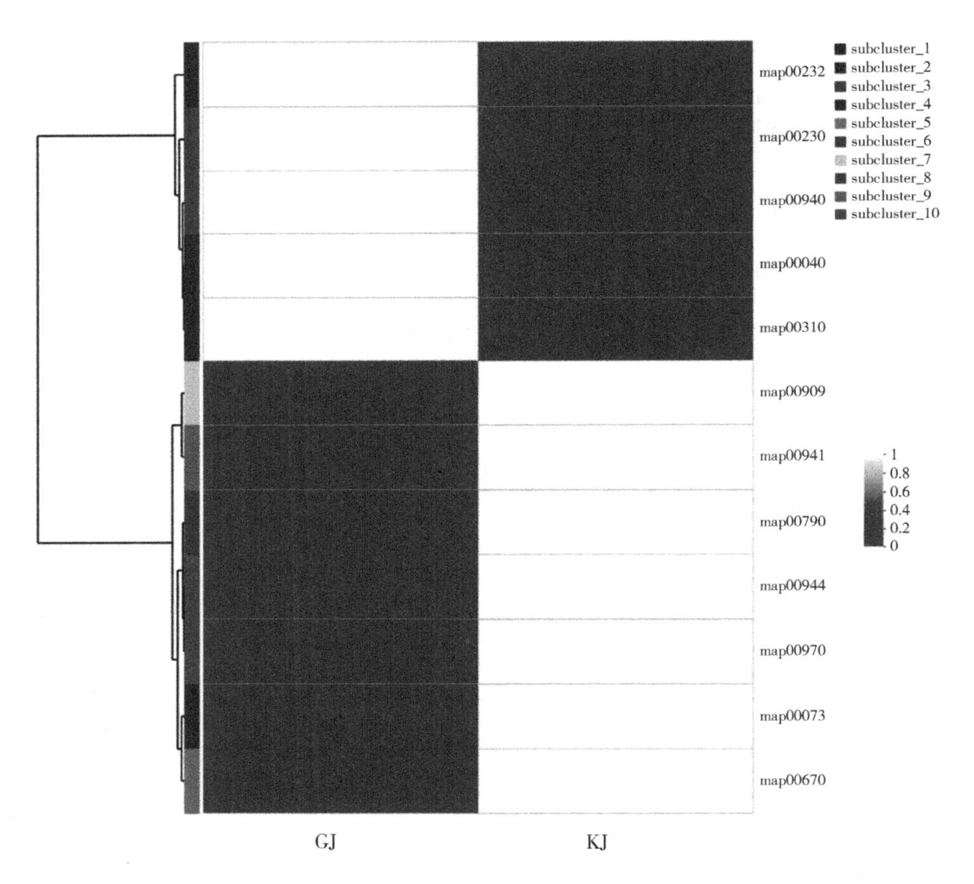

图 4-23　两种基因型桑树根系分泌物中差异代谢物质 KEGG 富集热图示意

集热图，可以看出在桂优 12 号桑树品种组合中有两条显著性通路，在抗青 10 号桑树品种组合中只富集了一条显著性通路，具体通路见表 4-19。

表 4-19　两种基因型桑树根系分泌物中差异代谢物质 KEGG 富集通路

通路 ID	通路描述	GJ	KJ
map00232	Caffeine metabolism 咖啡因代谢	1	0. 026 805
map00230	Purine metabolism 嘌呤代谢	1	0. 113 205
map00940	Phenylpropanoid biosynthesis 苯丙烷类生物合成	1	0. 082 309
map00040	Pentose and glucuronate interconversions 戊糖和葡萄糖醛酸相互转化	1	0. 068 982
map00310	Lysine degradation 赖氨酸降解	1	0. 065 32
map00909	Sesquiterpenoid and triterpenoid biosynthesis 倍半萜类和三萜类化合物的生物合成	0. 128 768	1
map00941	Flavonoid biosynthesis 类黄酮生物合成	0. 102 207	1
map00790	Folate biosynthesis 叶酸生物合成	0. 061 836	1
map00944	Flavone and flavonol biosynthesis 黄酮和黄酮醇的生物合成	0. 073 522	1
map00970	Aminoacyl-tRNA biosynthesis 氨酰-tRNA 生物合成	0. 077 873	1
map00073	Cutin, suberine and wax biosynthesis 角质、木脂和蜡的生物合成	0. 041 09	1
map00670	One carbon pool by folate 叶酸一碳库	0. 013 857	1

桂优 12 号桑树品种组合中的两条显著性通路为叶酸碳代谢通路与角质、木栓素与蜡质生物合成通路，在抗青 10 号桑树品种组合中富集的一条显著性通路为咖啡因代谢通路。

咖啡因代谢通路（Caffeine metabolism）中富集的物质为黄嘌呤与咖啡因，在差异物质中也存在这两种物质，GCK 中的含量高于 KCK。咖啡因是一种黄嘌呤类生物碱化合物，而黄嘌呤可以向咖啡因进行转化。郑明辉等（2015）使用对禾谷孢囊线虫和根结线虫均有抗性的易变山羊草，接种线虫后对根部进行转录组检测，并对其中的咖啡因代谢途径进行分析。通过外源添加咖啡因来检测其作用，发现咖啡因对接种的线虫具有毒害作用。张和禹等（2012）通过滤纸片法探究咖啡碱对茄青枯病菌、大肠杆菌、金黄色葡萄球菌等细菌的抑菌效果，发现对这些细菌均有抑制作用，并且浓度越高效果越明显。

叶酸一碳库代谢通路（One carbon pool by folate）中富集到的物质为10-Formyl-tetrahydrifolate（10-甲酰基四氢叶酸），叶酸是所有生物中一碳单位的供体，在植物中，四氢叶酸通过10-甲酰基四氢叶酸合成酶以依赖ATP的方式被甲酸酯活化，生成氧化程度最高的叶酸之一，即10-甲酰基四氢叶酸，之后又被转化为5-甲酰基四氢叶酸。活化的叶酸在嘌呤、甲酰甲硫酰基-tRNA和胸苷的生物合成以及蛋氨酸、甘氨酸和丝氨酸的生物合成中至关重要（Collakova et al.，2008）。

角质素、软木脂和蜡质生物合成通路（Cutin，suberine and wax biosynthesis）涉及植物的酚-酯保护机制，木栓质是一种酚类物质，能够帮助植物控制水分的流出，角质和蜡质在细胞外侧进行包被，能够起到保水及抵抗病原菌的作用（Franke et al.，2007；Schreiber et al.，2010）。青枯病在植物中的表现即为失水，因此该通路应为桑树被青枯菌侵染后导致的生理反应。

4.3.7 小结

本章节对不同施肥条件下抗青10号桑树与桂优12号桑树的根系分泌物中的差异代谢物质和相关通路进行了分析。

（1）通过主成分分析发现在不同施肥条件下抗青10号与桂优12号桑树与其对照组均有明显分离，说明基因型和施肥均对桑树的根系分泌物产生影响。

（2）通过PLS-DA与OPLS-DA有监督分析条件下进行代谢物质筛选。将所有相比组中得到代谢集的代谢物数量进行比较，在代谢物数量上各个相比组差异不显著，但是施肥与未施肥的抗青10号代谢组中差异物质均是上调数量大于下调数量，而施肥与未施肥的桂优12号代谢相比组中差异物质除GNS_vs_GCK组之外均为下调物质数量大于上调物质数量。表4-20中列出了化合物的种类与各代谢集中的数量，其中A为脂类或者类脂分子，B为苯丙烷和聚酮化合物质，C为有机氧化合物，D为有机杂环化合物，E 为有机酸及其衍生物，F 为苯环型化合物，G 为核苷、核苷酸和类似物，H 为生物碱及其衍生物，I 为木质素、新木脂素及相关化合物，J 为有机氮化合物，K 为碳氢化合物衍生物。

表 4-20　代谢集中化合物种类及数量相比

类别	KN/KCK	KNC/KCK	KNS/KCK	KNY/KCK	KCK/GCK	GN/GCK	GNC/GCK	GNS/GCK	GNY/GCK
A	104	125	120	118	110	104	99	109	85
B	79	58	60	74	72	88	73	87	89
C	40	30	34	33	25	35	34	26	37
D	21	18	26	24	30	23	34	34	22
E	13	22	21	19	13	16	19	18	18
F	11	12	7	4	8	6	7	11	13
G	4	4	6	4	3	4	0	5	3
H	1	3	4	2	2	2	3	2	2
I	0	2	5	3	2	0	2	2	0
J	0	3	3	2	1	0	3	3	2
K	0	0	1	0	1	0	1	1	0
上调	206	209	195	253	65	143	119	199	89
下调	109	127	156	83	267	182	210	152	253

通过分析可知，在代谢物中种类最多的代谢物为脂类或者类脂分子，其次为苯丙烷和聚酮类化合物，再者为有机氧化合物。

在 KCK 与 GCK 代谢组中，将 FC 值设置为 1.2 倍后，筛选到的代谢物为原来的 1/3，表明大多数代谢物其实相差不大。最主要的代谢物为脂类或者类脂分子，主要包括脂肪酰基与烯醇脂。苯丙烷及黄酮类化合物中，类黄酮所占比例最高。在筛选到的 13 种有机酸中，10 种为下调，3 种为上调。

施加氮肥的抗青 10 号与桂优 12 号桑树的根系分泌物中，差异代谢物数量与施肥各处理组中代谢物数量的对比不是很明显，但是上、下调代谢物数量区别明显。GN 与 GCK 的代谢集中，脂类与类脂分子以及苯丙烷与聚酮类化合物下调明显，但是有机酸数量上调明显大于下调，生物碱及其衍生物以及核苷、核苷酸和类似物全为上调。KN 与 KCK 的代谢集中脂质与类脂分子，苯丙烷与聚酮类化合物以及有机酸及其衍生物明显上调多于下调。核苷、核苷酸和类似物与苯环型化合物均为下调多于上调。

有机肥与氮肥配施的抗青 10 号代谢集中，脂质与类脂分子，苯丙烷与聚酮类化合物以及有机酸及其衍生物明显上调多于下调。核苷、核苷酸和类似物均为下调。有机肥与氮肥配施的桂优 12 号代谢集中，脂质与类脂分子和苯丙烷与聚酮类代谢物下调明显多于上调代谢物。有机酸及其衍生物上调代谢物为 8 种，下调代谢物为 10 种。可见施加有机肥对桂优 12 号桑树分泌物中有机酸代谢物含量有一定调节作用，但是这种效果对于抗青 10 号为上调作用，这表明抗青 10 号的抗青枯病作用，并不是来自有机酸代谢物的调节。

炭基肥与氮肥配施的抗青 10 号代谢集中，脂质与类脂分子、苯丙烷与聚酮类代谢物、有机酸及其衍生物、核苷、核苷酸和类似物以及生物碱及其衍生物数量均上调多于下调。炭基肥与氮肥配施的桂优 12 号代谢集中脂质与类脂分子、苯丙烷与聚酮类化合物、有机酸及其衍生物上调数量均小于下调。

生物炭粉与氮肥配施的抗青 10 号代谢集中脂质与类脂分子、有机酸及其衍生物，核苷、核苷酸和类似物，有机氮化合物上调均大于下调代谢物数量。苯丙烷与聚酮类代谢物上调数量小于下调代谢物数量。生物炭粉与氮肥配施的桂优 12 号代谢集中脂质与类脂分子、苯丙烷与聚酮类化合物、有机酸及其衍生物上调代谢物数量均大于下调代谢物数量。木质素、新木脂素及相关化合物全为下调。通过相比，可以得知，施肥对不同品种桑树的作用是不一致的。

研究表明有机酸能够促进烟草青枯病发病速率与发病程度，不施肥的桂优 12 号桑树中，有机酸代谢物数量明显高于抗青 10 号桑树，在施加氮肥后抗青 10 号与桂优 12 号的有机酸均为上涨趋势，脂质与类脂分子以及苯丙酮及聚酮类化合代谢物影响不明显，表明仅施加氮肥对于桑树抗青枯病作用不明显（李石力等，2017）。增施有机肥或增施炭基肥后，桂优 12 号桑树有机酸含量下降，抗青 10 号有机酸含量上升；增施生物炭粉后，两种桑树有机酸含量上升。表明施加炭基肥与有机肥可以通过降低有机酸类化合物分泌，增强桂优 12 号抗青枯病能力，但对抗青 10 号作用不明显。

（3）根据差异代谢物的火山图进行聚类热图分析，各个重复能够很好地聚在一起，与相对应的对照组相比较，能够有较大的差异。

（4）将所有的差异代谢物进行通路分析。分析所有处理组中并集的代谢通路，有51种代谢物涉及代谢途径，28种代谢物与次生代谢通路有关。发现类黄酮生物合成、亚油酸代谢、α-亚麻酸代谢、苯丙烷生物合成、嘌呤代谢、鞘脂代谢、泛酸盐和CoA生物合成、生物素代谢这9个代谢通路的显著性较高，表明这些通路在各个代谢集中均存在，并有一定重要功能。

经统计KN与KCK富集通路中最显著的通路为叶酸碳代谢，KNC与KCK富集通路中最显著的通路为嘌呤代谢通路，KNY与KCK、GN与GCK、GNC与GCK、GNY与GCK富集通路中最显著的通路为类黄酮生物合成，KNS与KCK富集通路中最显著的通路为亚油酸代谢，GNS与GCK富集通路中最显著的通路为泛酸盐与CoA生物合成。桂优12号桑树品种组合两条显著性通路为叶酸碳代谢通路与角质、木栓素与蜡质生物合成通路，在抗青10号桑树品种组合中著性通路为咖啡因代谢通路。

除文章前面介绍的通路外，通路中有关苯丙烷生物合成或者苯丙氨酸代谢的通路在所有处理中都有所涉及，可以发现苯丙烷与聚酮类化合物在所有代谢物中占有很大比例，因为苯丙烷生物合成通路以及聚酮类化合物合成等相关通路产生的中间产物或者次生代谢代谢物有很多种类，次生代谢产物中最大的一类便是聚酮类化合物，是用于抗生素的重要天然代谢产物（冯健飞等，2011）。

苯丙氨酸类代活性谢在植物体内是抗菌代谢物产生的方式之一，研究表明在植物感染病原菌后，苯丙氨酸解氨酶增加，同时木质素与植保素合成相应增加，杨家书等（1986）发现在感病小麦叶片中，高抗品种中木质素含量高于抵抗品种，指出小麦品种对白粉病的抗性强度与染白粉病后木质素增加量正相关。在本研究中，施肥后桑树抗性品种中富集的苯丙氨酸代谢显著程度高于感病品种。类似苯丙烷代谢通路是酚类代谢物合成的主要途径之一，可以通过该途径合成类黄酮、香豆素等产物保护植物组织，其中苯丙氨酸作为植物中，所有苯丙烷类和类黄酮类化合物代谢物合成的前体，在苯丙烷代谢中生成阿魏酸、绿原酸等中间产物进而生成木质素，黄酮、异黄酮等物质（Barber et al.，1997）。并且类黄酮生物合成途径也是苯丙烷代谢的一个分支，合成通路中涉及的代谢物在各个代谢集中都有存在，因此苯丙烷生物合成通路以及聚酮类化合物合成等相关通路应该是桑树中对抵抗病菌侵染的重要通路。

ABC 转运蛋白（ABC transporters）也是处理中出现比较多的一个通路，通过分析富集的代谢物，发现该通路与寡糖多元醇和脂质转运蛋白通路中的 Chitobiose 通路相关，以及矿物和有机离子转运蛋白通路中甘氨酸甜菜碱/脯氨酸通路、渗透保护剂通路相关，研究发现在水杨酸再处理受渗透压胁迫的蒿后，植物体内的甘氨酸甜菜碱/脯氨酸通路会增加，从而会引起渗透保护剂生物合成（Abbaspour et al.，2020）。桑树青枯病菌的侵入，会使根部细胞渗透压改变，因此导致该通路发挥作用。

无论是不同施肥还是不同基因型在与对应对照组的代谢通路中，显著通路均与抗菌有一定关系，不显著但富集到的通路，都与植物自身生长发育有密切关系。

参考文献

冯健飞，周日成，郭兴庭，等，2011. 聚酮类化合物及其应用［J］. 现代农业科技，(3)：24-26.

李石力，2017. 有机酸类根系分泌物影响烟草青枯病发生的机制研究［D］. 重庆：西南大学.

宋日，刘利，马丽艳，等，2009. 作物根系分泌物对土壤团聚体大小及其稳定性的影响［J］. 南京农业大学学报，32（3）：93-97.

滕楠，2015. 槲皮素抑菌作用的体内和体外研究［D］，哈尔滨：东北农业大学.

张和禹，贾国云，刘金珠，2012. 茶树中咖啡碱抑菌抗虫作用的研究［J］. 激光生物学报，21（1）：42-45.

张潇潇，裘娟萍，2008. 泛酸生物合成相关酶及其基因的研究进展［J］. 科技通报（6）：799-805.

郑明辉，李林，张海莉，等，2015. 咖啡因代谢途径在易变山羊草抗禾谷孢囊线虫中的作用［J］. 中国遗传学会：75.

Abbaspour J, Ehsanpour A A, 2020. Sequential expression of key genes in proline, glycine betaine and artemisinin biosynthesis of Artemisia aucheri Boiss using salicylic acid under in vitro osmotic stress[J]. Biologia, (10).

AkihisaT,Taguchi Y,Yasukawa K,et al.,2006. Acerogenin M,a cyclic diarylheptanoid,and other phenolic compounds from *Acer nikoense* and their anti-inflammatory and antitumor-promoting effects[J]. Chem Pharm Bull,54(5):735-739.

Asai,T. Fujimoto,Y,2010. Cyclic fatty acyl glycosides in the glandular trichome exudate of Silene gallica[J]. Phytochemistry,71:1410-1417.

Barber M S,Mitchell H J,1997. Regulation of Phenylpropanoid Metabolism in Relation to Lignin Biosynthesis in Plants [J]. International Review of Cytology,172(8):243-293.

Boldt-burisch K,Schneider B U,Naeth M A,et al.,2019. Root Exudation of Organic Acids of Herbaceous Pioneer Plants and Their Growth in Sterile and Non-Sterile Nutrient-Poor[J]. Sandy Soils,29(1):34-44.

Carlos G B,Paula F M,Pedro C A,et al.,2020. Strawberry fatty acyl glycosides enhance disease protection,have antibiotic activity and stimulate plant growth [J]. Scientific reports,10(1):8196-8207.

Carvalhais,L C, Dennis P G, Fedoseyenko D, et al., 2010. Root exudation of sugars, amino acids, and organic acids by maize as affected by nitrogen, phosphorus,potassium,and iron deficiency[J]. Journal of Plant Nutrition and Soil Science,174(1):3-11.

Collakova E, Goyer A, Naponelli V, et al., 2008. Arabidopsis 10-formyl tetrahydrofolate deformylases are essential for photorespiration[J]. The Plant cell, 20(7):1818-1832.

Dembitsky V M,2004. Astonishing diversity of natural surfactants:1. Glycosides of fatty acids and alcohols[J]. Lipids,39(10):933-953.

Fabio V,Youry P,Gicmpieru V,et al.,2015. Phosphorus and iron deficiencies induce a metabolic reprogramming and affect the exudation traits of the woody plant *Fragaria* ×*ananassa* [J]. Journal of Experimental Botany, 66 (20): 6483-6495.

Franke Rochus, Schreiber Lukas, 2007. Suberin—a biopolyester forming apoplastic plant interfaces [J]. Current opinion in plant biology, 10 (3): 252-259.

Genschel U,2004. Coenzyme A biosynthesis:reconstruction of the pathway in archaea and an evolutionary scenario based on comparative genomics[J]. Molecalar Biology and Evolution,21(7):1242-1251.

Huijuan L,Dayong R,Wei Y,et al.,2020. Linoleic acid inhibits Lactobacillus activity by destroying cell membrane and affecting normal metabolism [J]. Journal of the Science of Food and Agriculture,100(5):2057-2064.

Jones D L,Nguyen C,Finlay R D,2009. Carbon flow in the rhizosphere:carbon trading at the soil-root interface[J]. Plant Soil,321:5-33.

Leckie B M,D'Ambrosio D A,Chappell T M,et al.,2016. Differential and synergistic functionality of acylsugars in suppressing oviposition by insect herbivores[J]. Plos One,11:e0153345.

Luu V T,Weinhold A,Ullah C,et al.,2017. O-acyl sugars protect a wild tobacco from both native fungal pathogens and a specialist herbivore[J]. Plant Physiology,174:370-386.

Paterson E,Sim A,2000. Effect of nitrogen supply and defoliation on loss of organic compounds from roots of Festuca rubra[J]. Journal of Experimental Botany,51(349):1449-1457.

Schreiber L, 2010. Transport barriers made of cutin, suberin and associated waxes[J]. Trends in Plant Science,15(10):546-553.

第 5 章　施肥与土壤微生物数量

土壤中数量庞大的微生物是土壤中物质循环的主要动力和植物有效养分的储备库（Bardgett et al.，1994；徐阳春等，2002）。土壤微生物对环境变化非常敏感，是土壤环境质量的重要指标（Insam et al.，1996；张逸飞等，2006）。施肥对土壤生态系统有重要影响。适量施用有机肥，配合合理的无机肥，对于土壤健康、硝化-反硝化作用产生温室气体的过程以及土壤养分转化等都将起到调节作用；过多的施用有机肥虽然未提高土壤微生物的数量，但对土壤微生物活性有明显的增强效果（谭周进等，2007；吴凡等，2008）。另有研究表明，短期施用无机氮肥对土壤酶活性和微生物生物量的影响有限，而长期施用无机氮肥可降低土壤微生物活性（Fauci et al.，1994；Lovell et al.，1995）。本章采用常规土壤微生物分离培养技术，分析了不同施肥方案对桑树根围土壤微生物数量及微生物多样性的影响，为通过合理施肥科学调控桑园土壤环境等提供理论依据。

5.1 长期偏施氮肥对桑园土壤微生物数量的影响

5.1.1 试验设计与土壤样品采集

同第 2 章 2.1.1。

5.1.2 土壤微生物数量测定方法

微生物数量分析采用常规稀释平板法，细菌分离采用牛肉膏蛋白胨培养基，放线菌分离采用高氏一号培养基，真菌分离采用马丁氏培养基，解磷细菌采用无机磷培养基和卵黄培养基。称取 5 g 土壤鲜样于 45 mL 无菌水中振荡 10 min，按 10 倍稀释法依次稀释至 10^{-2}、10^{-3}、10^{-4}、10^{-5}和 10^{-6}倍，取 0.1 mL 涂布于培养基平板上。细菌以 10^{-3} ~ 10^{-5}的土壤稀释液接种，放线菌以 10^{-2} ~ 10^{-4}的土壤稀释液接种，真菌以 10^{-1} ~ 10^{-3}的土壤稀释液接种，解磷细菌以 10^{-3} ~ 10^{-5}的土壤稀释液接种，3 次重复，接种后置于 25~28 ℃培养箱中培养，细菌和解磷细菌在 24~48 h、放线菌在 7~10 d、真菌在 3~5 d 时计数。记数同时并挑取单菌落成纯培养，在培养基平板上划线多次后，根据颜色特性和菌体形态，判断是否纯化完全，再进行试管斜面保存用于鉴定（佟秀珠和蔡妙英，2001）。微生物计数的基本单位为 CFU/g 干土。

5.1.3 不同氮肥施用年限桑园土壤细菌数量比较

由图 5-1 可以看出，17Y 处理细菌数量在 3 月最高，之后至 7 月一直呈逐渐下降趋势，8 月又升高，之后呈下降趋势，10 月数量最低。32Y 处理土壤细菌数量 4 月最高，10 月数量最低。4Y 处理土壤细菌数量 4 月后呈逐渐下降趋势，8 月又上升达最高，之后又下降，10 月数量最少。

3 月、4 月、5 月、6 月和 8 月 17Y 处理土壤细菌数量均高于 32Y，这表明桑树根围土壤细菌的数量随着连作年限的增加呈现降低的趋势。7 月、9 月、10 月 32Y 处理土壤细菌数量均高于 17Y 处理，且这 3 个时期各处理的细菌数量较之其他时期均较低，这可能取样时期土壤干燥、细菌总量减少有关。

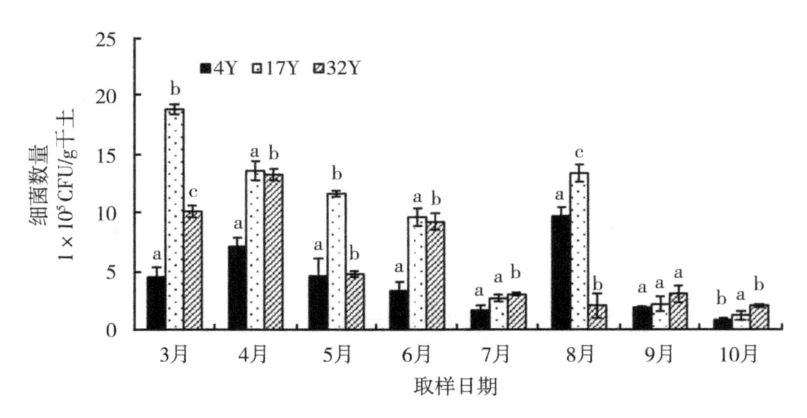

图 5-1　长期偏施氮肥对桑园土壤细菌数量的影响

由表 5-1 可知，4Y 土壤中土壤养分含量与细菌数量相关性不显著，而 17Y 处理桑树土壤细菌数量与土壤有机质含量和 pH 值呈极显著正相关，相关系数分别为 0. 75 和 0. 67，32Y 处理土壤细菌数量与土壤有机质含量和 pH 值呈显著相关，相关系数为 0. 56 和 0. 55，这说明随氮肥施用时间的延长，桑园土壤中有机质含量和 pH 值越高，细菌分布越多。

表 5-1　桑园土壤养分与细菌数量的相关性分析

土壤养分	氮肥施用年限		
	4Y	17Y	32Y
碱解氮	0. 44	0. 15	0. 09
速效磷	0. 35	0. 21	0. 11
速效钾	0. 31	-0. 41	-0. 42
有机质	0. 32	0. 75 **	0. 56 *
pH 值	0. 29	0. 67 **	0. 55 *

* $P<0.05$；** $P<0.01$

5. 1. 4　不同氮肥施用年限桑园土壤放线菌数量比较

不同氮肥施用年限桑园土壤放线菌数量变化如图 4-2，17Y、32Y 处理土壤放线菌数量在 3~6 月呈上升趋势，并于 6 月达到最高，7 月下降，8 月又升高，之后呈下降趋势，10 月数量最低。4Y 处理土壤放线菌数量在 3~5 月呈上升趋势，并于 5 月达最高，之后除 8 月稍有回升外，其他取样时期均呈下降趋势，10 月数量最低。

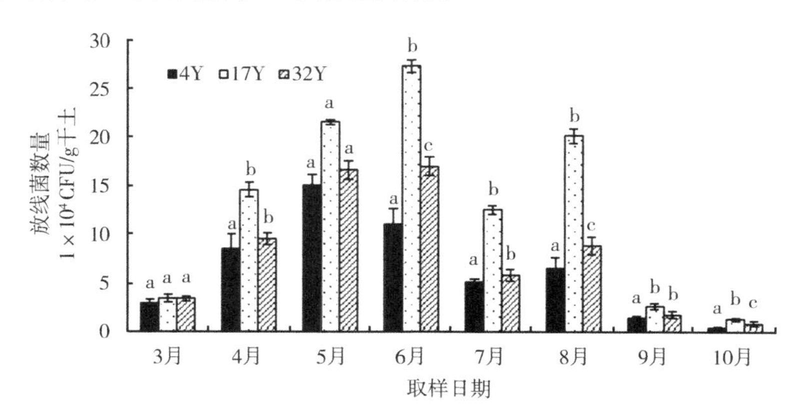

图 5-2　长期偏施氮肥对桑园土壤放线菌数量的影响

各取样时期 17Y、32Y、4Y 处理桑树根围土壤放线菌数量均为 17Y>32Y，此表明，桑树根围土壤放线菌的数量随着连作年限的增加呈现降低的趋势。

由表 5-2 可知，4Y 土壤中土壤养分含量与放线菌数量相关性不显著，而 17Y 处理桑树土壤放线菌数量与土壤有机质含量呈级显著正相关，相关系数分别为 0.73，32Y 处理土壤放线菌数量与土壤有机质含量和 pH 值呈显著相关，相关系数为 0.68 和 0.54，这说明随氮肥施用时间的延长，桑园土壤中有机质含量越高，放线菌分布越多。

表 5-2 桑园土壤养分与放线菌数量的相关性分析

土壤养分	氮肥施用年限		
	4Y	17Y	32Y
碱解氮	0.40	0.15	0.11
速效磷	0.33	0.69**	0.21
速效钾	0.31	-0.32	-0.22
有机质	0.31	0.73**	0.68**
pH 值	0.27	0.17	0.54*

* $P<0.05$；** $P<0.01$

5.1.5 不同氮肥施用年限桑园土壤真菌数量比较

由图 5-3 可知，3 月施肥后各处理土壤真菌数量呈逐渐升高趋势，7 月数量达到最高，8 月又下降，之后又呈升高趋势。除 7 月外，其他各取

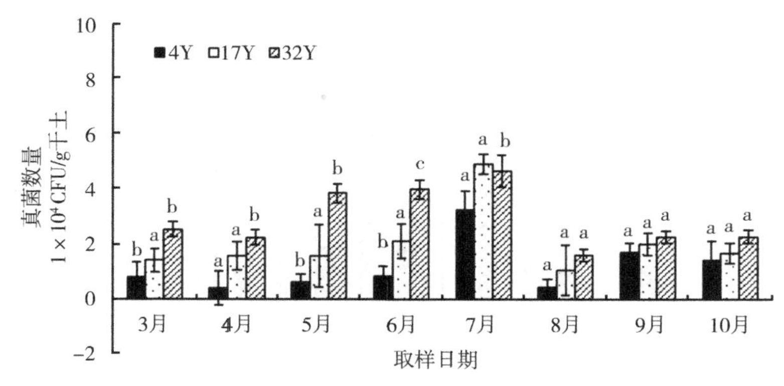

图 5-3 长期偏施氮肥对桑园土壤真菌数量的影响

样时期各处理土壤细菌数量均为 32Y>17Y>4Y，这说明真菌数量随着连作年限的增加呈上升趋势。

由表 5-3 可知，4Y 土壤中土壤养分含量与真菌数量相关性不显著，而 17Y 处理桑树土壤真菌数量与土壤 pH 值呈显著正相关，相关系数分别为 0.57，32Y 处理土壤真菌数量与土壤有机质含量和 pH 值呈显著负相关，相关系数为-0.67 和-0.75，这说明随氮肥施用时间的延长，桑园土壤中有机质含量和 pH 值越高，真菌分布越少。

表 5-3　桑园土壤养分与真菌数量的相关性分析

土壤养分	氮肥施用年限		
	4Y	17Y	32Y
碱解氮	0.40	0.17	0.11
速效磷	0.32	0.31	0.15
速效钾	-0.33	-0.26	-0.23
有机质	-0.34	-0.29	-0.67 **
pH 值	0.39	-0.57 *	-0.75 **

* $P<0.05$；** $P<0.01$

5.1.6　小结

研究表明，长期偏施过量无机氮肥会加速土壤的酸化，使土壤容重增大，孔隙度降低，造成土壤板结（葛晓光等，2004）。土壤酸化板结后，微生物的生境变得恶劣，微生物的活性得到抑制，从而使微生物的数量减少。本试验结果也呈现出类似现象，3 月、4 月、5 月、6 月和 8 月 17Y（1997 年栽植的桑园）处理土壤细菌数量均高于 32Y（1982 年栽植的桑园）。此表明桑树土壤细菌的数量随着氮肥施用年限的增加呈现降低的趋势。各取样时期各处理桑树土壤放线菌数量均为 17Y>32Y，而且 32Y 处理桑树土壤细菌和放线菌数量与土壤有机质含量呈极显著正相关。此表明，桑树土壤放线菌的数量和土壤有机质含量随着氮肥施用年限的增加呈现降低的趋势。除 7 月外，其他各取样时期各处理土壤真菌数量均为 32Y>17Y>4Y，而且 17Y 和 32Y 处理桑树土壤真菌数量与土壤 pH 值呈显著负相关，这说明随着氮肥施用年限的增加，土壤 pH 值呈下降趋势，真菌数量呈上升趋势。由此可见，桑树根围土壤细菌、放线菌数量随着连作年限的增加而减少，而真菌数量随着连作年限的增加呈上升趋势。

5.2 不同施肥种类对桑园土壤微生物数量的影响

5.2.1 试验设计与试验方法

本试验设计和土壤样品采集同第 2 章 2.2.1；土壤微生物数量测定方法同本章 5.1.2。

5.2.2 不同施肥种类桑园土壤细菌、真菌、放线菌数量比较

2011 年，OIO 处理土壤中可培养细菌数量高于 N、NPK 和 CK 处理土壤，并且在 5 月、7 月和 11 月之间存在显著差异（图 5-4）。2012 年，四个采样日期 OIO 处理土壤中的细菌数量也高于其他施肥土壤，且各取样时期各处理间比较差异达显著水平（$P<0.05$）。2011 年各取样时期比较，细菌数量随时间变化呈下降趋势，而 2012 年各取样时期间比较，细菌数量变化趋势不明显。

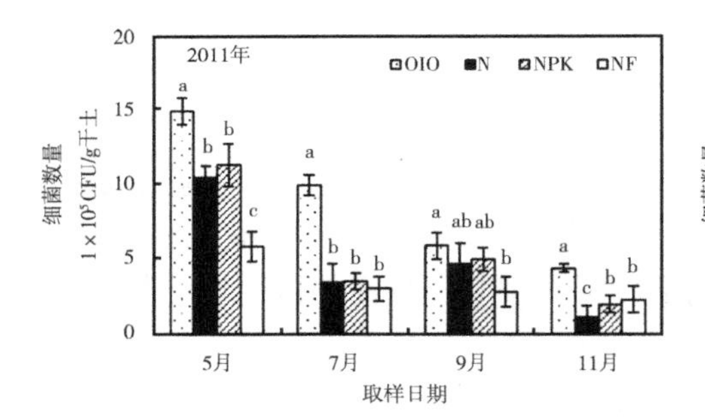

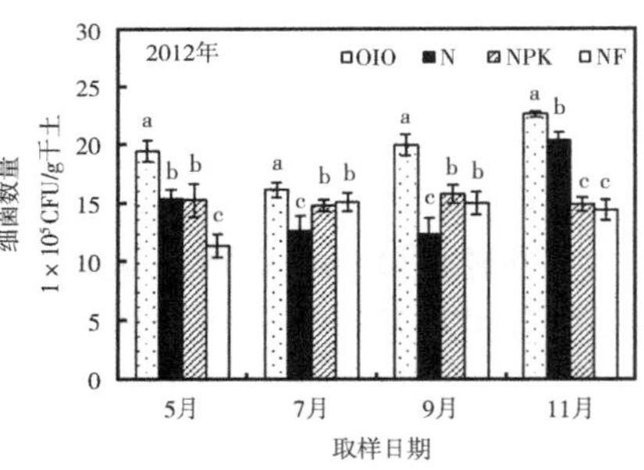

图 5-4 不同施肥种类桑园土壤细菌数量

5.2.3 不同施肥种类桑园土壤放线菌数量比较

2011 年和 2012 年，各处理桑园土壤放线菌数量随取样时间延长呈下降趋势（图 5-5）。各施肥处理间比较，OIO 处理土壤中放线菌数量高于其他施肥处理，NPK 处理土壤放线菌含量次之，N 和 NF 处理土壤放线菌数量较低，OIO 处理与其他施肥处理间比较放线菌数量差异达显著水平

（$P<0.05$）。

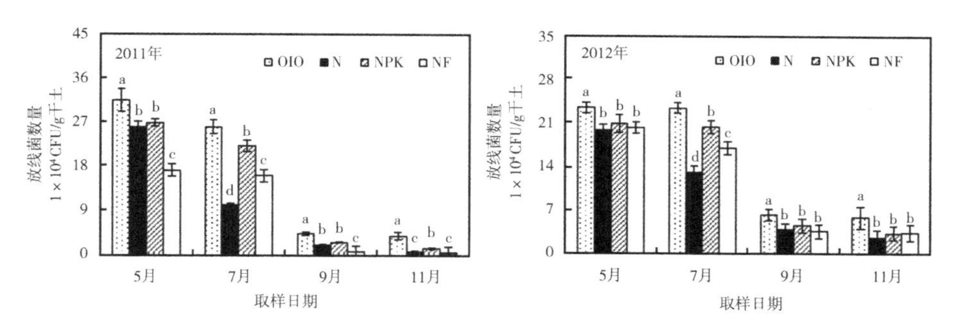

图 5-5　不同施肥种类桑园土壤放线菌数量

5.2.4　不同施肥种类桑园土壤真菌数量比较

与细菌和放线菌相比，真菌对施肥管理措施的反应不同（图 5-6）。与其他施肥处理相比，N 处理土壤中可培养真菌数量最高，NF 处理次之，而 OIO 处理土壤真菌数量相对较低，5 月、7 月、11 月 N 处理土壤真菌数量明显高于 OIO 和 NPK 处理间（$P<0.05$）。不同取样日期间比较，各处理真菌数量随取样时期延长均呈下降趋势。

逐步回归分析表明，细菌数量仅与土壤有机质含量显著相关，真菌数量仅与土壤 pH 值显著相关，而放线菌数量与土壤有机质含量、pH 值和速效磷含量显著相关，在微生物数量方面，施肥处理和取样日期均对其有显著影响（表 5-4）。

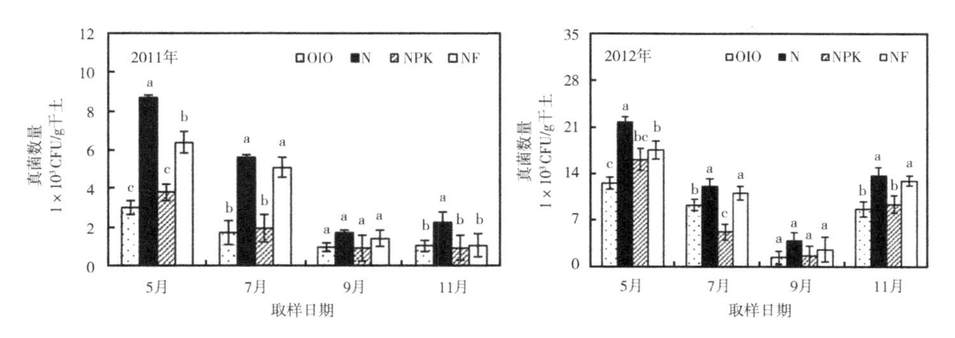

图 5-6　不同施肥种类桑园土壤真菌数量

表 5-4　桑园土壤微生物数量与土壤理化性质的相关性分析

因素	变量	r^2
细菌数量	土壤有机质	0.501***
真菌数量	pH 值	0.503***
放线菌数量	土壤有机质，pH 值，速效磷含量	0.884***

*** $P<0.001$。

5.2.5　不同施肥种类桑树土壤解无机磷细菌数量比较

桑树土壤解无机磷细菌数量变化如图 5-7 所示，5 月各处理桑树土壤解无机磷细菌数量较高，7 月解无机磷细菌数量均有所降低（NPK 处理除外），9 月继续降低（NF 除外），11 月 OIO 和 NPK 处理解无机磷细菌数量升高，N 和 NF 处理略有降低。

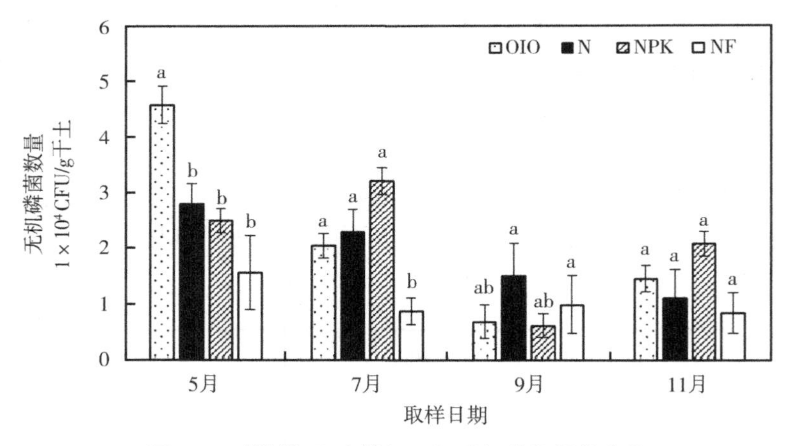

图 5-7　桑树根际土壤解无机磷细菌数量的变化

四种施肥处理桑树土壤解无机磷细菌数量在全年变化幅度较大，5 月 OIO 处理土壤解无机磷细菌数量高于其他施肥处理，且与 NPK、N 和 NF 处理之间的差异达到显著水平（$P<0.05$）；7 月 NPK 处理土壤解无机磷细菌数量高于其他施肥处理，且与 NF 处理之间的差异达到显著水平（$P<0.05$）；9 月和 11 月各施肥处理桑树土壤解无机磷细菌数量间差异均未达

到显著水平（$P<0.05$）；NF 处理桑树土壤解无机磷细菌数量在全年变化幅度较小，各取样时期均低于其他处理（9 月除外）。这表明施肥可以影响桑树根际土壤解无机磷细菌数量，不同的施肥措施产生不同的影响，施用桑树有机-无机专用复混肥可以提高桑树根际土壤解无机磷细菌数量，从而有助于提高桑树对无机态磷的吸收利用。

由表 5-5 可知，OIO 施肥处理桑树土壤解无机磷细菌多样性指数最高，达到1.882 7；对照 NF 的多样性指数最低，为0.452 1。从丰富度指数来看，OIO 处理最高，丰富度指数为 7，而 N 处理的丰富度指数最低，丰富度指数为 4。OIO 和 N 处理的均匀度指数比较高，分别为0.935 0和0.944 1，NPK 处理土壤细菌种群均匀度指数最低，为0.834 7。各处理解无机磷细菌的种群优势度指数在0.161 3~0.311 9之间，以 NPK 处理最高，而 NF 处理最低。

表 5-5　桑树根际土壤解无机磷细菌的种群多样性

处理	多样性（H）	丰富度（S）	均匀度（J）	优势度（D）
OIO	1.882 7	7	0.935 0	0.265 6
N	0.845 8	4	0.944 1	0.197 2
NPK	1.354 3	5	0.834 7	0.311 9
NF	0.452 1	5	0.883 6	0.161 3

由此可见，OIO 处理土壤解无机磷细菌的种群丰富且种群均匀度、优势度较高。N 处理条件下桑树根际土壤解无机磷细菌的种群较少，类群均匀度较高，NPK 处理解无机磷细菌种群较丰富，种群优势度较高，但类群均匀度较低，NF 处理土壤解无机磷细菌种群较少，优势度也较低。这说明施肥可以改善桑树根际土壤解无机磷细菌的种群结构多样性，而桑树有机-无机专用复混肥的施用能更有效地提高桑园土壤解无机磷细菌的群落多样性。

由表 5-6 可知，OIO 处理桑树土壤解无机磷细菌的数量与土壤速效磷的含量呈极显著正相关，相关系数为 0.86。这说明施用桑树有机-无机专用复混肥的桑园土壤中速效磷含量越高，桑树根际解无机磷细菌分布越多。

表 5-6　桑树根际土壤养分与解无机磷细菌数量的相关性分析

土壤养分	不同处理条件下土壤养分与解无机磷细菌数量间的相关系数			
	OIO	N	NPK	NF
碱解氮	-0.17	0.05	0.50	0.14
速效磷	0.86**	0.06	0.22	0.21
速效钾	-0.44	-0.44	-0.35	-0.42
有机质	-0.25	-0.28	0.54	0.30

** $P<0.01$

5.2.6　不同施肥种类桑园土壤解有机磷细菌数量比较

桑树土壤解有机磷细菌数量变化如图 5-8 所示，5 月各处理桑树土壤解有机磷细菌数量均较高，7 月各处理土壤解有机磷细菌数量均大幅降低，9 月各处理均有少量提高，11 月各处理土壤解有机磷细菌数量均又下降。

桑树土壤解有机磷细菌数量全年表现出明显的波浪形变化，各施肥处理解有机磷细菌的数量的变化趋势表现一致，均在 5 月达到最高值。全年各取样时期 OIO 处理解有机磷细菌数量均高于其他处理，且差异达到显著水平（$P<0.05$，5 月 NPK 处理和 9 月 N 处理除外），各取样时期各施肥处理解有机磷细菌数量均高于 NF 处理。这表明施肥可以显著影响桑树土壤解有机磷细菌数量，桑树有机-无机专用复混肥的施用可显著提高桑园土壤解有机磷细菌数量，从而提高桑树对有机态磷的吸收利用。

由表 5-7 可知，各施肥处理中 N 处理桑树土壤解有机磷细菌多样性指数最高，达到1.831 0，NPK 处理的多样性指数最低，为1.127 5。从丰富度指数来看，N 处理最高，丰富度指数均为 7，其他各处理的丰富度指数最低，均为 4。OIO 和 NPK 处理桑树土壤解有机磷细菌的均匀度指数比较高，分别为 1.000 0 和 0.928 4，NF 处理种群均匀度指数最低，为 0.700 6。各处理土壤解有机磷细菌的种群优势度指数在 0.298 8~0.537 0，以 NPK 处理最高，而 NF 处理最低。

由此可见，OIO 施肥处理条件下桑树根际土壤解有机磷细菌的类群均匀度较高，但种群丰富度较低；N 处理土壤解有机磷细菌的种群多样性和

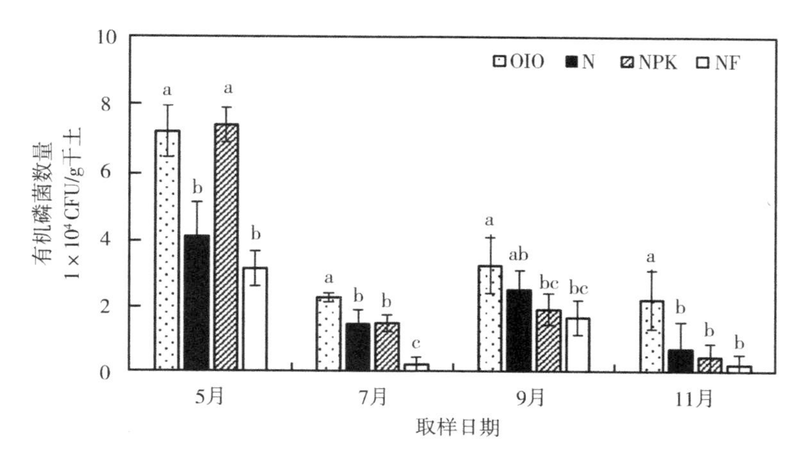

图 5-8　桑树根际土壤解有机磷细菌数量的变化

丰富较高；NPK 处理解有机磷细菌种群丰富度较低，但均匀度和优势度较高；NF 处理解有机磷细菌种群较少，优势度也较低。这说明有机-无机复混肥和单施氮肥能更有效地提高桑园土壤解有机磷细菌的群落多样性。

表 5-7　桑树根际土壤解有机磷细菌的种群多样性

处理	多样性（H）	丰富度（S）	均匀度（J）	优势度（D）
OIO	1.609 4	4	1.000 0	0.360 0
N	1.831 0	7	0.880 5	0.375 0
NPK	1.127 5	4	0.928 4	0.537 0
NF	1.494 2	4	0.700 6	0.298 8

由表 5-8 可知，OIO 处理桑树土壤解有机磷细菌的数量与土壤速效磷的含量呈极显著正相关，相关系数为 0.75；NF 处理土壤解有机磷细菌的数量与速效钾的含量呈显著负相关，相关系数为-0.62。这说明施用桑树有机-无机专用复混肥的桑园土壤中速效磷含量越高，桑树根际解有机磷细菌分布越多。桑园未施肥土壤中速效钾的含量越高，桑树根际土壤解有机磷细菌分布越少。

表 5-8 桑树根际土壤养分与解有机磷细菌数量的相关性分析

土壤养分	不同处理下土壤养分与解有机磷细菌数量的相关系数			
	OIO	N	NPK	NF
碱解氮	−0. 27	−0. 20	−0. 23	−0. 16
速效磷	0. 75**	−0. 38	−0. 23	0. 34
速效钾	−0. 02	−0. 27	−0. 52	−0. 62*
有机质	−0. 52	−0. 34	−0. 39	0. 18

* $P<0.05$； ** $P<0.01$

5. 2. 7 小结

2011 年，OIO 处理土壤中可培养细菌和放线菌数量高于 N、NPK 和 NF 处理土壤，并且在 5 月、7 月和 11 月之间存在显著差异。2012 年，4 个采样日期 OIO 处理土壤中的细菌和放线菌数量均显著高于其他处理土壤。然而，真菌与细菌和放线菌相比对施肥管理措施的反应不同。与其他施肥处理相比，N 处理土壤中可培养真菌数量较高。逐步回归分析表明，细菌丰度仅与土壤有机质含量显著相关，真菌丰度仅与土壤 pH 值显著相关，而放线菌丰度与土壤有机质含量、pH 值和速效磷显著相关。在微生物丰度方面，施肥处理和取样日期均对其有显著影响。

桑树土壤解磷细菌数量受不同施肥措施的影响。OIO 处理可以提高土壤解有机磷细菌的数量和多样性指数，而对于解无机磷细菌，各取样时期各处理间变化规律不明显。OIO 处理桑树土壤解无机磷细菌的数量与土壤速效磷的含量呈极显著正相关（相关系数为 0. 86），解有机磷细菌数量与土壤速效磷含量呈极显著正相关，相关系数为 0. 75。NF 处理土壤解有机磷细菌数量与速效钾含量呈显著负相关，相关系数为−0. 62。

5.3 施肥对不同桑树品种根际土壤微生物数量的影响

5. 3. 1 试验设计与试验方法

本试验设计同第 2 章 2. 3. 1；实验方法同本章 5. 1. 2。

5.3.2　不同施肥及青枯病不同抗性桑树品种根际土壤细菌数量比较

从图 5-9 中可看出，施肥处理组桑树的根际细菌数量均显著高于未施肥处理组（$P<0.05$）。对于抗青枯病基因型桑树品种，氮肥配施有机肥（NO）处理桑树根际细菌数量最高，且后 2 次取样 NO 处理根际细菌数量显著高于单施氮肥（N）和 CK 处理（$P<0.05$）；对于易感青枯病桑树品种，第 1 次取样，氮肥配施生物炭肥（NB）处理桑树根际细菌数量最高，显著高于其他施肥处理组（$P<0.05$），而后 2 次取样，NO 处理根际细菌数量最高，且显著高于 N 和 CK 处理（$P<0.05$）。不同品种间抗青枯病桑树品种的根际细菌数量高于易感青枯病桑树品种，说明有机肥的施入可以快速增加根际细菌数量，且对抗青枯病基因型桑树品种的作用更大。

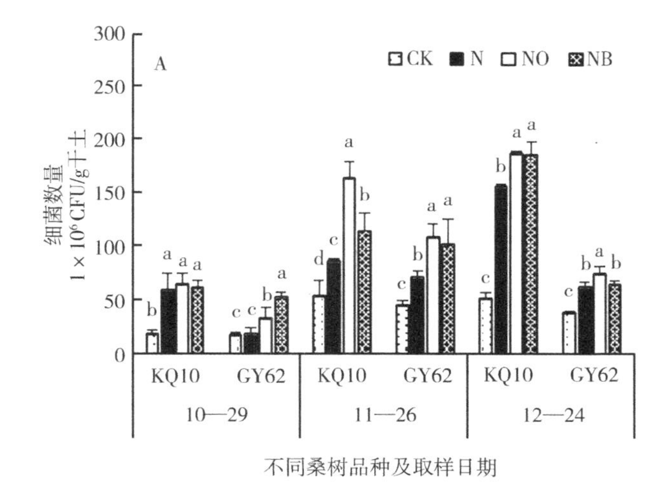

图 5-9　不同施肥处理及不同抗病桑树品种根际细菌数量比较

5.3.3　不同施肥及青枯病不同抗性桑树品种根际土壤放线菌数量比较

从图 5-10 中可以看出，各施肥处理组桑树根际放线菌数量均高于未施肥处理。对于抗青枯病桑树品种，NO 处理组桑树根际放线菌数量最高，均显著高于 N 和 CK 处理组（$P<0.05$）；对于易感青枯病桑树品种，

各取样时期 NB 处理组桑树根际放线菌数量最高，显著高于 CK 组处理（$P<0.05$）。说明有机肥的施入可以快速增加抗青枯病桑树品种根际放线菌数量，而生物炭肥的施入可以快速增加易感青枯病桑树品种根际放线菌数量。

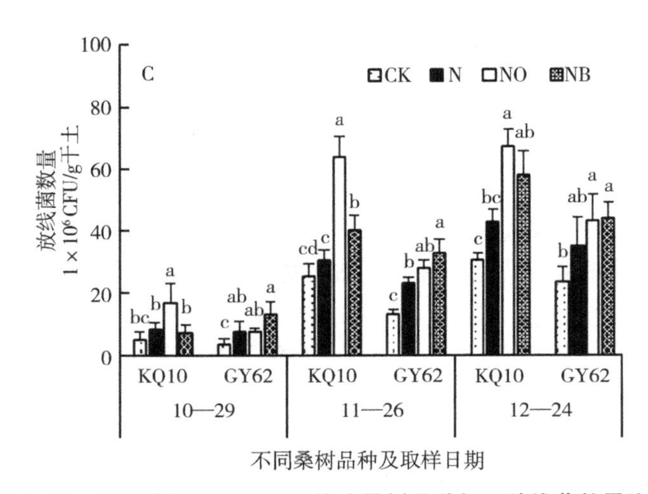

图 5-10　不同施肥处理及不同抗病桑树品种根际放线菌数量比较

5.3.4　不同施肥及青枯病不同抗性桑树品种根际土壤真菌数量比较

从图 5-11 中可以看出，施肥处理组桑树的根际真菌数量整体上高于未施肥处理（GY62 桂优 62 号 12 月份取样除外）。对于抗青枯病桑树品种，施肥前期第 1 次和第 2 次取样 NO 处理组桑树根际真菌数量最高，均显著高于 CK 处理（$P<0.05$），而第 3 次取样 N 处理组桑树根际真菌数量最高，显著高于 NO 和 CK 处理组（$P<0.05$）；对于易感青枯病桑树品种，第 1 次取样，NB 处理组桑树根际真菌数量最高，且显著高于其他施肥处理组及 CK 组（$P<0.05$），N 处理组次之；而后 2 次取样，N 处理组桑树根际真菌数量最高，且显著高于 NB 处理组和 CK 组处理（$P<0.05$）。不同抗病品种间比较，易感桑树品种根际真菌数量显著高于抗病桑树品种。

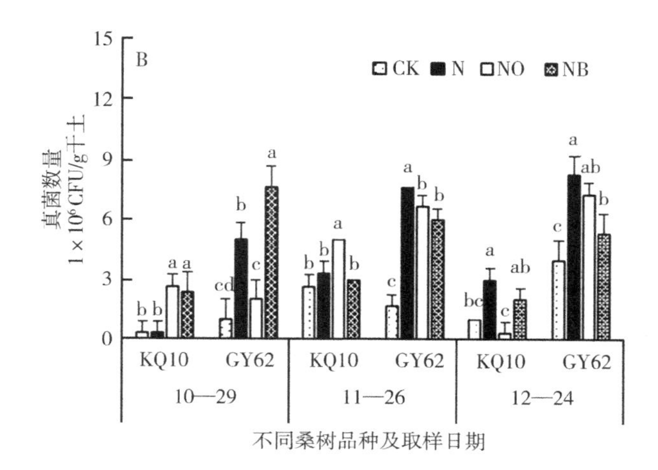

图 5-11　不同施肥处理及不同抗病桑树品种根际真菌数量比较

5.3.5　不同施肥组及青枯病不同抗病桑树品种根际土壤养分与微生物数量相关性分析

采用 Pearson 相关分析对桑树根际土壤养分、酶活性与根际微生物数量进行相关分析，由表 5-9 可见细菌数量与土壤有机质、速效氮含量及土壤脲酶活性存在着显著正相关，放线菌数量与土壤有机质、速效氮含量及中性磷酸酶活性存在着显著正相关，真菌数量与速效氮含量及脲酶活性呈显著负相关。微生物碳代谢多样性指数 H 与土壤有机质含量呈显著正相关。

5.3.6　小结

土壤微生物的数量总是处于一个动态变化的过程，并且细菌、真菌、放线菌的数量会随着桑树品种的不同以及施肥处理的不同而有所变化。从施肥角度来看，施肥处理土壤微生物数量均高于未施肥处理。且有机肥的施入可以显著增加土壤细菌、真菌和放线菌的数量，生物炭肥的施入在前期可以提高感青枯病桑树品种的土壤微生物数量，但是效果不如有机肥明显。然而，生物炭肥的施入对感青枯病桑树品种的土壤放线菌数量的增加最为明显。

从品种角度来看，抗青枯病桑树品种土壤细菌和放线菌的数量均高于感青枯病桑树品种。这可能说明前者的土壤细菌和放线菌比后者更容易利用土壤和肥料中的养分。而抗青枯病桑树品种的土壤真菌数量在前期低于感青枯病桑树品种，后期则高于感青枯病桑树品种。这说明可能是由于受到土壤中原先就存在的青枯病菌的影响，使得抗青枯病桑树品种的土壤真菌生长在前期受到抑制，而感青枯病桑树品种抵抗青枯病菌的能力不如抗青枯病桑树品种，在后期，抗青枯病桑树品种的青枯病菌丰度远低于抗青枯病桑树品种的青枯病菌丰度，因此在后期，抗青枯病桑树品种的根际真菌数量高于感青枯病桑树品种。

从土壤微生物的变化动态过程来看，未施肥处理条件下，抗青枯病桑树品种的细菌数量变化呈现先增长后下降的趋势，真菌和放线菌数量变化呈现持续增长的趋势，感青枯病桑树品种的细菌和真菌数量变化呈现先增长后下降的趋势，放线菌数量变化呈现持续增长的趋势；施肥处理条件下，抗青枯病桑树品种的细菌、真菌和放线菌数量变化菌呈现持续增长的趋势，感青枯病桑树品种的细菌和真菌数量变化呈现先增长后下降的趋势，放线菌数量变化呈现持续增长的趋势。这说明施肥对抗青枯病桑树品种的根际微生物的数量变化的影响比感青枯病桑树品种更大。

表 5-9　桑树根际土壤养分与根际微生物数量的相关性分析

微生物指标	速效氮	速效磷	速效钾	有机质	脲酶	中性磷酸酶
细菌	0. 89 (0. 001)	0. 35 (0. 314)	0. 42 (0. 207)	0. 64 (0. 010)	0. 76 (0. 011)	0. 37 (0. 121)
真菌	−0. 64 (0. 020)	−0. 06 (0. 865)	0. 56 (0. 071)	0. 45 (0. 141)	−0. 65 (0. 020)	0. 38 (0. 131)
放线菌	0. 73 (0. 013)	0. 03 (0. 940)	0. 48 (0. 132)	0. 58 (0. 021)	0. 41 (0. 161)	0. 65 (0. 024)
多样性指数 (H)	0. 23 (0. 201)	0. 24 (0. 750)	0. 45 (0. 130)	0. 51 (0. 028)	0. 21 (0. 271)	0. 28 (0. 121)

括号外为相关系数 r，r 绝对值越接近 1，相关性越大；括号内为 P 值，$P<0.05$ 时则为显著相关

5.4　不同施肥种类对露地和盆栽桑树根围土壤微生物数量的影响

5.4.1　试验设计与土壤样品采集

供试土壤采自湖北省农业科学院经济作物研究所桑树资源圃内。小区试验共设 4 个处理：3 000 kg/hm^2 有机-无机桑树专用复混肥（TA）；3 750 kg/hm^{2}有机-无机桑树专用复混肥（TB）；与 TA 处理等氮的尿素，即 450 kg/hm^2 氮素（TC）；与 TA 处理等氮、磷、钾的复合肥，即 450 kg/hm^2 N、120 kg/hm^2 P_2O_5、180 kg/hm^2 K_2O（TD）。每个处理小区面积 30 m^2，重复 4 次。供试有机-无机桑树专用复混肥是根据桑园土壤特点及桑树对养分的需求规律研制而成的复合肥料，化肥为尿素、过磷酸钙和氯化钾。

分别于施肥前、施肥后 10 d（天）、施肥后 40 d 和施肥后 90 d 采集土壤样品，采用 5 点取样法，用柱状土壤采样器在靠近根部位置打孔，取 0~20 cm 的土壤。将 5 个点的土壤样品混匀，一部分土样（约 200 g）用液氮冷冻后-80 ℃保存，供分子生物学研究，另一部分土样用作常规分析。供试露地土壤的基本肥力状况为有机质 1.16%，碱解氮 125.31 mg/kg，速效磷 113.24 mg/kg，速效钾 45.1 mg/kg，pH 值 6.21；供试盆栽土壤的基本肥力状况为有机质 1.52%，碱解氮 138.92 mg/kg，速效磷 124.17 mg/kg，速效钾 41.6 mg/kg，pH 值 7.05。

5.4.2　土壤微生物数量测定方法

同本章 5.1.2。

5.4.3　不同施肥种类对露地桑树根围土壤微生物数量的影响

露地桑树根围微生物数量为细菌>放线菌>真菌，其中细菌所占比例为 95%左右，而放线菌和真菌只占 5%左右。露地桑树各处理根围细菌数量随施肥时间的延长呈增加趋势（图 5-12-A），其中 TA、TB 和 TD 处理施肥后 40 d 根围细菌数量达最高，而 TC 处理施肥后 10 d 达最高，施肥后 90 d 各处理根围细菌数量均降低。露地桑树根围放线菌和真菌数量在施肥后 10 d 急剧下降（图 5-12-B，C），施肥后 40 d 均呈升高趋势（TC 处理放线菌除外），施肥后 90 d 各处理根围真菌数量和 TB 处理根围放线菌数量急剧增加，而 TA 和 TD 处理根围放线菌数量降低。TB 处理桑树根围细菌数量在施肥后 10 d、40 d、90 d 高于其他处理，达到差异显著水平（$P<0.05$），施肥后 90 d 放线菌数量也高于其他处理，达到差异显著水平（$P<0.01$），而真菌数量低于其他处理。

露地桑树各处理根围解磷细菌数量随施肥时间的延长呈先增加后下降的趋势（图 5-12-D），TA、TC、TD 处理在施肥后 40 d，TB 处理在施肥后 90 d 根围解磷细菌数量最高，高于其他处理，达到差异显著水平（$P<0.05$）。

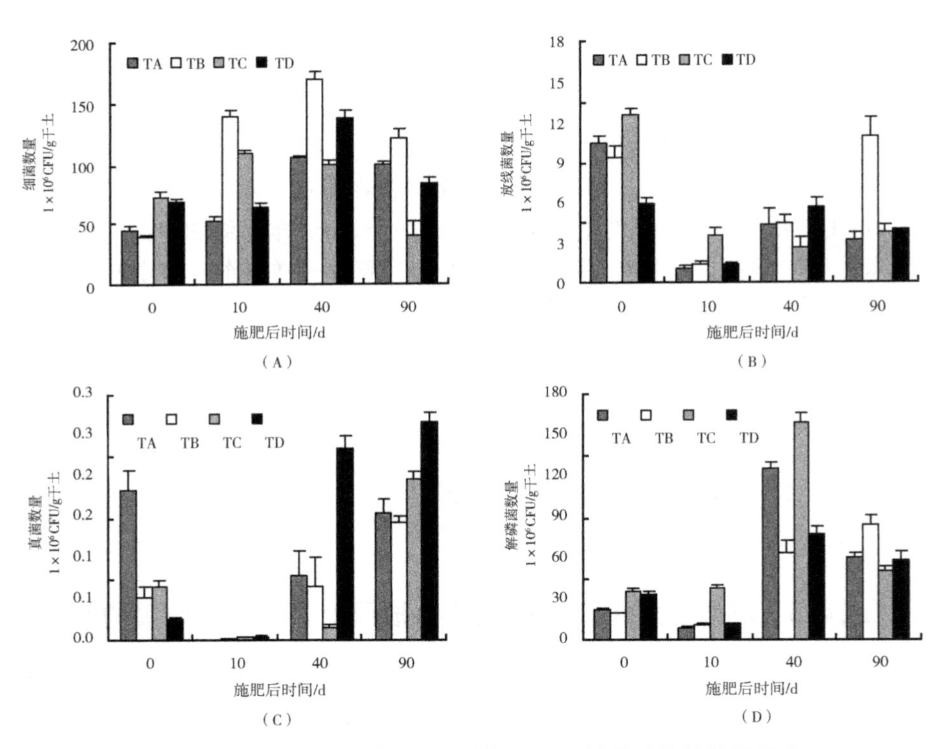

图 5-12　不同施肥方案对露地桑树根围土壤微生物数量的影响

5.4.4　不同施肥种类对盆栽桑树根围土壤微生物数量的影响

盆栽桑树施肥后 10 d TA 和 TC 处理根围细菌数量最高（图 5-13-A），之后呈下降趋势，TB 处理施肥后 40 d 最高，而 TD 处理刚施肥时最高。各处理桑树根围放线菌数量随施肥时期延长均呈急剧下降的趋势（图 5-13-B），施肥后 40 d 数量最低，而后又呈升高趋势。各处理桑树根围真菌数量在施肥后 10 d 最低（图 5-13-C），而后均呈急剧升高趋势。施肥后 10 d、40 d、90 d TB 处理桑树根围细菌数量高于其他处理，其中施肥后 40 d 达到差异显著水平（$P<0.01$）。

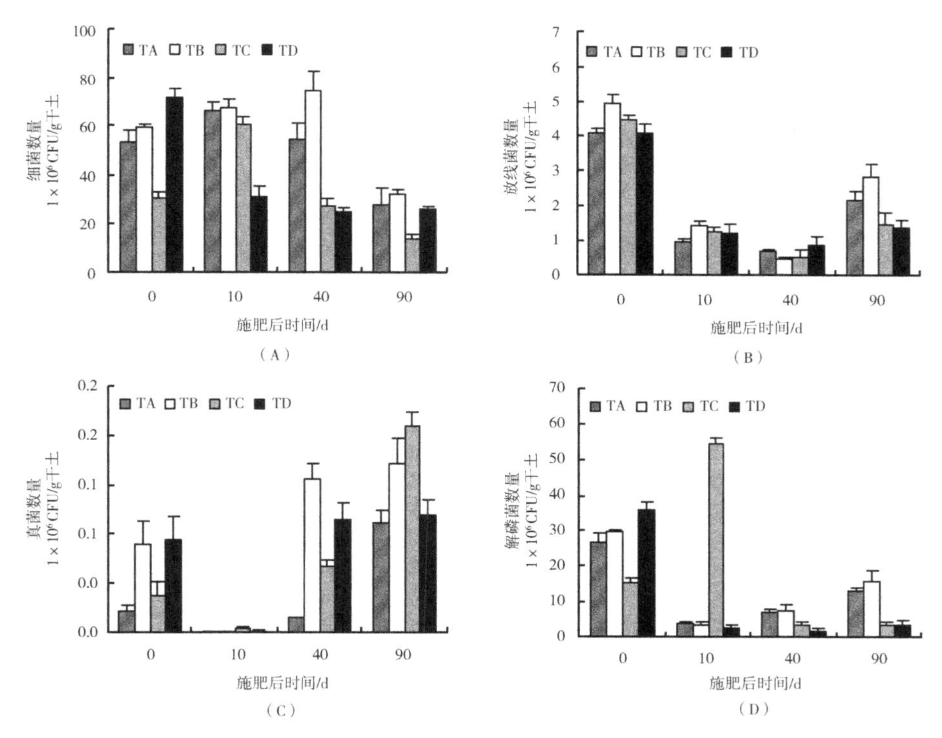

图 5-13　不同施肥方案对盆栽桑树根围土壤微生物数量的影响

盆栽桑树各处理的根围解磷细菌数量呈降低的趋势（图 5-13-D），其中 TC 处理在施肥后 10 d 解磷细菌数量急剧升高，高于其他施肥处理，达到差异显著水平（$P<0.01$），而后呈下降趋势。施肥后 40 d 和 90 d TB

处理的根围解磷细菌数量高于其他处理。

5.4.5 不同施肥种类对露地和盆栽桑树根围土壤细菌多样性和均匀度指数的影响

桑树根围细菌多样性随施肥方案和施肥后时间的不同而出现变化（表 4-10），露地桑树 TA 和 TB 处理根围细菌多样性随施肥后时间的增加而增加，而 TC 和 TD 处理则呈降低趋势，且 TC 处理施肥后 10 d 多样性指数最低。盆栽桑树 TA 和 TB 处理在施肥后 10 d 根围细菌多样性指数最低，施肥后 90 d 最高，而 TC 和 TD 处理在施肥后 90 d 最低。TA 和 TB 处理的露地和盆栽桑树的根围细菌多样性指数在施肥后 90 d 均高于 TC 和 TD 处理，且各处理均匀度指数均高于施肥后 10 d。

表 5-10 不同施肥方案对露地和盆栽桑树根围土壤细菌多样性和均匀度指数的影响

施肥方案及施肥后时间/d		露地			盆栽		
		多样性指数 H	多样性指数 D	均匀度指数 J	多样性指数 H	多样性指数 D	均匀度指数 J
TA	0	0.306	0.521 6	0.966 2	0.355 2	0.632 2	0.948 2
	10	0.326 3	0.736 3	0.902 2	0.167 4	0.281 6	0.461 8
	40	0.331 3	0.750 7	0.911 6	0.303 3	0.785 9	0.825 9
	90	0.514 3	0.790 7	0.978 7	0.454 9	0.84	0.960 2
TB	0	0.274 9	0.482 1	0.757 8	0.349	0.607 9	0.908 2
	10	0.317	0.620 2	0.733 3	0.184 2	0.342 8	0.493 5
	40	0.364 2	0.675 9	0.92 8	0.280 1	0.719 7	0.786 7
	90	0.584 8	0.687 5	0.963	0.424 1	0.722 2	0.984 9
TC	0	0.34	0.718 7	0.958 7	0.295 8	0.436 2	0.578
	10	0.086 2	0.157 4	0.245	0.345 6	0.498 7	0.905 9
	40	0.344 4	0.734 2	0.977 6	0.319 3	0.410 7	0.998 2
	90	0.254 9	0.64	0.960 2	0.282 2	0.357	0.985 1
TD	0	0.319 4	0.729 9	0.901 6	0.352 4	0.625 4	0.938 7
	10	0.330 9	0.738 8	0.793 2	0.107 2	0.190 1	0.351 6
	40	0.334 4	0.726 2	0.89 5	0.269 7	0.507 5	0.684 4
	90	0.268 1	0.643 8	0.912 2	0.308 6	0.408 3	0.944

5.4.6　不同施肥种类对露地和盆栽桑树根围土壤放线菌多样性和均匀度指数的影响

露地和盆栽桑树 TA 和 TB 处理在施肥后 10 d 根围放线菌多样性指数最低，在施肥后 90 d 最高，TC 处理在施肥后 90 d 最低，而 TD 处理的露地桑树在施肥后 10 d 最低，盆栽桑树在施肥后 90 d 最低（表 5-11）。露地和盆栽桑树 TA 和 TB 处理在施肥后 90 d 根围放线菌多样性指数均高于 TC 和 TD 处理。露地和盆栽桑树 TA 和 TB 处理的均匀度指数于施肥后 10 d 最低，而 TC 处理于施肥后 90 d 最低（表 5-11）。

表 5-11　不同施肥方案对露地和盆栽桑树根围土壤放线菌多样性和均匀度指数的影响

施肥方案及施肥后时间（d）		露地			盆栽		
		多样性指数 H	多样性指数 D	均匀度指数 J	多样性指数 H	多样性指数 D	均匀度指数 J
TA	0	0.318 8	0.797 2	0.923 4	0.295 5	0.693 9	0.923 8
	10	0.280 2	0.678 1	0.772 1	0.285	0.603 9	0.766 9
	40	0.308 2	0.734 6	0.895	0.337 3	0.611 1	0.921 2
	90	0.440 5	0.851 6	0.990 5	0.477	0.816	0.921 2
TB	0	0.322 9	0.705	0.912 7	0.309 3	0.803 3	0.908 3
	10	0.272 2	0.722 2	0.838 3	0.296 2	0.593 7	0.519 7
	40	0.331 7	0.768 7	0.937 5	0.343 7	0.784	0.886 9
	90	0.389 2	0.846 4	0.884 9	0.631 3	0.781 1	0.910 5
TC	0	0.308 8	0.815	0.925	0.301 8	0.822 5	0.981 6
	10	0.293 7	0.64	0.839 4	0.317 7	0.75	0.804 4
	40	0.307 5	0.646 8	0.789 9	0.296 2	0.644 6	0.861 2
	90	0.254 9	0.624 6	0.660 2	0.211 4	0.611 1	0.720 6
TD	0	0.331 4	0.786 7	0.917	0.327 2	0.752 8	0.924 5
	10	0.298 2	0.611 1	0.883 6	0.299	0.801 5	0.731 2
	40	0.328 8	0.647 2	0.831 9	0.323 9	0.747 9	0.922 4
	90	0.311 4	0.686 4	0.920 6	0.294 3	0.593 7	0.886 9

5.4.7 不同施肥种类对露地和盆栽桑树根围土壤真菌多样性和均匀度指数的影响

露地桑树 TA 和 TB 处理在施肥后 10 d 根围真菌多样性指数最低，施肥后 40 d 最高，而 TC 和 TD 处理则于施肥后 10 d 最低，在施肥后 90 d 最高；盆栽桑树各处理在施肥后 10 d 根围真菌多样性指数最低，TA、TB 和 TC 处理在施肥后 90 d 最高，而 TD 处理在施肥后 40 d 最高（表 5-12）。露地桑树在施肥后 90 d TC 和 TD 处理的多样性指数均高于 TA 和 TB 处理。露地桑树 TA 和 TB 处理在施肥后 40 d 均匀度指数最高，盆栽桑树 TA 和 TB 处理在施肥后 90 d 均匀度指数最高，而 TC 和 TD 处理在施肥后 40 d 最高（表 5-12）。

表 5-12 不同施肥方案对露地和盆栽桑树根围土壤真菌多样性和均匀度指数的影响

施肥方案及施肥后时间/d		露地			盆栽		
		多样性指数 H	多样性指数 D	均匀度指数 J	多样性指数 H	多样性指数 D	均匀度指数 J
TA	0	0.322 6	0.591 7	0.987 3	0.346 6	0.625	0.946 4
	10	0.246	0.42	0.937 2	0.173 6	0.331 1	0.494 1
	40	0.366 2	0.666 7	1	0.324 7	0.571 4	0.869 9
	90	0.259 2	0.48	0.844 5	0.359 7	0.719 7	0.952
TB	0	0.343 7	0.522 2	0.745	0.339 7	0.62	0.789 7
	10	0.067 6	0.117 2	0.337 3	0.279 8	0.5	0.561
	40	0.301 1	0.565	0.959 2	0.357 6	0.64	0.960 2
	90	0.238 9	0.333 7	0.894	0.379	0.653 1	0.982 1
TC	0	0.330 5	0.48	0.811 3	0.346 6	0.444 4	0.946 4
	10	0.248 5	0.375	0.571	0.279 8	0.41	0.789 7
	40	0.346 6	0.5	1	0.330 5	0.5	0.971
	90	0.693 1	0.5	1	0.636 5	0.625	0.91 83
TD	0	0.346 6	0.5	1	0.346 6	0.64	0.842 7
	10	0.248 5	0.329 9	0.611 3	0.327 7	0.5	0.543 1
	40	0.514 5	0.375	0.738 3	0.364 4	0.660 3	0.993 8
	90	1.054 9	0.64	0.960 2	0.354 9	0.64	0.960 2

5.4.8　不同施肥种类对露地和盆栽桑树根围土壤解磷细菌多样性和均匀度指数的影响

露地桑树各处理在施肥后 10 d 根围解磷细菌多样性指数最低，TA、TB 和 TC 处理在施肥后 40 d 最高，而 TD 处理在刚施肥时最高（表 5-13）。盆栽桑树 TA 和 TC 处理在施肥后 10 d 根围解磷细菌多样性及均匀度指数最低，TB 处理在施肥后 40 d 最低（表 5-13）。

表 5-13　不同施肥方案对露地和盆栽桑树根围土壤解磷细菌多样性和均匀度指数的影响

施肥方案及施肥后时间/d		露地			盆栽		
		多样性指数 H	多样性指数 D	均匀度指数 J	多样性指数 H	多样性指数 D	均匀度指数 J
TA	0	0.916 5	0.680 6	0.843 8	1.641 7	0.776 9	0.916 3
	10	0.062 8	0.022 7	0.090 5	0.450 6	0.277 8	0.65
	40	1.358	0.762	0.854 2	0.679 2	0.486 1	0.979 9
	90	1.153 7	0.612 2	0.832 3	1.277	0.693 9	0.921 2
TB	0	0.417 6	0.694 4	0.840 2	1.437 7	0.724 5	0.893 3
	10	0.352 2	0.250 9	0.602 4	0.950 3	0.56	0.865
	40	1.504 8	0.76	0.961	0.803 3	0.48	0.731 2
	90	1.332 2	0.72	0.935	1.236 7	0.680 6	0.892 1
TC	0	0.398 4	0.365 4	0.362 7	1.024 7	0.743 8	0.912 2
	10	0.046 6	0.190 2	0.067 2	0.407 1	0.242 5	0.587 3
	40	1.523	0.415 9	0.946 3	1.468 1	0.769 2	0.947 4
	90	0.562 3	0.375	0.811 3	1.305	0.629 6	0.941 4
TD	0	1.494 2	0.75	0.928 4	1.677	0.790 1	0.935 9
	10	0.370 8	0.214 2	0.534 9	0.693 2	0.5	0.821 6
	40	1.366 2	0.74	0.985 5	0.673	0.48	0.724 8
	90	1.386 3	0.75	1	0.796 3	0.449	0.971

5.4.9　小结

土壤微生物多样性受土壤类型与土壤管理措施的影响。施肥对农田生态系统有重要影响，主要通过提高农作物生物产量，增加土壤中作物残茬和根等有机质的输入，从而影响土壤微生物量及其活性，进而影响土壤呼吸，改变土壤有机质的动态和碳贮量（杨景成，2003；侯晓杰等，2007）。施用有机肥料能够显著提高土壤微生物数量（李娟等，2008）。有研究表明，施用有机-无机肥增加了细菌数量，减少了真菌数量（Nanda et al.，1998）。李秀英等研究表明，氮、磷、钾配合有机肥或秸秆，尤其配合有机肥情况下，不仅土壤微生物数量高于不施肥和施用化肥的农田土壤，而且其中细菌和放线菌数量也高于撂荒土壤，所以在施用化肥基础上，配合施用适量有机肥或秸秆，即使在作物地上部移出农田的情况下，土壤微生物的数量有可能像自然撂荒土壤一样得到保持（李秀英等，2005）。本研究表明，露地桑树施入3 000 kg/hm^{2}有机-无机桑树专用复混肥（TA）和3 750 kg/hm^{2}有机-无机桑树专用复混肥（TB），根围细菌多样性随施肥时间呈增加趋势；而施入与TA处理等氮的尿素，即纯氮450 kg/hm^2（TC）、与TA处理等氮、磷、钾的复合肥（TD），根围细菌多样性则呈降低趋势（表5-10），且TB处理桑树根围土壤中细菌数量显著高于其他处理（$P<0.05$）（图5-12），由此也初步证实了有机肥的施用能显著地提高桑树根围土壤中细菌的数量与多样性（罗安程等，1999；罗希茜等，2009）。有机肥带入的活性有机碳源是微生物增殖的主要原因之一。由于大多数土壤特别是酸性红壤含有机质都不高，而且这部分有机质有相当一部分是微生物难以利用的腐殖质。因此，大部分微生物在土壤中实际上处于一种低营养状态（Alexander et al.，1977）。当有新鲜有机质进入土壤后，为微生物提供了新的能源，使微生物在种群数量上发生较大的改变；另一方面，有机肥本身也带入大量活的微生物，有机肥的施入在某种程度上起到了“接种”的作用。

TB施肥方案是根据桑树养分需求规律施肥（张竹青等，2008），一方面为桑树的生长创造了良好的土壤肥力条件，从而为土壤微生物提供了良好的生态环境；另一方面，提高了肥料利用率，减少了土壤中养分的累积，较传统施肥（TC处理）缓和了土壤酸化的趋势，从而减轻了盐分对作物与土壤微生物的胁迫，创造了有利于土壤微生物活动的场所（中卫收等，2008）。多年生桑树随着定植年限的增加，如果不合理施肥可能改变微生物群落结构，降低有益微生物数量，进而影响根系对养分吸收，并且增加土壤传播病菌数量（谭周进等，2007；中卫收等，2008），使桑树病害发生的风险增大。TB施肥方案根据桑树养分需求规律施肥，在提高了土壤微生物活性及多样性的同时，也改善了土壤微生物区系，增加了有益微生物的数量，有利于土壤中抗菌素和激素类物质的增加，对各种土壤传播病菌起一定的抑制作用，并有利于根系对养分的吸收。

总之，TA和TB施肥方案符合桑树养分需求，与TC施肥方案相比较，提高了土壤中微生物的活性，也提高了土壤中微生物多样性，改善了土壤微生物区系，有利于有益微生物的存活。根据桑树养分需求规律制定施肥方案，可使桑园土壤微生物群落朝有利方面演替。今后需结合微生物分子生物学方法，揭示桑园土壤微生物群落结构变化及其与生态功能的关系。此外，依据作物桑树养分需求规律施肥相对于传统施肥方案可提高桑树根围土壤微生物活性及多样性，还需长期的肥料定位试验进一步验证。

参考文献

葛晓光，张恩平，高慧，等，2004. 长期施肥条件下菜田-蔬菜生态系统变化的研究——Ⅱ土壤理化性质的变化［J］. 园艺学报，31（2）：178-182.

侯晓杰，汪景宽，李世朋，2007. 不同施肥处理与地膜覆盖对土壤微生物群落功能多样性的影响［J］. 生态学报，27（2）：655-661.

李娟，赵秉强，李秀英，等，2008. 长期有机无机肥料配施对土壤微生物学特性及土壤肥力的影响［J］. 中国农业科学（1）：144-152.

李秀英，赵秉强，李絮花，等，2005. 不同施肥制度对土壤微生物的影响及其与土壤肥力的关系［J］. 中国农业科学（8）：1591-1599.

罗安程，Subedi T B，章永松，等，1999. 有机肥对水稻根际土壤中微生物和酶活性的影响［J］. 植物营养与肥料学报，5（4）：321-327.

罗希茜，郝晓晖，陈涛，等，2009. 长期不同施肥对稻田土壤微生物群落功能多样性的影响［J］. 生态学报，29（2）：740-748.

谭周进，周卫军，张杨珠，等，2007. 不同施肥制度对稻田土壤微生物的影响研究［J］. 植物营养与肥料学报，13（3）：430-435.

佟秀珠，蔡妙英，2001. 常见细菌系统鉴定手册［M］. 北京：科学出版社：62-398.

吴凡，李传荣，崔萍，等，2008. 不同肥力条件下的桑树根际微生物种群分析［J］. 生态学报，28（6）：2674-2681.

徐阳春，沈其荣，冉炜，2002. 长期免耕与施用有机肥对土壤微生物生物量碳、氮、磷的影响［J］. 土壤学报，39（1）：89-96.

杨景成，韩兴国，黄建辉，等，2003. 土地利用变化对陆地生态系统碳贮量的影响［J］. 应用生态学报，14（8）：1385-1390.

张逸飞，钟文辉，李忠佩，等，2006. 长期不同施肥处理对红壤水稻土酶活性及微生物群落功能多样性的影响［J］. 生态与农村环境学报，22（4）：39-44.

张竹青，2008. 湖北省桑园养分障碍因子及配方施肥研究［M］. 北京：北京林业大学.

中卫收，林先贵，张华勇，等，2008. 不同施肥处理下蔬菜塑料大棚土壤微生物活性及功能多样性［J］. 生态学报，28（6）：2682-2689.

Alexander M,1977. Introduction to soil microbiology (2nd Edition)[M]. New York:John Wiley & Sons,Inc:1-3.

Bardgett R D,Speir T W,Ross D J,et al.,1994. Impact of pasture contamination by copper,chromium,and arsenic timber preservative on soil microbial properties and nematodes[J]. Biol Feail Soils,18(1):71-79.

Fauci M F,Dick R P,1994. Soil microbial dynamics:short-and long-term effects of organic and inorganic nitrogen [J]. Soil Science Society of America Journal,58(3):801-806.

Insam H, Hutchinson T C, Reber H H, 1996. Effects of heavy metal stress on the metabolic quotient of the soil microflora[J]. Soil Biology and Biochemistry,28(4-5):691-694.

Lovell R D,Jarvis S C,Bardgett R D,1995. Soil microbial biomass and activity in long-term grassland: effects of management change[J]. Soil Biology and Biochemistry,27(7):969-975.

Nanda S K,Das P K,Behera B,1998. Effects of continuous manuring on microbial population,ammonification and CO_2 evolution in a rice soil[J]. Oryza,25(4):413-416.

第6章 施肥与土壤微生物种群结构

在蚕桑生产中，不合理施肥是导致桑树产量下降和品质变劣的主要因素之一，如无机肥料的施入尤其是氮肥对桑树产叶量增产效果明显，但是，近年来氮肥的超量施用造成了桑园土壤营养不平衡，氮肥利用率下降，土壤酸化、板结，土壤微生物类群的多样性降低，桑园土壤生态系统的稳定性遭到破坏。如何改进施肥措施，营造一个健康的土壤环境，为桑树的高产优质及可持续发展服务，是桑树栽培工作者研究的重点。一般来说，评价土壤健康的方法有3种，物理、化学及生物的指标。物理、化学指标具有滞后性，只有生物指标才是对土壤环境变化敏感的指标。生物指标中的土壤微生物是土壤生态系统的重要组成成分，它直接参与土壤的物质转化、养分的释放和固定过程，对土壤肥力的演变、植物有效养分的持续供给、有害生物的综合防治及土壤修复起着举足轻重的作用。土壤微生物群落结构组成的多样性和均匀性可作为评价土壤环境和土壤肥力变化的灵敏生物指标。因此，深入系统地研究施肥对桑树根围土壤微生物种群结构及功能多样性的影响，从而提出合理有效的桑树施肥管理技术，对提高桑园土壤的微生物活性，增加土壤微生物多样性，修复桑园土壤，减少病害的发生，减轻环境污染，促进蚕桑产业的可持续发展具有重要的科学意义。

土壤微生物在养分循环和土壤结构维持中起着关键作用，其多样性是一个重要的参数。而土壤微生物多样性受肥料管理的影响。肥料施用对土壤微生物多样性的影响非常复杂，可能与肥料类型、施用模式（施用率和持续时间）、土壤类型以及其他因素有关（Yu et al.，2014；Lupwayi et al.，2012）。无机肥料，特别是氮肥可以提高作物产量，但长期施用会显著影响土壤的质量和生产能力。然而，关于无机肥料对土壤微生物群落和功能多样性的长期影响仍然存在不确定性。一些研究表明，无机肥料增加了生物量碳（C）和氮（N），但Lovell等（1995）报道，长期施氮降低了微生物的功能多样性。还有研究表明，一定量的氮对土壤微生物生物量、群落结构或功能多样性没有影响（Ogilvie et al.，2008；Lupwayi et al.，2012）。然而，在桑树种植中，无机肥料对土壤性质的影响，特别是对土壤微生物丰度、群落结构和功能多样性的影响尚不清楚。

6.1 长期偏施氮肥对桑园土壤微生物种群结构的影响

6.1.1 试验设计与土壤样品采集

同第2章2.1.1。

6.1.2 土壤细菌群落结构多样性检测方法（DGGE技术）

（1）土壤DNA提取。每个处理组取5 g土样，按照e.Z.N.A Soil DNA Kit试剂盒（Omega Bio-Tec，USA）的操作步骤，提取土壤微生物总DNA。

（2）16S rDNA V3片段的PCR扩增。以提取的土壤微生物总DNA为模板进行PCR扩增。正、反向引物分别为：GC-F341（5′-CGCCCGCCGCGCGCGGCGGGCGGGGCGGGGGCACGGGGGGCCTACGGGAGGCAGCAG-3′）和R518（5′-ATTACCGCGGCTGCTGG-3′）。

（3）30 μL的反应体系。10×PCR buffer（含Mg^{2+}）3 μL，2.5 mmol/L dNTPs 2.4 μL，10 μmol/L上、下游引物各0.6 μL，5 U/μL Taq酶0.2 μL，10 ng/μL模板DNA 3 μL，ddH_2O 20.2 μL。

（4）PCR扩增采用Touchdown程序。94 ℃预变性5 min；94 ℃变性1 min，65~55 ℃退火1 min，72 ℃延伸1 min，共36个循环（退火温度从65~55 ℃，每一循环降低0.5 ℃，随后15个循环保持55 ℃）；72 ℃最终延伸7 min。2%琼脂糖凝胶电泳检测PCR产物，采用SYBR green Ⅰ染色。

（5）变性梯度凝胶电泳（DGGE）分离16S rDNA V3片段PCR产物。采用Bio-Rad D Gene系统（Bio-Rad Laboratories，Hercules，CA，USA）分离PCR产物。

变性胶的制备：使用梯度胶电动生成器，制备变性剂浓度为45%~75%（100%的变性剂为7 mol/L的尿素和40%去离子甲酰胺的混合物）的 8%聚丙烯酰胺凝胶，其中变性剂的浓度从胶的上方到下方依次递增。室温静置 1 h 以上，使其凝固。

预电泳：待变性胶完全凝固后，拔掉梳子，在上槽中倒入 1×TAE 电泳缓冲液（约 500 mL），检查是否滴漏。然后将胶架放入盛有 1×TAE 电泳缓冲液的电泳槽中，设定温度 60 ℃，电压 80 V，进行预电泳，时间为 1 h。

上样和电泳：预电泳完毕后，用 5 mL 的移液枪吹打上样孔，除净残胶和尿素。将 15 μL PCR 产物与 8 μL 的 6×Loading buffer 混匀后，加入上样孔，60 ℃，80 V 条件下，电泳 17 h。

染色：电泳完毕后，关闭电源，一分钟后取出胶架，取下短玻璃板，切角标记，用去离子水冲洗凝胶表面。取 2.5 μL SYBR green Ⅰ 加入 25 mL 1×TAE 中，混匀，然后将配好的染液轻轻地倒在胶板上，让染液均匀地覆盖整个胶板，避光染色 30 min。

拍照：染色完毕后，起胶，放入装有去离子水的盘中，将胶片赶至盘边成折叠状长条，两手同时捞起胶条，放入已铺水的拍照平台上，轻柔移动胶片，使其摆正，缺角在左侧。用 DOC XR^+ 型凝胶成像系统（Bio-Rad）分析，观察每个样品的电泳条带并拍照。

变性梯度凝胶电泳（DGGE）条带的回收测序：用灭菌的手术刀片将不同迁移率的 DGGE 条带尽可能多的进行切割，放入含 30 μL TE 溶液的 EP 管中，70 ℃水浴 2 h 后，4 ℃放置过夜，取 1 μL 该溶液为模板，以 16S rDNA 引物 F341（不含 GC 夹子）和 R534 对回收产物进行 PCR 扩增，扩增体系和程序同上。利用回收试剂盒将 PCR 产物回收纯化并检测后送公司（上海生工）测序。将测定的 16S rDNA V3 区序列上传至 NCBI 的 GenBank 数据库中，并进行 BLAST 比对。

DGGE 图谱和多样性分析：采用 Quantity One 4.62（Bio-Rad）软件对 DGGE 图像条带进行数字化处理，并对电泳条带多少、条带密度和多样性指数进行分析。DGGE 条带聚类分析采用 UPGMA 运算法则，得到各个样品之间的细菌结构组成，根据聚类分析图谱分析出各个施肥处理桑树根围土壤微生物组成之间的多样性信息。利用香农指数（H）和丰度（S）等指标来比较各个土壤样品的细菌的多样性。其算法为 $H=-\sum Pi\ lnPi$，$E=H/lnS$。其中，Pi 是土壤样品中单一条带的强度在该样品所有条带总强度中所占的比率，S 是某个土壤样品中所有条带数目总和。

6.1.3 土壤细菌种群结构及丰度检测方法

采用 Illumina Miseq 测序技术检测细菌种群结构及丰度。

（1）土壤总 DNA 的提取。从每一个样本中取 0.3 g 新鲜土壤用于抽提 DNA，剩余样本继续保存在-20 ℃下以留备用。土壤微生物全基因组 DNA 的提取采用 e. Z. N. A Soil DNA Kit（康为世纪）试剂盒。根使用 1% 琼脂糖凝胶确保提取 DNA 的质量。

（2）细菌 16S rRNA 基因的特异性扩增。通过使用条形码融合引物 [正向引物：341F CCTACACGCGCTTCGCTN（条形码）CCTACGGNGGC-WGCAG，反向引物：805R GACTGGGGAGTTCCTTGGCACCCCGATTCCA-GAGAGCCAGATCCAGATCCAGATCCAGAGAGACACAGCTCGTCGCTN] 从微生物基因组 DNA 中扩增出 16S rRNA 基因的 V3-V4 高变区。

反应混合物（50 μL）包含：5 μL 10×PCR 反应缓冲液（TakaRa）、10 ng DNA 模板、0.5 μL 每个引物、0.5 μL dNTPs 和 0.5 μL plantium Taq DNA 聚合酶（TakaRa）。

PCR 条件为：94 ℃ 3 分钟，94 ℃ 30 秒，45 ℃退火 20 秒，65 ℃退火 30 秒，重复 5 个循环，然后 94 ℃退火 20 秒，55 ℃退火 20 秒，72 ℃退火 30 秒，重复 20 个循环，在 72 ℃下进行 5 分钟的最终延伸。

（3）纯化测序。从 1.5%琼脂糖凝胶中切下 PCR 产物，并使用胶提取试剂盒进行回收纯化。采用 Illumina Miseq（Illumina, San Diego, CA, USA）平台双端法对 V3 和 V4 扩增子进行测序。

6.1.4 土壤氨氧化微生物检测方法

（1）RT-PCR 定量分析。以提取的桑园土壤微生物总 DNA 为模板，利用 iCycler iQ5 扩增仪（Bio-Rad，USA）对氨氧化细菌（AOB）和氨氧化古菌（AOA）的 *amoA* 基因进行荧光定量 PCR 测定，表 6-1 中列出了所用引物和 *Taq*Man 探针的浓度。

AOA *amoA* 基因扩增体系（20 μL）：10 μL SYBR© Premix Ex Taq™（Takara，Japan），2 μL 牛血清白蛋白（25 mg/mL），正反引物各 0.5μL（10 μM），DNA 稀释液 2 μL（1~10 ng）作为模板。

AOB *amoA* 基因扩增体系（25 μL）：2.5 U HotStar Taq DNA 聚合酶（Qiagen，Valencia，CA），正反引物各 0.5 μL（10 μM），DNA 稀释液 2

μL（1~10 ng）作为模板。

（2）数据分析。采用 iCycler 软件（version 1. 0. 1384. 0 CR）进行定量 PCR 分析及标准曲线测定，具体方法参见前人研究（He et al.，2007；Shen et al.，2008），PCR 效率为 90%~100%，R^2为 0. 98~0. 99。

（3）PCR 扩增和变性梯度凝胶电泳（DGGE）。以提取的土壤微生物总 DNA 为模板，分别利用 AOB 与 AOA 的 *amoA* 基因特异性引物对 *amoA* 基因进行扩增（表 6-1）。

扩增体系（30 μL）：2×Es *Taq* MasterMix 15 μL，正反引物各 10 $\mu mol \cdot L^{-1}$ 1. 2 μL，DNA 模板 3μL，RNase-Free Water 9. 6 μL。反应程序见表 6-1。扩增完成后，取 5 μL 的 PCR 产物，利用 1%琼脂糖凝胶检测扩增效果。

采用 Bio-Rad D Gene 系统（Bio-Rad Laboratories，Hercules，CA，USA）分离 PCR 产物。AOA *amoA* 基因 PCR 产物的分离采用 8%聚丙烯酰胺凝胶，15%~55%变性梯度；AOB *amoA* 基因 PCR 产物分离采用 6%聚丙烯酰胺凝胶，30%~60%变性梯度，DGGE 电泳缓冲液为 1×TAE。AOB 目的基因扩增产物分离的电压 80 V，电泳时间 14 h；AOA 目的基因扩增产物分离的电压先是 200 V、10 min，然后 80 V、16 h。DGGE 电泳结束后，利用 SYBR Green 核酸染料染色后，立即用 Gel DOC™XR⁺ 型号凝胶成像系统（Bio-Rad Laboratories，Hercules，CA，USA）成像和拍照。

（4）克隆和测序及序列分析。将不同土壤样品的主要 DGGE 条带切胶并进行克隆和测序分析。以回收好的 DNA 条带溶液为模板，分别用引物 *amoA*1F/*amoA*2R 和 Arch *amoA*F/Arch *amoA*R 进行再扩增，按照纯化试剂盒的操作步骤将 PCR 产物进行纯化，纯化后的 PCR 产物连接到 pMDTM18-T vector（Promega，USA）载体上，之后将连接产物转化 DH5α，37 ℃培养后，根据蓝白斑筛选的原理，挑取阳性克隆子，进行菌落 PCR 鉴定，之后对 PCR 验证阳性的克隆子中的外源片段进行测序，将测序得到的 *amoA* 基因序列提交 GenBank 数据库，AOB 数据库登录号为 KX036835-KX036853，AOA 数据库登录号为 KX036800-KX036814。

运用 CHECK-CHIMERA 程序在 RDP（Ribosomal Database Project）在线数据库进行嵌合体检验，去除嵌合及怪异序列。所有获得序列在 GenBank 数据库进行比对分析，由 BLAST 去掉同源性对比相同的结果，

选取文库中 *amoA* 基因序列和已知环境样品进行分析，共同构建系统发育树。使用 MEGA5. 1（Molecular Evolutionary Genetics Analysis，MEGA）软件构建系统发育树。

（5）数据处理与统计分析。获得的 DGGE 图谱采用 Quantity one 4. 6. 2（Bio-Rad）软件对其进行数据分析，分别对电泳条带多少、条带密度和多样性 3 个方面进行分析。参照郭正刚等（2004）的方法，采用多样性指数 Shannon（H）、均匀度指数 Pielou（E）分析 DGGE 图谱。计算公式为 $H=-\sum P_i\ln P_i$，$E=H/\ln S$。式中，$P_i=N_i/N$，N_i为属 i 的单菌落数量，N 为土样中总单菌落数量，S 为属 i 所在土样中属的数目。荧光定量 PCR 基因拷贝数均进行以 10 为底的对数转换。采用 SPSS 19. 0 进行单因素方差分析（one-way ANOVA）、Tukey 多重比较试验，用皮尔森相关分析进行氨氧化微生物多样性指数与土壤理化指标间的相关性分析。

6. 1. 5　不同氮肥施用年限桑园土壤细菌 16S rDNA 的 PCR-DGGE 分析

不同氮肥施用年限各样品 PCR 产物 DGGE 图谱的统计结果表明，3 个处理各取样时期共分离出 26~37 条主要条带，3 月为 36 条，5 月为 26 条，7 月为 36 条，9 月为 35 条，11 月为 37 条（图 6-1）。不同处理土壤样品分离到的条带数目不等，不同处理中存在共有条带，但条带亮度和条带位置发生了改变，说明氮肥施用年限对土壤细菌群落结构产生了影响。

以香农指数 H 和丰富度指数 S 来比较不同氮肥施用年限桑园土壤细菌群落结构的多样性特性。由表 6-2 可知，不同氮肥施用年限桑园土壤细菌群落的香农指数存在差异，在 3 月 32Y 土壤香农指数和丰度均高于 17Y 和 4Y 土壤，而在 7 月和 11 月 17Y 土壤的香农指数和丰度最高，高于 32Y 和 4Y 土壤。从全年取样的变化规律来看，17Y 土壤的香农指数在 3 月较高，5 月骤然下降到最低值，之后呈上升趋势，并于 11 月香农指数和丰度均达最大。32Y 土壤的香农指数和丰度在 3 月最高，5 月最低。4Y 土壤的香农指数和丰度于 9 月最高，而于 5 月最低。

表 6-1　变性梯度凝胶电泳（DGGE）和实时荧光定量 PCR 扩增引物、探针序列以及反应程序

目标基因		引物和探针	引物序列（5′-3′）	扩增长度（bp）	浓度（nM）	PCR 反应程序
AOB *amoA* 基因	实时荧光定量 PCR	Primer A179	GGHGACTGGGAYTTCTGG	670	100	95 ℃预变性 5 min，94 ℃变性 60 s，57 ℃退火 45 s，72 ℃延伸 45 s，40 个循环；72 ℃延伸 10 min
		Primer *amoA*-2R′	CCTCKGSAAAGCCTTCTTC		100	
		Probe A337	TTCTACTGGTGGTCRCACTACCCCAT-CAACT		120	
	DGGE	Primer*amoA*-1F	GGGGTTTCTACTGGTGGT	491	100	95 ℃预变性 3 min，95 ℃变性 60 s，55 ℃退火 45 s，72 ℃延伸 60 s，40 个循环；72 ℃延伸 10 min
		Primer*amoA*-2R	CCCCTCKGSAAAGCCTTCTTC		100	
AOA *amoA* 基因	实时荧光定量 PCR	Primer Arch-*amoA*F	STAATGGTCTGGCTTAGACG	635	100	94 ℃预变性 2 min，94 ℃变性 45 s，53 ℃退火 60 s，68 ℃延伸 45 s，40 个循环；72 ℃延伸 10 min
		Primer Arch-*amoA*R	GCGGCCATCCATCTGTATGT		100	
	DGGE	Primer Cren*amoA*-23f	ATGGTCTGGCTWAGACG	628	100	94 ℃预变性 5 min，94 ℃变性 30 s，55 ℃退火 30 s，72 ℃延伸 60 s，40 个循环；72 ℃延伸 10 min
		Primer Cren*amoA*-616r	GCCATCCATCTGTATGTCCA		100	

AOB 探针 5′端结合发光集团 FAM（6-羧基荧光素），3′端结合猝灭集团 TAMRA（四甲基-6-羧基罗丹明）（Takara Bio，Japan）

表 6-2　桑树根围土壤微生物 DGGE 图谱的多样性指数

处理	多样性指数	3 月	5 月	7 月	9 月	11 月
T1（17Y）	香农指数 H	3.40	3.23	3.52	3.51	3.57
	丰富度指数 S	31	26	36	35	37
T2（32Y）	香农指数 H	3.56	3.26	3.46	3.39	3.52
	丰富度指数 S	36	27	34	31	35
T3（4Y）	香农指数 H	3.40	3.25	3.44	3.52	3.49
	丰富度指数 S	31	26	33	35	34

DGGE 图谱中不同泳道同一位置的条带认定为同一个种群，以相同数字进行标记。将图 6-1 中所标记的 9 条 DGGE 条带进行切胶回收、PCR 扩增和克隆测序，将所测得的序列信息与 NCBI GenBank 数据库中已知的序列进行比对得到结果如表 6-3。回收的条带序列与不可培养的细菌同源

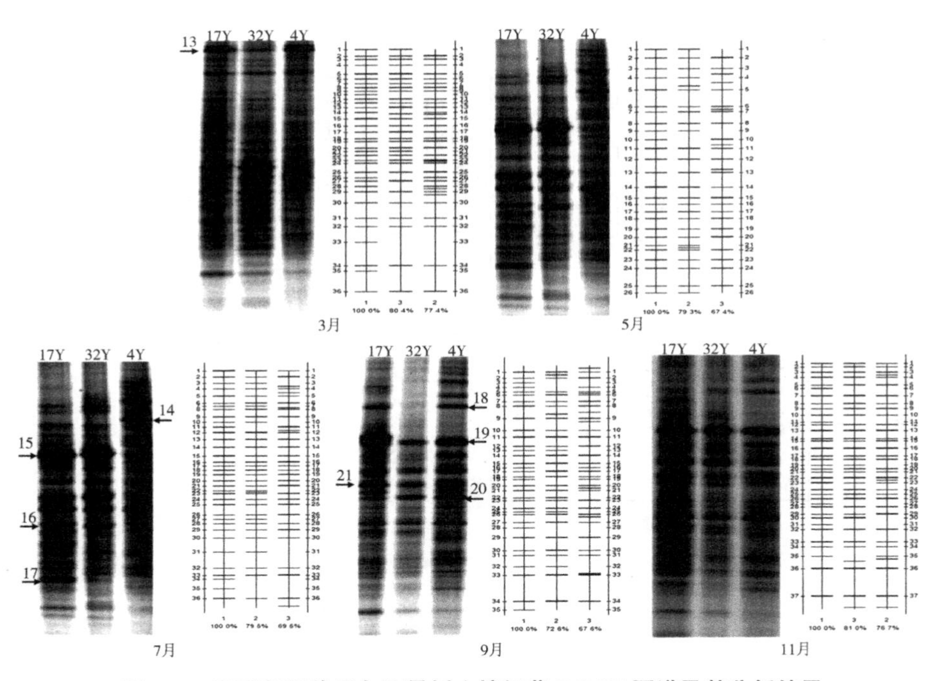

图 6-1　不同氮肥施用年限桑树土壤细菌 DGGE 图谱及其分析结果

性在 95%以上。这些测得的条带序列经 BLAST 比对后可分为 3 大细菌类群：变形菌门（Proteobacteria）、酸杆菌门（Acidobacteria）和厚壁菌门（Firmicutes）。

表 6-3　测序比对结果

条带号	GenBank. 登录号	E 值	最大相似度	物种	所属门类
13	HE794931. 1	3. 00E-97	100%	不可培养细菌	*Pseudomonadaceae*, *Pseudomonas*
14	EU299466. 1	3. 00E-92	100%	不可培养细菌	*Firmicutes*
15	DQ223199. 1	1. 00E-82	96%	不可培养细菌	*Proteobacteria*
16	HM438206. 1	8. 00E-73	100%	不可培养细菌	*Acidobacteriaceae*
17	JQ436892. 1	2. 00E-79	100%	不可培养细菌	*Rhodospirillaceae*; *Azospirillum*
18	DQ223199. 1	1. 00E-81	95%	不可培养细菌	*Proteobacteria*
19	JQ726698. 1	1. 00E-96	100%	不可培养细菌	*Enterobacteriaceae*; *Enterobacter*
20	GU936342. 1	5. 00E-80	99%	不可培养细菌	*Acidobacteria*
21	JQ690345. 1	6. 00E-95	99%	不可培养细菌	*Enterobacteriaceae*; *Pectobacterium*

6. 1. 6　不同氮肥施用年限桑园土壤细菌种群结构及多样性变化

氮肥施用年限显著影响桑园土壤中细菌的丰度和多样性指数（表 6-4）。从 3 组 OTU 的数量来看，我们发现细菌多样性随着氮肥施用年限的增加而减少（表 6-4）。逐步回归分析表明，OTU 数量与土壤有机质含量和 pH 值相关（表 6-5）。Chao1 指数反映细菌相对丰度，连续施用氮肥后，Chao1 指数显著降低（$P<0.05$；表 6-4），表明细菌相对丰度随着氮肥施用年限的增长而降低。UniFrac 距离矩阵的主坐标分析（PCoA）表明，这种变化主要由氮肥施用年限引起。4Y 土壤与 17Y 和 32Y 土壤间离散距离较远（图 6-2），表明氮肥施用年限影响土壤细菌的群落结构。

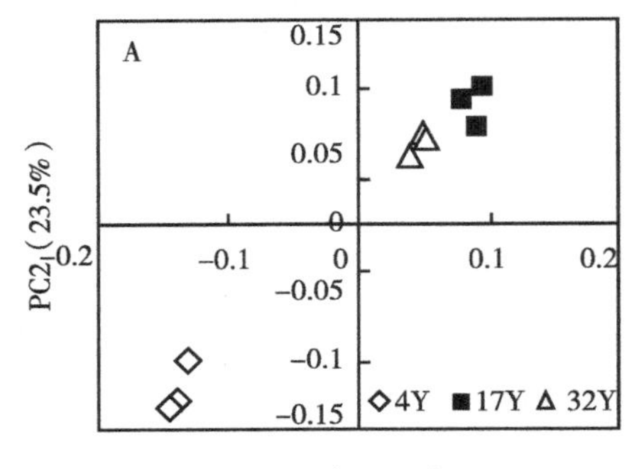

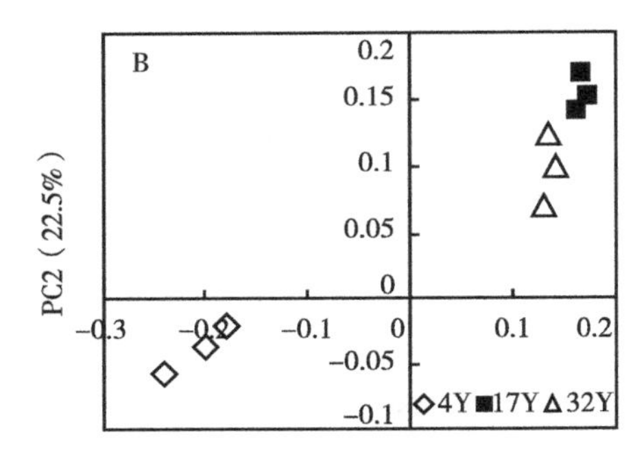

图 6-2 2013 年（A）和 2014 年（B）不同氮肥施用年限桑园土壤细菌群落非权重 UniFrac 距离 PCoA 分析

表 6-4 不同氮肥施用年限桑园土壤细菌 Alpha 多样性指数

取样时期及处理		OTU 数量	Shannon 指数 H	Chao1 指数
2013	4Y	9 605±136. 8[a]	7. 70±0. 11[a]	21 256±172. 6[a]
	17Y	8 328±135. 3[b]	7. 02±0. 06[b]	16 733±103. 4[b]
	32Y	5 102±47. 6[c]	5. 98±0. 26[c]	10 397±98. 0[c]
2014	4Y	10 030±148. 2[a]	7. 35±0. 09[a]	21 666±159. 8[a]
	17Y	8 469±125. 3[b]	6. 41±0. 65[b]	16 873±123. 7[b]
	32Y	6 082±112. 1[c]	6. 22±0. 98[b]	13 612±113. 5[c]

数据为平均值± SD（n = 3），数字后不同上标小写字母表示处理之间差异显著（P < 0. 05）

表 6-5 不同氮肥施用年限桑园土壤中逐步回归分析获得与微生物特性或指标相关的变量

因子	变量	r^2
细菌群落多样性指数 shannon H	SOM[a]，pH 值	0. 582 **
细菌 OTUs 相对丰度	SOM[a]，pH 值	0. 523 ***

SOM：土壤有机质；** P < 0. 01；*** P < 0. 001

6. 1. 7 不同氮肥施用年限桑园土壤细菌群落组成

在门水平上，3 个土壤样本共检测到 27 个门类。主要包括：变形菌门（Proteobacteria），酸杆菌门（Acidobacteria），疣状杆菌门（Verrucomicrobia），芽单胞菌门（Gemmatimonadetes），拟杆菌门（Bacteroidetes）和放线菌门（Actinobacteria）（图 6-3）。6 个门类（变形菌、酸杆菌、硝化螺旋菌、厚壁菌、氯曲菌和拟杆菌）在不同土壤中存在差异（$P<0.05$）（表 6-6）。对不同土壤样品，变形菌门是最主要的门，占总序列的 30.0%~54.3%。酸杆菌是第二大门类，占 18.5%~38.3%。4Y 土壤中变形菌门相对丰度显著高于 17Y 和 32Y 土壤（$P<0.05$）；与 pH 值（$r=0.762$，$P<0.05$）和土壤有机质含量（$r=0.648$，$P<0.01$）呈显著正相关（表 5-7）。然而，4Y 处理土壤中酸杆菌门、厚壁菌门和绿湾菌门的相对丰度显著低于 17Y 和 32Y 处理土壤（$P<0.05$；图 6-3）。酸杆菌门的相对丰度与 pH 值（$r=-0.663$，$P<0.05$）和土壤有机质含量（$r=-0.617$，$P<0.05$）呈显著负相关（表 6-7）。

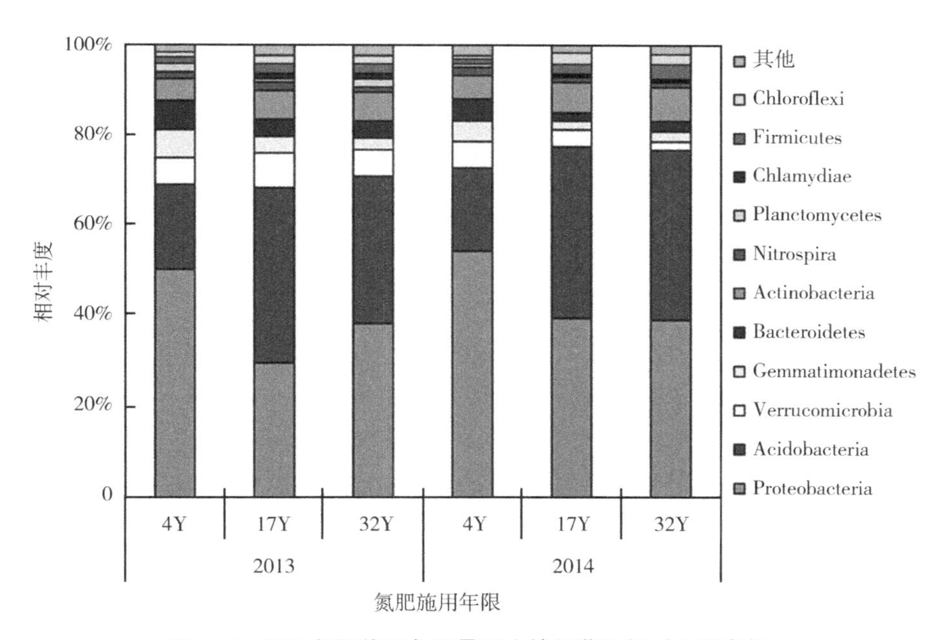

图 6-3　不同氮肥施用年限桑园土壤细菌门相对丰度变化

表 6-6 不同氮肥施用年限桑园土壤细菌门丰度比较（*t* 检验）

细菌门	4Y/17Y		4Y/32Y	
	相对差异倍数	*P* 值	相对差异倍数	*P* 值
Proteobacteria	1.70	0.021*	1.57	0.032*
Acidobacteria	−2.29	0.010**	−2.31	0.004**
Nitrospira	1.34	0.032*	1.24	0.041*
Firmicutes	−2.65	0.014*	−2.31	0.024*
Chloroflexi	−2.41	0.016*	−2.19	0.018*
Bacteroidetes	1.63	0.038*	1.37	0.043*

* $P<0.05$，** $P<0.01$

表 6-7 门相对丰度与土壤理化性质相关分析（$n=18$）

细菌门	Pearson 相关系数				
	pH 值	SOM	速效氮	速效磷	速效钾
Proteobacteria	0.648*	0.762**	0.652*	0.122	0.293
Acidobacteria	−0.617*	−0.663*	−0.314	0.071	−0.118
Verrucomicrobia	0.063	−0.021	−0.385	0.307	0.322
Gemmatimonadetes	0.554	0.534	0.313	0.307	0.373
Bacteroidetes	0.382	0.533	0.296	0.232	0.329
Actinobacteria	−0.306	−0.604*	−0.690	−0.102	−0.290

在属水平上，细菌群落（45 个属，属的相对丰度比大于 0.3%）主要包括假单胞菌属（*Pseudomonas*）、芽单胞菌属（*Gemmatimonas*）、鞘氨醇单胞菌属（*Sphingomonas*），嗜热油菌属（*Thermoleophilum*）、硝化螺旋菌属（*Nitrospira*）、根霉菌属（*Rhizomicrobium*）等（图 6-4）。在受氮肥施用年限影响显著的 18 个属中，有 7 个属为酸杆菌门（Acidobacteria）（表 6-8）。在 4Y 和 32Y 土壤之间存在显著差异（$P<0.05$）的 19 个属中，有 7 个属于变形菌门（Proteobacteria），8 个属于酸杆菌门（Acidobacteria）（表 6-9）。不同施氮年限土壤的优势属不同（图 6-4，表 6-10）。假单胞菌是 4Y 土壤中的主要优势菌，2013 年和 2014 年分别占细菌总数的 23.5%和 25.2%。然而，在 17Y 和 32Y 土壤中，假单胞菌占细菌总数的比例不到 1.16%，表明假单胞菌的相对丰度随着施氮年限的增加而显著降低（$P<$

0.05)；且与 pH 值（$r=0.699$，$P<0.05$）和土壤有机质含量（$r=0.736$，$P<0.01$）呈显著正相关（表 6-11）。4Y 土壤中 *Gp1*、*Gp4* 和 *Gp6* 的相对丰度显著低于 17Y 和 32Y 土壤（$P<0.05$；表 6-10），与 pH 值和土壤有机质含量呈负相关（表 6-11）。

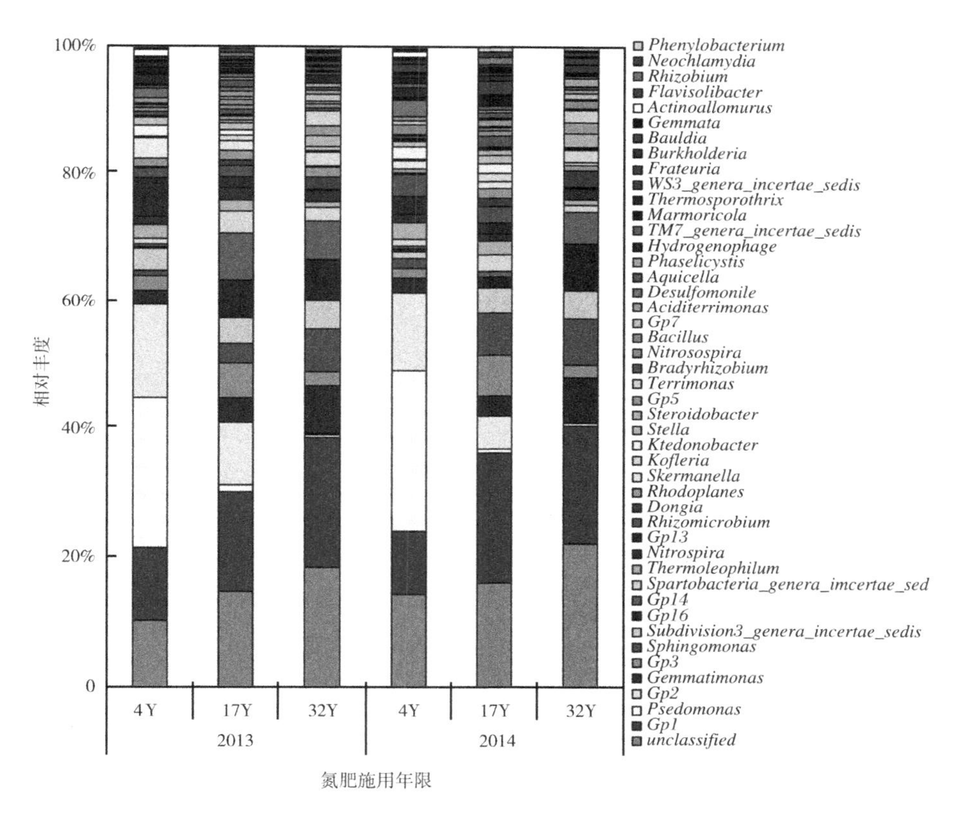

图 6-4　不同氮肥施用年限桑园土壤细菌菌属相对丰度变化

表 6-8　受氮肥施用年限影响显著的细菌菌属的单因素方差分析

细菌门	细菌属	自由度	F 值	*P* 值
Acidobacteria	*Gp*1	3；11	8.740	0.007
	*Gp*2	3；11	16.436	0.001
	*Gp*3	3；11	21.857	0.000

（续表）

细菌门	细菌属	自由度	F 值	*P* 值
Acidobacteria	*Gp6*	3；11	10. 576	0. 004
	Gp13	3；11	8. 112	0. 008
	Gp5	3；11	5. 610	0. 023
	Gp4	3；11	6. 819	0. 016
Proteobacteria	*Pseudomonas*	3；11	5. 622	0. 022
	Sphingomonas	3；11	7. 786	0. 009
	Rhizomicrobium	3；11	8. 586	0. 007
	Dongia	3；11	5. 026	0. 031
	Skermanella	3；11	8. 103	0. 008
	Desulfomonile	3；11	5. 256	0. 026
	Hydrogenophaga	3；11	5. 598	0. 023
Gemmatimonadetes	*Gemmatimonas*	3；11	15. 374	0. 001
Actinobacteria	*Thermoleophilum*	3；11	4. 456	0. 040
Bacteroidetes	*Terrimonas*	3；11	9. 254	0. 006
Firmicutes	*Bacillus*	3；11	4. 451	0. 040

表 6-9　不同氮肥施用年限桑园土壤细菌菌属丰度比较（*t* 检验）

细菌门	细菌属	相对差异倍数 4Y/17Y	*P* 值（ * *P* <0. 05， ** *P* <0. 01）
Proteobacteria	*Pseudomonas*	16. 34	0. 000 **
	Rhizomicrobium	9. 52	0. 003 **
	Sphingomonas	−3. 21	0. 004 **
	Hydrogenophaga	8. 64	0. 004 **
	Kofleria	−3. 13	0. 005 **
	Stella	−1. 64	0. 024 *
	Rhizobium	−5. 31	0. 038 *

（续表）

细菌门	细菌属	相对差异倍数 4Y/17Y	P 值（* $P<0.05$，** $P<0.01$）
Acidobacteria	*Gp*4	−11.28	0.000**
	*Gp*1	−1.38	0.001**
	*Gp*6	−10.26	0.001**
	*Gp*3	−4.24	0.002**
	*Gp*13	9.67	0.003**
	*Gp*5	−4.13	0.007**
Bacteroidetes	*Terrimonas*	5.26	0.002**
Gemmatimonadetes	*Gemmatimonas*	2.35	0.004**
Planctomycetes	*Gemmata*	2.34	0.015*
Nitrospira	*Nitrospira*	−2.64	0.028*
Firmicutes	*Bacillus*	−4.94	0.047*
Proteobacteria	*Pseudomonas*	18.17	0.000**
	Rhizomicrobium	10.23	0.003**
	Frateuria	16.02	0.001**
	Burkholderia	8.69	0.005**
	Bradyrhizobium	2.57	0.005**
	Hydrogenophaga	10.67	0.011*
	Rhizobium	1.24	0.024*
Acidobacteria	*Gp*2	9.52	0.000**
	*Gp*4	−12.97	0.000**
	*Gp*1	−1.43	0.000**
	*Gp*6	−11.69	0.000**
	*Gp*13	12.31	0.004**
	*Gp*5	−3.46	0.013*
	*Gp*7	−2.18	0.032*
	*Gp*16	−0.55	0.042*
Bacteroidetes	*Terrimonas*	−15.43	0.001**
Gemmatimonadetes	*Gemmatimonas*	−2.56	0.002**
Chloroflexi	*Ktedonobacter*	10.89	0.004**
Firmicutes	*Bacillus*	2.01	0.039*

表 6-10　不同氮肥施用年限桑园土壤中显著差异的细菌菌属丰度变化

细菌属	2013			2014		
	4Y	17Y	32Y	4Y	17Y	32Y
*Gp*1	4 725±66. 8[c]	10 280±145. 2[a]	8 580±403. 7[b]	4 163±435. 3[b]	9 025±422. 9[a]	8 263±251. 3[a]
Pseudomonas	9 906±338. 9[a]	769±94. 5[b]	184±39. 3[c]	10 746±356. 2[a]	276±56. 9[b]	184±45. 2[b]
*Gp*2	6 203±391. 0[a]	6 372±123. 3[a]	56±18. 6[b]	5 207±125. 3[a]	2 346±113. 8[b]	33±10. 1[c]
Gemmatimonas	930±124. 2[b]	2 546±254. 8[a]	3 184±214. 3[a]	1 046±98. 6[b]	1 354±104. 6[b]	3 135±219. 5[a]
*Gp*3	976±66. 9[b]	3 680±201. 3[a]	907±98. 9[b]	682±89. 5[b]	2 857±187. 5[a]	936±102. 3[b]
Sphingomonas	364±31. 5[c]	1 928±154. 2[b]	2 878±218. 2[a]	556±61. 1[b]	2 964±157. 2[a]	3 175±194. 6[a]
*Gp*6	151±12. 1[c]	4 050±216. 2[a]	2 744±184. 6[b]	243±57. 1[c]	703±102. 4[b]	3 316±142. 3[a]
*Gp*4	117±31. 8[c]	4 914±166. 8[a]	2574±135. 4[b]	152±25. 9[b]	401±34. 5[b]	2 203±146. 5[a]
Thermoleophilum	992±123. 5[a]	1 163±140. 1[a]	369±53. 1[b]	1 047±108. 9[a]	953±97. 8[a]	322±30. 1[b]
*Gp*13	2 553±149. 8[a]	1 113±78. 2[b]	22±7. 8[c]	1 260±98. 4[a]	728±54. 8[b]	28±6. 7[c]
Rhizomicrobium	584±42. 8[b]	1 258±88. 1[a]	119±10. 2[c]	1 443±123. 5[a]	1 194±105. 4[a]	95±10. 9[b]
Dongia	140±10. 7[b]	575±49. 4[b]	821±84. 8[a]	113±9. 2[c]	564±39. 3[b]	1151±87. 5[a]
Skermanella	1 395±120. 4[a]	1 067±127. 5[a]	93±9. 7[b]	524±41. 2[a]	550±50. 4[a]	136±9. 5[b]
*Gp*5	30±6. 4[c]	363±30. 2[b]	671±45. 1[a]	38±13. 8[b]	123±14. 3[b]	815±89. 0[a]
Terrimonas	39±11. 5[b]	237±13. 1[b]	1 032±204. 6[a]	53±19. 8[b]	61±21. 1[b]	825±67. 8[a]
Bacillus	227±39. 7[b]	558±36. 5[a]	129±22. 6[c]	614±46. 8[a]	167±30. 1[b]	136±28. 8[b]
Desulfomonile	657±44. 1[a]	443±35. 2[b]	15±5. 9[c]	1 056±123. 4[a]	145±20. 8[b]	43±7. 8[b]
Hydrogenophaga	638±19. 5[a]	19±6. 7[c]	494±83. 1[b]	699±45. 5[a]	18±5. 2[b]	11±4. 9[b]

数据为平均值± SD（n = 3），数字后不同上标小写字母表示处理之间差异显著（P < 0. 05）

表 6-11　菌属相对丰度与土壤理化性质相关分析（n=18）

细菌属	Pearson 相关系数				
	pH 值	SOM	速效氮	速效磷	速效钾
Pseudomonas	0. 699 *	0. 736 **	0. 622 *	0. 261	0. 426

（续表）

细菌属	Pearson 相关系数				
	pH 值	SOM	速效氮	速效磷	速效钾
Gemmatimonas	−0.659*	−0.442	−0.273	−0.446	−0.452
Sphingomonas	−0.710**	−0.690*	−0.448	−0.250	−0.391
Thermoleophilum	0.473	0.292	0.053	0.758**	0.786**
Nitrospira	−0.169	−0.268	−0.302	0.135	0.006
*Gp*1	−0.382	−0.721**	−0.706**	0.012	−0.164
*Gp*2	0.596*	0.339	0.230	0.627*	0.670*
*Gp*3	−0.177	−0.388	−0.437	0.404	0.359
*Gp*6	−0.491	−0.455	−0.351	−0.277	−0.227
*Gp*4	−0.353	−0.382	−0.418	−0.014	−0.142
*Gp*13	0.720**	0.398	0.192	0.446	0.315
Rhizomicrobium	0.260	0.045	0.054	0.637*	0.673*
Dongia	−0.642*	−0.419	−0.238	−0.440	−0.591
Rhodoplanes	−0.115	−0.327	−0.663*	0.294	0.166
Skermanella	0.450	0.337	0.072	0.480	0.475

6.1.8　长期偏施氮肥对桑园土壤氨氧化微生物种群结构的影响

6.1.8.1　桑园土壤 AOB 和 AOA 丰度比较

4Y 土壤中检测出的 AOB 丰度最高，其次是 0Y 土壤（图 6-5-A）。32Y 土壤中 AOB 的丰度最低，4Y 土壤 AOB 丰度是 32Y 土壤的 21~76 倍。17Y 土壤和 32Y 土壤 AOB 丰度无显著差异。AOA 丰度对氮肥的反应与 AOB 不同，4Y，17Y 和 32Y 土壤 AOA 丰度比 0Y 土壤高（图 6-9-B），且 32Y 和 0Y 土壤之间达显著差异水平，而 2014 年和 2015 年 5 月和 11 月 4Y、17Y 和 32Y 土壤间比较无显著差异。AOB 和 AOA *amoA* 基因拷贝数差异显著，各处理AOB *amoA* 基因拷贝数为 6.46×10^5 ~ 8.32×10^7/g 干土，显著高于 AOB *amoA* 基因拷贝数 1.70×10^4 ~ 1.20×10^5/g 干土。AOB 与 AOA *amoA* 基因拷贝数的比值最高可达4 894。表明氮肥施用年限显著影响 AOB *amoA* 基因的拷贝数（$P<0.01$），而采样时间对其没有明显影响（表 6-12）。取样时间显著影响 AOA *amoA* 基因的拷贝数（$P<0.01$），氮肥应用年限对其影响不显著（表 6-12）。

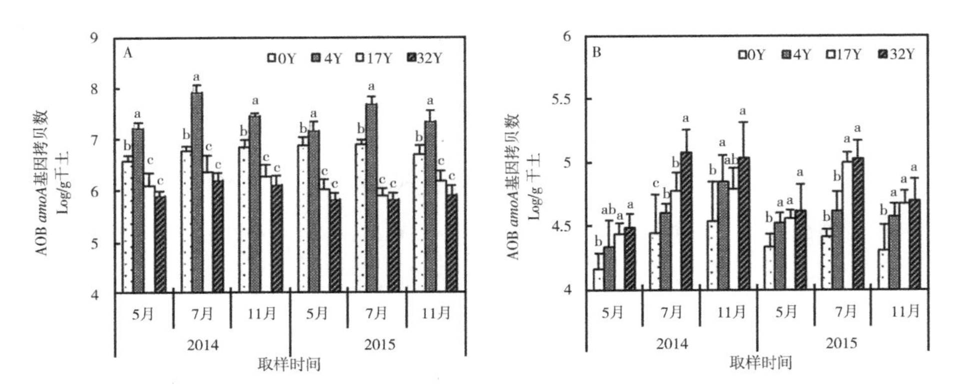

图 6-5　氮肥施用 4 年（4Y）、17 年（17Y）、32 年（32Y）和 0 年（0Y，对照）桑园土壤氨氧化细菌（AOB）（A）和氨氧化古菌（AOA）（B）*amoA* 基因拷贝数丰度

数值为平均值± SD（n = 3）。不同小写字母表示处理间差异显著（$P<0.05$）

6.1.8.2　桑园土壤 AOB 和 AOA 种群结构变化

DGGE 谱带分析表明，AOB 与 AOA 种群结构对氮肥施用年限的反应明显不同（图 6-6）。对于 AOB，DGGE 图谱分析检测到 15 条丰度较高 AOB 目的基因条带，条带 1 和 2 是 0Y 土壤特有条带，条带 4 ~ 11 在 4Y 土壤亮度较高，而在其他氮肥施用年限土壤中亮度较弱或没有检测到。条带 12 是 17Y 土壤特有条带，条带 14 和 15 是 32Y 土壤特有条带。对于 AOA，不同氮肥施用年限土壤 AOA 种群差异明显（图 6-6-B），条带 5 ~ 11 在 4Y 土壤亮度较高，而在其他处理中没有检测到，条带 13，14 和 15 在 32Y 土壤亮度较高。

表 6-12　氮肥施用（NF）和取样时期（SD）对氨氧化细菌（AOB）和氨氧化古菌（AOA）*amoA* 基因拷贝数和 DGGE 多样性指数影响的显著性分析（*t* 检验）

影响因子	氨氧化细菌 *amoA* 基因拷贝数			氨氧化古菌 *amoA* 基因拷贝数			氨氧化细菌多样性指数			氨氧化古菌多样性指数		
	自由度	F 值	*P* 值	自由度	F 值	*P* 值	自由度	F 值	*P* 值	自由度	F 值	*P* 值
NF	3	202. 71	0. 000**	3	2. 295	0. 114	3	32. 75	0. 000**	3	6. 10	0. 020*
SD	2	2. 49	0. 095	2	6. 05	0. 021*	2	1. 34	0. 277	2	236. 55	0. 000**
NF×SD	6	0. 887	0. 514	6	0. 516	0. 792	6	3. 898	0. 034*	6	34. 63	0. 000**
残差	42			42			30			30		
合计	48			48			36			36		

* $P<0.05$， ** $P<0.01$

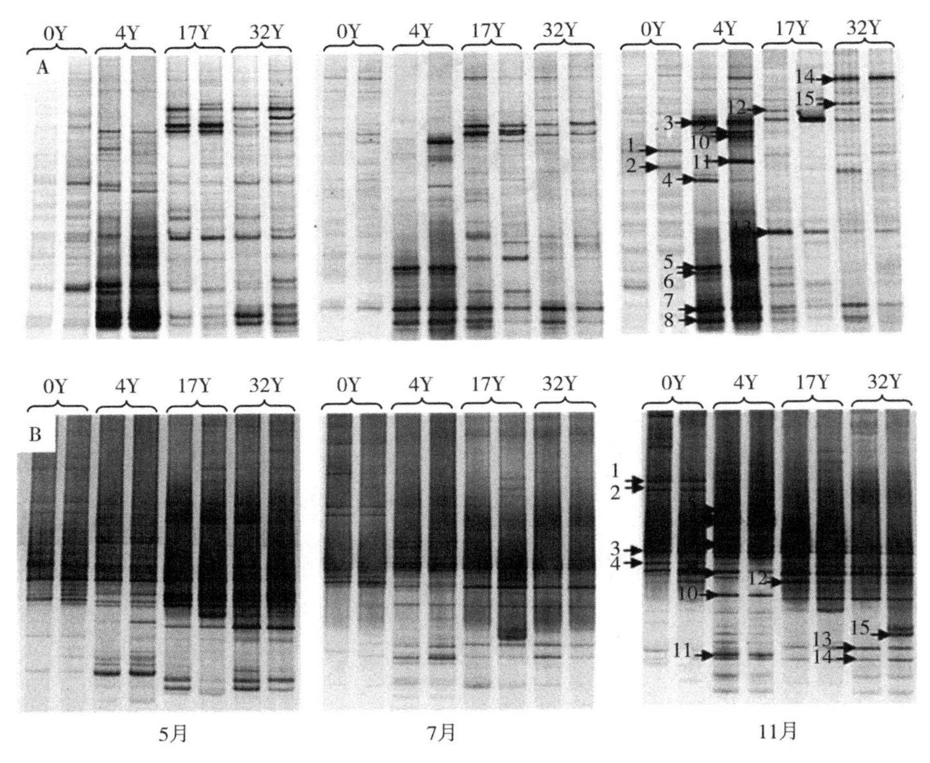

图 6-6 氮肥施用 4 年（4Y）、17 年（17Y）、32 年（32Y）和 0 年（0Y，对照）桑园土壤氨氧化细菌（A）和氨氧化古菌（B）*amoA* 基因扩增产物的 DGGE 图谱

每组条带从左到右依次为氮肥施用 0 年（0Y，对照）、4 年（4Y）、17 年（17Y）和 32 年（32Y）桑园土样，相邻的 2 条带为 2 次重复

6.1.8.3 不同氮肥施用年限桑园土壤 AOB 和 AOA 种群结构多样性指数变化

各取样时间 4Y 土壤 AOB 多样性指数显著高于其他氮肥施用年限处理土壤（$P<0.05$）（除了 2014 年 11 月 17Y 土壤），而 32Y 和 0Y 土壤 AOB 的多样性指数显著低于 4Y 和 17Y 土壤（$P<0.05$）。但是对于 AOA，各取样时间 0Y 土壤 AOA 多样性指数低于其他处理土壤，2014 年 7 月，各处理间土壤 AOA 多样性指数差异不显著，而其他取样时间 4Y，17Y，32Y 土壤间 AOA 多样性指数没有显著差异（除了 2014 年 11 月取样）（表 6-

13)，此外，11 月 AOA 多样性指数明显高于其他采样时间（2014 年 0Y 土壤除外）。主成分分析表明，主成分 1（PC1）与主成分 1（PC2）分别解释了 AOB 群落 DGGE 条带 48.65%和 23.34%的变异，AOA 群落 DGGE 条带 45.02%和 23.90%的变异，共解释了总变异的 71.99%（AOB）和 68.92%（AOA）（图 6-7）。主成分荷载量分析表明 AOB 不同施肥处理土壤间离散距离较近，这表明氮肥施用年限对 AOB 种群结构影响比取样时间明显。然而，对于 AOA 而言，相同取样时间的处理间离散距离较近（除 0Y 土壤），这表明取样时间对 AOA 种群结构的影响比氮肥施用年限显著（图 6-7B）。ANOVA 分析表明，氮肥施用年限对 AOB *amoA* 基因的多样性指数影响显著（$P<0.01$），而对于 AOA *amoA* 基因多样性指数，氮肥施用年限和取样时间对其均有一定的影响（表 6-12）。

表 6-13 氮肥施用 4 年（4Y）、17 年（17Y）、32 年（32Y）和 0 年（0Y，对照）桑园土壤氨氧化细菌（AOB）和氨氧化古菌（AOA）群落基于 DGGE 条带的多样性指数比较

处理		氨氧化细菌 AOB			氨氧化古菌 AOA		
		5 月	7 月	11 月	5 月	7 月	11 月
2014	0Y	2.75±0.08c	2.69±0.05d	2.68±0.10c	3.10±0.04b	3.23±0.05a	3.22±0.04c
	4Y	3.55±0.03a	3.54±0.06a	3.27±0.03a	3.19±0.02a	3.29±0.04a	3.71±0.10a
	17Y	3.36±0.08b	3.35±0.13b	3.30±0.08a	3.18±0.09a	3.26±0.11a	3.61±0.11a
	32Y	2.75±0.06c	3.00±0.07c	2.98±0.01b	3.17±0.10a	3.25±0.08a	3.48±0.08b
2015	0Y	3.01±0.10c	3.10±0.10c	3.16±0.11c	3.01±0.04b	3.09±0.05b	3.26±0.04a
	4Y	3.50±0.04a	3.52±0.05a	3.50±0.05a	3.15±0.02a	3.17±0.04a	3.28±0.10a
	17Y	3.34±0.04b	3.40±0.11b	3.40±0.06b	3.12±0.09a	3.13±0.11ab	3.21±0.11a
	32Y	3.05±0.01c	3.01±0.04d	3.04±0.01d	3.11±0.10a	3.11±0.08ab	3.21±0.08a

数值为平均值± SD（n = 3）。同行数据后不同小写字母表示处理间差异显著（$P<0.05$）

6.1.8.4 AOB 和 AOA DGGE 条带克隆测序和聚类分析

对有代表性的 15 个 AOB DGGE 条带进行切胶和测序，同 NCBI 数据库中已知序列进行比对，BLAST 结果表明，AOB 回收的条带序列与不可培养氨氧化细菌的同源性为 99%到 100%。聚类分析表明，所分离到的 AOB *amoA* 基因与亚硝化螺菌属（*Nitrosospira*）和亚硝酸菌属（*Ni-*

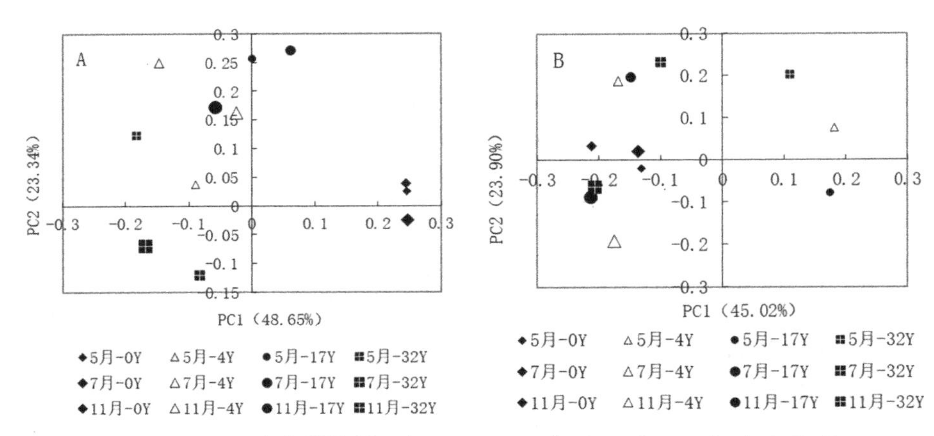

图 6-7　2014 年氮肥施用 4 年（4Y）、17 年（17Y）、32 年（32Y）和 0 年（0Y，对照）桑园土壤氨氧化细菌（AOB）（A）和氨氧化古菌（AOA）（B）*amoA* 基因扩增产物 DGGE 条带的主成分分析

trosomonas）两个属的同源性最高，被定义为两大簇 3a 和 3c（图 5-8），此关于 AOB 聚类的分类在 He 等（2007）的研究中已进行了初步定义。0Y 土壤中检测到的条带 1 和条带 2 与亚硝酸菌属（*Nitrosomonas*）聚为一簇，条带 8 与施肥的红土聚为一类，属于 3a 集群。而有趣的是，其他大部分 DGGE 条带均与亚硝化螺菌属（*Nitrosospira*）归为一类，属于 3c 集群。

AOA 系统发育分析表明，切胶测序的 15 个条带与从已研究土壤中选的 6 个克隆被分成两个类群，被定义为集群 W 和 Y（图 6-8）。8 个 AOA 序列被归为集群 Y，其他条带序列被归为群集 W。17Y 和 32Y 土壤中条带 14 与条带 15 与 NCBI 中酸性土壤序列聚为一类，属于 W2 集群。

6.1.8.5　土壤理化因子与土壤氨氧化微生物种群丰度相关性

长期偏施氮肥桑园土壤 AOB 和 AOA *amoA* 基因丰度和种群结构多样性指数与土壤理化因子（pH 值、有机质、NH_4^+-N、NO_3^--N、潜在硝化速率）之间的相关性分析表明，AOB *amoA* 基因丰度和多样性指数与土壤潜在硝化速率呈显著正相关关系（r=0.604 和 0.515，P<0.05），而 AOA 与 PNR 相关性不显著。AOB *amoA* 基因丰度和多样性指数与土壤有机质（r=-0.512 和-0.535，P<0.05）和 pH 值（r=-0.602 和-0.451，P <

0.05）值呈显著负相关关系，而 AOA *amoA* 基因丰度和多样性指数与土壤 pH 值和有机质相关性不显著（表 6-14）。

表 6-14　桑园土壤氨氧化细菌（AOB）和氨氧化古菌（AOA）*amoA* 基因丰度和群落结构多样性指数与土壤指标参数的相关性

指标参数	Pearson 相关系数			
	amoA 基因丰度		多样性指数	
	AOB	AOA	AOB	AOA
pH 值	−0.602 *	−0.204	−0.535 *	−0.211
有机质	−0.512 *	−0.135	−0.451 *	−0.072
NH_4^+-N	0.254	−0.125	0.269	−0.105
NO_3^--N	0.213	0.317	0.443 *	0.256
潜在硝化速率	0.604 *	0.105	0.515 *	0.314

* $P<0.05$

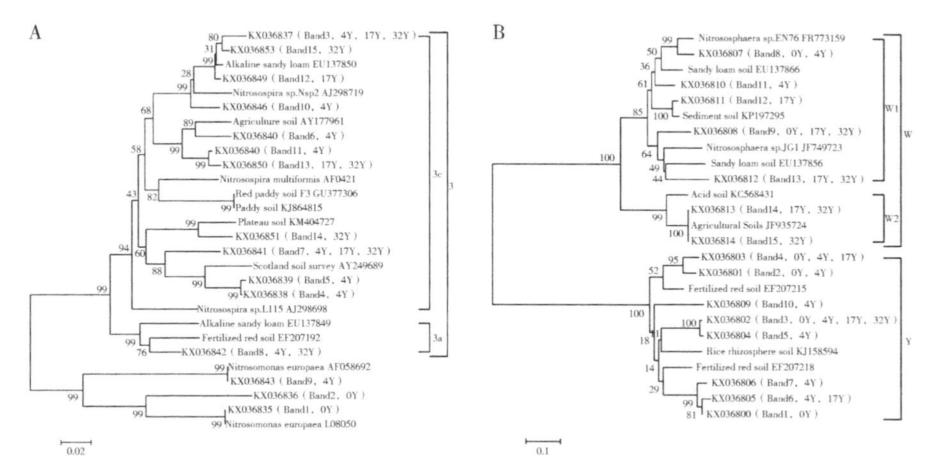

图 6-8　桑园土壤氨氧化细菌（A）和氨氧化古菌（B）*amoA* 基因序列的系统发育分析

克隆的定义包括以下信息：DGGE 条带 GenBank 序列登录号，节点处步长值（>50%）

6.1.9 小结

6.1.9.1 长期偏施氮肥对桑树根际细菌群落组成的影响

在我们的研究中，长期偏施氮肥的桑树土壤微生物中占优势的变形菌门（Proteobacteria）和酸杆菌门（Acidobacteria）占细菌丰度的70%以上，几乎是 Lauber 等（2009）和 Chu 等（2010）人报道的两倍。此外，17Y 和 32Y 土壤中的酸杆菌门细菌几乎是 4Y 土壤中的两倍，并且受施氮显著影响的大多数属属于酸杆菌门。这一结果可能与土壤有机质和 pH 值有关，尤其是 pH 值，由于长期施用无机氮肥，32Y 和 17Y 土壤中的 pH 值明显低于 4Y 土壤中的 pH 值。土壤 pH 值是决定土壤细菌群落组成和多样性的主要因素。前人研究已证明土壤 pH 值会影响北美和南美土壤（Lauber et al，2009）、英国土壤（Griffiths et al.，2011）和长白山土壤（Shen et al.，2013）中的细菌群落。本研究中土壤 pH 值对酸杆菌门相对丰度的影响与这些研究一致，这表明酸杆菌门相对丰度通常随着 pH 值的降低而增加。因此，我们的结果进一步证明了土壤 pH 值在长期施用氮肥改变细菌群落组成方面起着重要作用。

6.1.9.2 长期偏施氮肥对桑树根际细菌多样性的影响

以往关于氮肥对土壤细菌多样性影响的报道与本研究结果有所差异。例如，Luo 等（2015）报道在中国东北的玉米-玉米-大豆轮作中，长期矿质氮肥处理导致土壤细菌多样性降低。然而，Lupwayi 等（2012）和 Ogilvie 等（2008）认为，施用一定量的氮对土壤细菌多样性没有影响。然而，Yu 等（2014）报道表明，与有机-无机肥料处理相比，长期（16年）每年每公顷施用 450 kg 的无机氮肥（纯 N）显著降低了细菌多样性。本研究结果还表明，施用无机氮肥后，17 年生和 32 年生桑树根际的细菌多样性降低，尤其是 32 年生桑树。因此，土壤细菌对氮肥的反应取决于施肥量和施用时间。但对于桑树而言，长期施用无机氮肥会降低土壤细菌多样性。

6.1.9.3 施肥年限对桑树根际土壤微生物的影响

前人对茶叶、黄瓜、番茄、棉花和烟草土壤的研究均表明，随着栽植年龄的增加，土壤微生物活性和多样性显著降低（Yao et al.，2006；

Gu et al.，2012；Ma et al.，2013）。Fu 等（2015）还认为，种植芦笋的土壤中的微生物群落随着树龄的增加而显著减少。然而，从我们的研究结果看来，17 年（17Y）和 32 年（32Y）生土壤微生物多样性的减少并不完全取决于植物年龄，而是与肥料管理密切相关。我们之前的研究也证实了这一结果（Yu et al.，2014），这表明长期（16 年）施用有机-无机肥料处理的土壤中的微生物多样性显著高于长期（16 年）施用氮肥处理的土壤中的微生物多样性。因此，不同植物对植物年龄或肥料的反应机制需要进一步研究。

长期施用无机氮肥显著改变了土壤细菌群落组成和多样性。施用无机氮肥 32 年后，土壤细菌相对丰度和多样性指数普遍下降。假单胞菌的相对丰度随着施氮年限的增加而显著降低，并与 pH 值和土壤有机质含量呈正相关，而酸杆菌 *Gp1*、*Gp4* 和 *Gp6* 的相对丰度显著增加，并与 pH 值和土壤有机质含量呈负相关。逐步回归分析还表明，细菌 OTU 相对丰度和 Shannon 指数主要与 pH 值和土壤有机质含量相关。因此，未来的研究应着眼于基于土壤质量的土壤微生物多样性变化的内在机制。

6.1.9.4　长期偏施氮肥对桑园土壤氨氧化微生物的影响

施用氮肥不仅能够改善土壤中氮素的有效性，同时也会改变与硝化作用密切相关的 AOB 和 AOA 的种群结构和丰度（杨亚东等，2018；任灵玲等，2019；刘灵芝等，2020；He et al.，2007）。本研究中 AOB *amoA* 基因拷贝数较高（$6.46\times10^5\sim8.32\times10^7$/g 干土）显著高于 AOA（*amoA* 基因拷贝数 $1.70\times10^4\sim1.20\times10^5$/g 干土），表明 AOB 和 AOA 在硝化作用中发挥潜在的重要性不同，此结果与前人的研究结果不一致，刘灵芝等和 Li 等发现 AOA *amoA* 基因拷贝数显著高于 AOB *amoA* 基因拷贝数（刘灵芝等，2020；Li et al.，2015）。此外，本研究中发现氮肥施用 4 年（4Y）土壤中 AOB 丰度显著高于其他氮肥施用年限桑园土壤，此与 Chen 等（2013）报道的结果相一致，氮肥施用 5 年显著增加 AOB 丰度；然而，长期施用氮肥显著降低了 AOB 丰度，氮肥施用 17 年（17Y）和 32 年（32Y）桑园土壤 AOB 丰度显著低于 4 年（4Y）土壤，此结果与前人研究报告不一致，Chen 等（2011）研究表明氮肥施用 19 年稻田土壤与其他施肥处理土壤相比 AOB 丰度没有显著差异，而 He 等（2007）报道长期（17 年）施用氮肥刺激了土壤环境中 AOB 丰度增长。

对于以上相关研究结果不一致的原因可能是长期施用氮肥导致土壤 pH 值或有机质含量发生变化（表 2-4，表 2-5），而植物种类不同，其土壤中 AOB 及 AOA 对土壤 pH 值或有机物质等土壤环境变化的响应可能不同所致。

长期施用氮肥会导致土壤酸化（于翠等，2017）。本研究中，氮肥施用 17 年和 32 年桑园土壤 pH 值和有机物含量显著降低，此结果与氮肥施用 70 年 Brunisol 土壤研究相一致（Pernes-Debuyser et al.，2004），也和氮肥施用 16 年的稻田土壤一致（He et al.，2007）。2014 年和 2015 年的研究结果一致表明：17Y 和 32Y 土壤 AOB 种群丰度较低，相应土壤 pH 值和有机质含量也低。这说明土壤 pH 值或有机物含量可能是调控土壤中 AOB 丰度的重要因素，土壤 pH 值的降低或有机质含量的减少可能降低 AOB 丰度。而与 AOB 相比较，长期施用氮肥对 AOA 丰度无显著影响，AOA 丰度和 pH 值之间无显著相关性，DGGE 主成分分析也表明取样时间对 AOA 种群结构影响显著，而氮肥的施用年限对其影响不显著（图 6-7）。Chen 等（2010）和 Hoshino 等（2011）的研究表明 AOA 种群结构主要受土壤类型的影响，而肥料种类对其影响效果较小。而 He 等（2007）和 Leininger 等（2006）的研究发现在酸性土壤中 AOA 丰度受土壤 pH 值影响较大。相关研究结果不一致的原因可能是试验作物品种、土壤类型、肥料种类和土壤理化性质的不同所导致的。

AOB *amoA* 基因序列的聚类分析表明，亚硝化螺菌属（*Nitrosospira*）和亚硝酸菌属（*Nitrosomonas*）两个集群在不同氮肥施用年限处理土壤中占主导地位，此与前人研究报道较一致，亚硝化螺菌属（*Nitrosospira*）是农业施肥土壤中最常见的一类硝化细菌（He et al.，2007）。虽然 *Nitrosospira* 集群 1 和 2 已经被证明存在于水稻酸性红土或施肥旱地土壤（Nugroho et al.，2005；Boyle-Yarwood et al.，2008），但是这些集群在本研究中没有检测到，表明长期施用氮肥的桑园土壤可能具有独特的 *amoA* 基因谱系。本研究中 AOA 序列被分成两种不同的集群（W 集群和 Y 集群）。集群 W 和集群 Y 中的序列主要与 6 种不同的土壤及亚硝化球菌属（*Nitrososphaera*）密切相关（He et al.，2007；Zhang et al.，2015）。值得注意的是，从 NCBI 中提取的酸性土壤序列与 17Y 和 32Y 土壤中分离的序列聚为同一类群 W2 类群，这表明长期施用氮肥改变了 AOA 种群组成，17Y 或 32Y 土壤 AOA 类群可能和 pH 值较低的栽植地块 AOA 类群相似。

总之，长期偏施氮肥能够引起桑园土壤酸化。AOB 和 AOA 种群结构及丰度对氮肥的反应不同，长期施用氮肥对 AOB 种群结构和丰度影响较大，取样时期对其影响较小，而长期施用氮肥对 AOA 丰度影响较小，对 AOA 种群结构影响较大。

6.2　不同施肥种类对桑园土壤微生物种群结构的影响

6.2.1　试验设计与试验方法

本试验设计与土壤样品采集同第 2 章 2.2.1；土壤微生物种群结构及丰度检测方法同本章 6.1.2。

6.2.2　不同施肥种类桑园土壤细菌种群结构比较

PCR 扩增产物 DGGE 图谱如图 6-9 所示。OIO、N、NPK 和 NF 施肥处理共检测到 30~36 条主要 DNA 条带。一些条带出现在所有施肥处理中，为共有条带，而一些条带仅出现在一个施肥处理中，为特有条带。虽然各处理的条带数量没有显著差异，但条带位置和强度发生了显著变化，这表明施肥处理影响了微生物群落结构。

DGGE 图谱主成分分析表明，主成分 1（PC1）与主成分 1（PC2）分别解释了 DGGE 条带 76.70%和 6.33%的变异，这两个主成分共同解释了总变异的 83.03%。两个主成分荷载量分析表明，具有相同采样日期的处理聚集在一起（图 6-10），这表明不可培养细菌群落受取样时间影响显著。然而，11 月 OIO、N、NPK 和 NF 施肥处理间离散距离较远，这表明 11 月施肥对不可培养细菌群落的影响大于其他取样时间。

OIO 处理土壤中可培养细菌群落比其他施肥处理土壤中更丰富（表 6-15）。不同施肥处理土壤中细菌种类也有显著差异。4 种土壤中均存在争论贪噬菌（*Variovorax paradoxus*）和蜡样芽孢杆菌（*Bacillus cereus*），是 4 种施肥处理土壤中最常见的细菌种类。在 OIO 处理土壤中培养的 12 种细菌中，有 5 种被鉴定为芽孢杆菌，这表明 OIO 处理土壤环境有利于芽

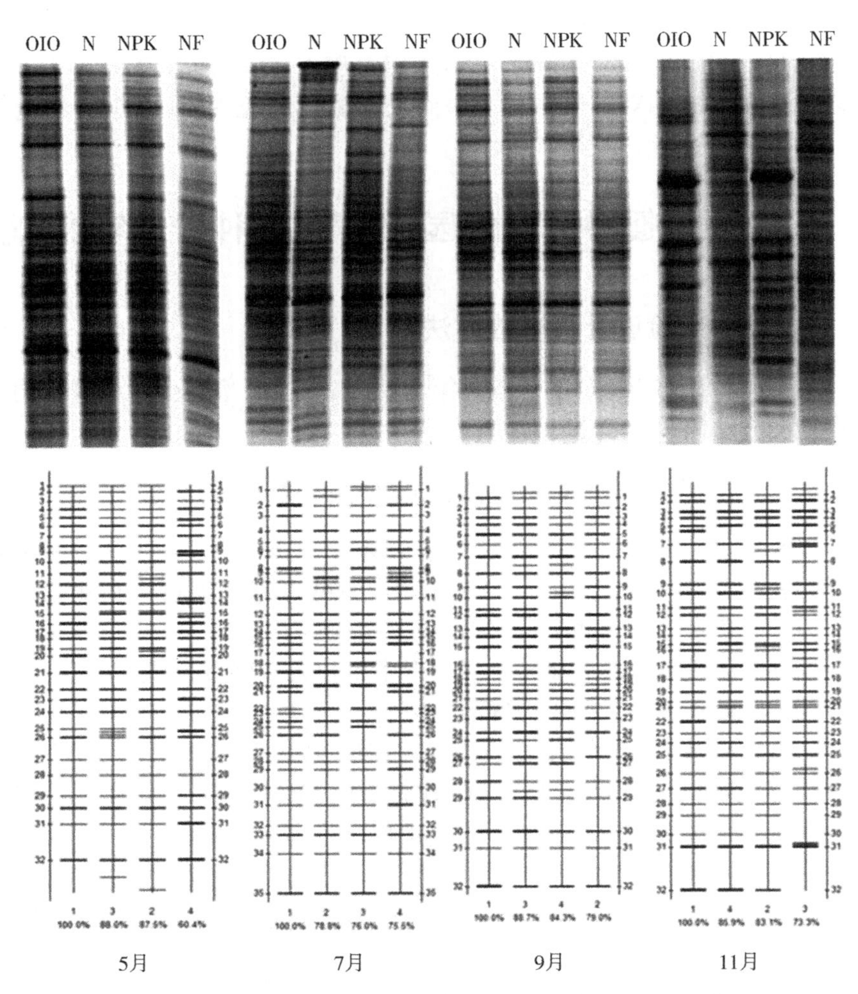

图 6-9　2012 年不同施肥种类桑园土壤细菌 DGGE 图谱

孢杆菌的生长。

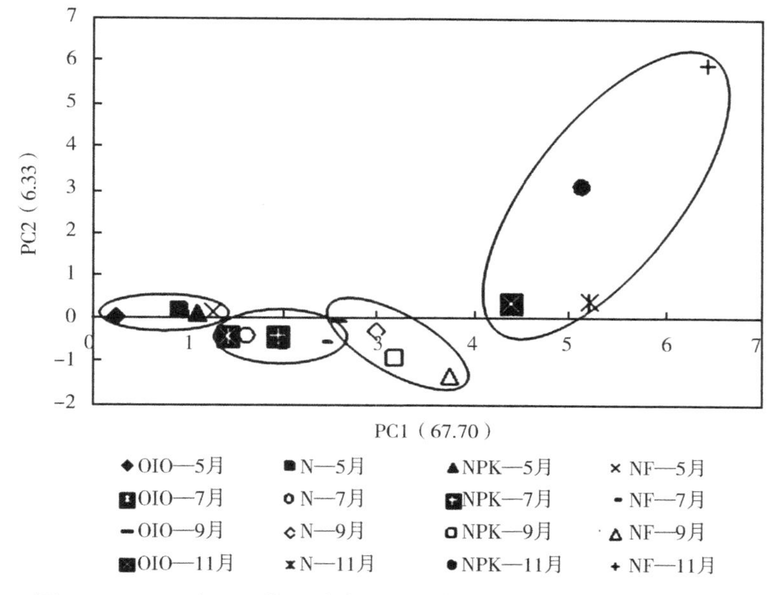

图 6-10　2012 年不同施肥种类桑园土壤细菌 DGGE 图谱主成分分析

表 6-15　2012 年不同施肥种类桑园土壤可培养细菌种群结构

处理	细菌种群结构
OIO/12 个种/78 株	*Variovorax paradoxus*（16 株）、*Bacillus cereus*（14 株）、*Bacillus thuringiensis*（11 株）、*Bacillus megaterium*（9 株）、*Bacillus simplex*（9 株）、*Bacillus pumilus*（7 株）、*CDC group* Ⅱ - *EA*（5 株）、*Pseudomonas fluorescens biotype G*（2 株）、*Aeromonas encheleia*（2 株）、*Burkholderia ambifaria*（1 株）、*Cupriavidus necator*（1 株）、*Rhizobium rhizogenes*（1 株）
N/8 个种/56 株	*Variovorax paradoxus*（17 株）、*CDC group* Ⅱ -*EA*（12 株）、*Bacillus cereus*（8 株）、*Pseudoxanthomonas mexicana*（8 株）、*Serpens flexibilis*（4 株）、*Ensifer meliloti*（3 株）、*Acinetobacter baumannii gs*3（3 株）、*Pantoea agglomerans bgp*5（1 株）
NPK/9 个种/53 株	*Pseudomonas fluorescens*（15 株）、*Variovorax paradoxus*（11 株）、*Rhizobium radiobacter*（7 株）、*Bacillus thuringiensis*（5 株）、*Bacillus megaterium*（4 株）、*Bacillus pseudomycoides*（4 株）、*Klebsiella oxytoca*（3 株）、*Microbacterium imperiale*（3 株）、*Bacillus cereus*（1 株）

（续表）

处理	细菌种群结构
NF/7 个种/45 株	*Pseudomonas fluorescens*（14 株）、*Pseudomonas alcaligenes*（10 株）、*Variovorax paradoxus*（8 株）、*Bacillus cereus*（5 株）、*Bacillus simplex*（3 株）、*Pseudomonas aeruginose*（3 株）、*Serratia odorifera*（2 株）

本研究对通过平板分离法获得的细菌单株并进行了鉴定，鉴定到的相应细菌数目标注在表中细菌种名后括号中。

OIO-有机无机复混肥，N-氮肥，NPK-氮磷钾肥，NF-未施肥对照

6.2.3　不同施肥种类桑园土壤氨氧化细菌和氨氧化古菌种群结构比较

6.2.3.1　不同施肥桑园土壤氨氧化细菌和氨氧化古菌 *amoA* 基因的 DGGE 图谱分析

由表 6-16 可知，施肥处理桑树土壤 AOB 及 AOA 条带数量均比 NF 处理条带数量丰富，说明施肥条件下，更有利于提高桑园土壤氨氧化细菌种群结构多样性。各取样时期，OIO 处理桑园土壤分离到的 AOB 及 AOA 条带数量略多于 N 肥及 NPK 肥处理（AOA 9 月取样除外），其原因可能是化肥的施用导致土壤酸化，而氨氧化细菌不太耐酸性的环境，从而导致氨氧化细菌多样性减少。另外，由图 6-11 可知，不同施肥处理分离到的 AOB 和 AOA 条带的位置和明亮程度存在差异，这表明不同处理间氨氧化细菌种群结构不同，且优势种群有一定变化。

表 6-16　不同施肥桑园土壤氨氧化细菌（AOB）和氨氧化古菌（AOA）DGGE 条带数统计

微生物	处理	5 月 30 日	7 月 15 日	9 月 15 日	11 月 19 日
AOB	NF	31	28	29	22
	OIO	52	48	47	42
	N	38	29	37	29
	NPK	44	42	34	41

（续表）

微生物	处理	5 月 30 日	7 月 15 日	9 月 15 日	11 月 19 日
AOA	NF	32	44	37	31
	OIO	41	51	40	42
	N	35	47	38	39
	NPK	36	53	44	35

OIO-有机无机复混肥，N-氮肥，NPK-氮磷钾肥，NF-未施肥对照

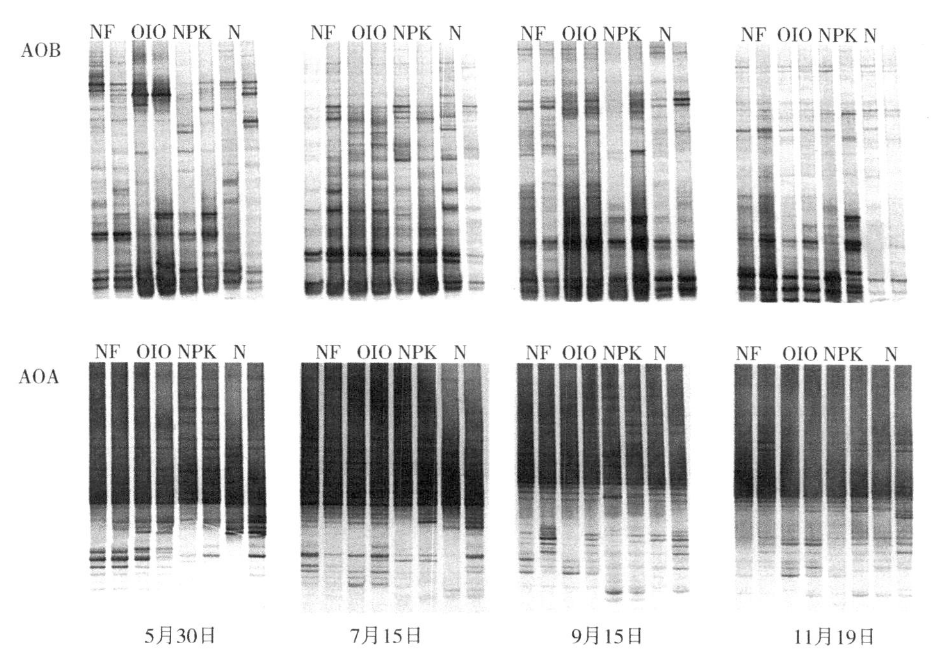

图 6-11　不同施肥处理桑园土壤氨氧化细菌（AOB）和氨氧化古菌（AOA）DGGE 图谱

条带从左到右依次为未施肥（NF），有机无机复混肥（OIO），氮磷钾肥（NPK），氮肥（N），2 次重复

6.2.3.2　不同施肥桑园土壤氨氧化细菌和氨氧化古菌 *amoA* 基因多样性指数比较

由图 6-12 可知，OIO 处理桑园土壤 AOB 及 AOA 多样性指数

(H) 高于其他施肥处理，且均达到差异显著水平（$P<0.05$）。说明 OIO 处理能够提高 AOB 群落结构多样性，提高桑树根部土壤的氨氧化能力。5 月、7 月和 11 月取样，N 处理土壤 AOB 多样性指数最低，说明氮肥施用影响了 AOB 的群落结构，降低了 AOB 的群落结构多样性。

均匀度指数代表微生物种群分布的均匀程度，均匀度越高，优势种群越少。由图 6-12 可知，5 月和 9 月取样，NF 处理土壤 AOB 均匀度指数(E) 均高于其他施肥处理，9 月达到差异显著水平（$P<0.05$）。7 月，OIO 处理桑园土壤的 AOB 均匀度指数 E 低于其他施肥处理，达到差异显著水平（$P<0.05$）。对于 AOA，各取样时期 OIO 处理土壤 AOA 均匀度指数 E 低于其他施肥处理，5 月和 7 月取样时差异达显著水平（$P<0.05$），而其他取样时期差异均不显著。

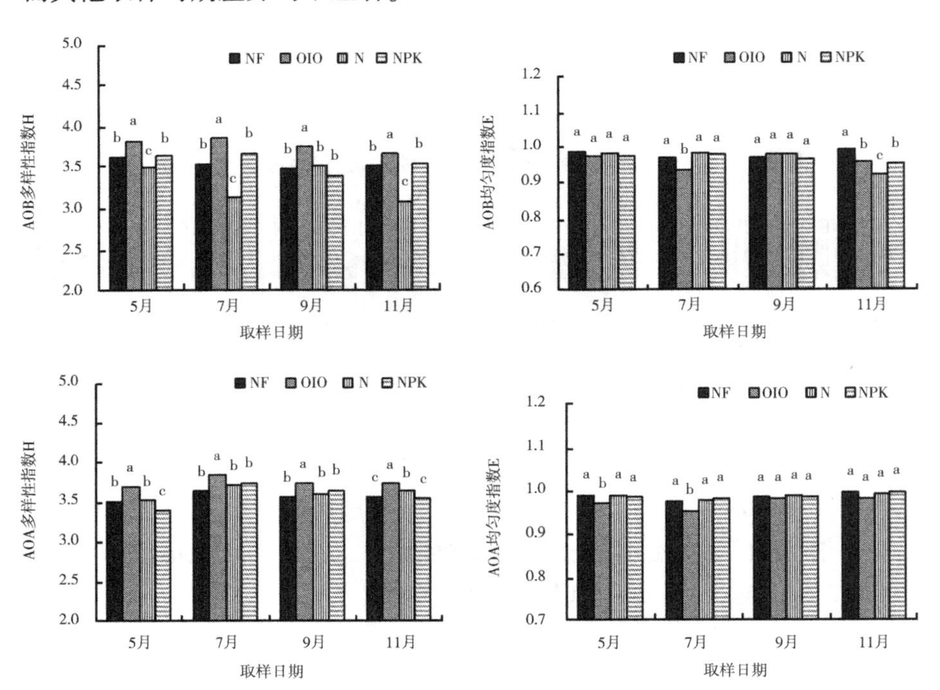

图 6-12　不同施肥桑园土壤氨氧化细菌（AOB）和氨氧化古菌（AOA）多样性指数及均匀度指数

OIO-有机无机复混肥，N-氮肥，NPK-氮磷钾肥，NF-未施肥对照

6.2.3.3　不同施肥桑园土壤氨氧化细菌和氨氧化古菌 DGGE 条带主成分分析

由图 6-13 知，对 AOB 而言，PC1 和 PC2 分别解释了 AOB 49.63%和 23.45%的变异，共解释了总变异的 73.08%。处理间比较，OIO 处理与 CK 处理间离散距离较大，而 N 和 NPK 肥处理间离散距离较小，说明有机无机复混肥的施用对土壤 AOB 种群结构影响较大。取样时间对 NF 和 OIO 处理 AOB 群落结构多样性影响不大，而对 N 和 NPK 肥处理影响较大。对 AOA 而言，PC1 和 PC2 分别解释了 AOA 50.22%和 20.45%的变异，共解释了总变异的 70.67%。5 月和 7 月取样各施肥处理间离散距离较小，说明 5 月和 7 月各施肥处理对 AOA 群落结构多样性影响不大，而 9 月和 11 月，各施肥处理间离散距离较大，说明对 AOA 群落结构产生了一定的影响。

6.2.3.4　不同施肥桑园土壤氨氧化微生物与土壤养分相关性分析

由表 6-17 可知，AOB 多样性指数 H 与 PNR 呈极显著正相关（$r=0.510$），但与其他土壤养分指标间相关性不显著。AOA 多样性指数 H 与 PNR 呈显著正相关（$r=0.562$），而与土壤 pH 值和碱解氮含量呈显著负相关性（$r=-0.349$ 和 $r=-0.482$）；AOA 均匀度指数 E 与有机质含量呈极显著正相关性。

表 6-17　不同施肥桑园土壤氨氧化微生物与土壤养分相关性分析

	PNR	有机质	铵态氮	硝态氮	pH 值
AOB H	0.562**	0.438**	−0.068	−0.007	0.046
AOB E	0.106	−0.244	−0.018	0.026	0.035
AOA H	0.510**	0.175	−0.477**	−0.222	−0.349*
AOA E	0.021	0.030	−0.128	−0.152	0.178

** $P<0.01$，* $P<0.05$

6.2.4　小结

施肥能够提高土壤肥力，但不科学的施肥会使肥料效益降低，土壤功能微生物多样性降低，土壤质量变差（He et al.，2007；Yu et al.，2015）。研究表明，施肥能够提高土壤氨氧化微生物的多样性和氨氧化潜

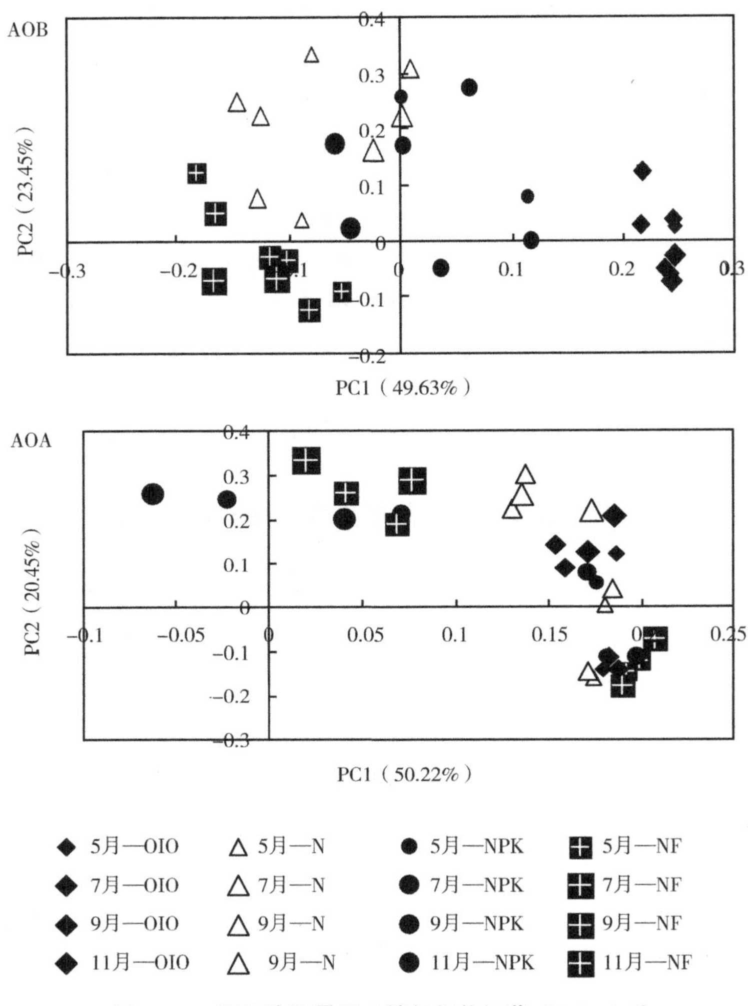

图 6-13 不同施肥桑园土壤氨氧化细菌（AOB）和氨氧化古菌（AOA）DGGE 条带主成分分析

OIO-有机无机复混肥，N-氮肥，NPK-氮磷钾肥，NF-未施肥对照

势。本研究发现，施肥处理土壤 AOB 和 AOA 多样性和氨氧化潜势高于 NF 处理土壤，其中有机无机复混肥处理土壤 AOB 和 AOA 的多样性和氨氧化潜势较高。从土壤养分分析来看，有机无机复混肥处理土壤铵态氮含

量相对较低，表明该处理土壤氨氧化能力较强，使更多的 NH_4^+ 转化至 NO_3^-。土壤有机肥无机复混肥的施用，能提高土壤微生物的数量和土壤酶的活性，从而促进养分的有效性和保持土壤供肥能力的可持续性（王伯仁等，2005）。此外，有机无机复混肥处理桑园土壤 pH 值相对稳定，为土壤微生物的生存创造了一个适宜的环境，而且还为微生物生长提供充足的底物，更加有利于土壤氨氧化微生物的生长。

主成分分析表明，OIO 处理与未施肥处理 NF 间离散距离较大，说明有机无机复混肥的施用对土壤 AOB 种群结构影响较大。而对 AOA 而言，有机无机复混肥处理与未施肥处理土壤氨氧化古菌间离散距离较小，说明土壤氨氧化古菌种群结构差异较小，此可能由于不同氨氧化微生物对施肥的反应不同。肥料的施用能够改变土壤 pH 值及养分含量变化，相关分析表明，AOA 的多样性指数 H 和 pH 值显著负相关，说明 pH 值越高，AOA 的多样性指数 H 越低，这与 Nicol 等土壤 AOA 数量和 *amoA* 基因表达活性随土壤 pH 值增加明显降低的研究一致（Nicol et al.，2008）。而 AOB 多样性指数 H 与土壤 pH 值无显著相关性，而与有机质含量呈显著正相关，表明不同的氨氧化微生物对土壤环境变化的响应不同。有机无机复混肥施用可提高桑园土壤微生物活性，有利于土壤的可持续利用。

6.3　施肥对不同桑树品种根际细菌种群结构的影响

6.3.1　试验设计与试验方法

本试验设计同第 4 章 4.1；土壤样品采集同第 2 章 2.3.1。

细菌种群结构检测采用高通量测序法对 16S rRNA 基因进行测序和分析。根据 E. Z. N. A. © soil DNA kit（Omega Bio－tek，Norcross，GA，U. S.）说明书进行微生物群落总 DNA 抽提，使用 1%的琼脂糖凝胶电泳检测 DNA 的提取质量，使用 NanoDrop2000 测定 DNA 浓度和纯度；使用 338F（5′－ACTCCTACGGGAGGCAGCAG－3′）和 806R（5′－GGACTACHVGGGTWTCTAAT－3′）对 16S rRNA 基因 V3－V4 可变区进行 PCR 扩增，每个样本 3 个重复。

将同一样本的 PCR 产物混合后使用 2%琼脂糖凝胶回收 PCR 产物，利用 AxyPrep DNA Gel Extraction Kit（Axygen Biosciences，Union City，CA，

USA）进行回收产物纯化，2%琼脂糖凝胶电泳检测，并用 Quantus™ Fluorometer（Promega，USA）对回收产物进行检测定量。使用 NEXTFLEX Rapid DNA-Seq Kit 进行建库：接头链接；使用磁珠筛选去除接头自连片段；利用 PCR 扩增进行文库模板的富集；磁珠回收 PCR 产物得到最终的文库。利用 Illumina 公司的 Miseq PE300 平台进行测序。

数据处理阶段，使用 Trimmomatic 软件对原始测序序列进行质控，使用 FLASH 软件进行拼接：过滤 reads 尾部质量值 20 以下的碱基，设置 50 bp 的窗口，如果窗口内的平均质量值低于 20，从窗口开始截去后端碱基，过滤质控后 50 bp 以下的 reads，去除含 N 碱基的 reads；根据 PE reads 之间的 overlap 关系，将成对 reads 拼接成一条序列，最小 overlap 长度为 10 bp；拼接序列的 overlap 区允许的最大错配比率为 0.2，筛选不符合序列；根据序列首尾两端的 barcode 和引物区分样品，并调整序列方向，barcode 允许的错配数为 0，最大引物错配数为 2。使用 UPARSE 软件（version 7.1 http：//drive5.com/uparse/），根据 97%的相似度对序列进行 OTU 聚类并剔除嵌合体。利用 RDP classifier（http：//rdp.cme.msu.edu/）对每条序列进行物种分类注释，比对 Silva 数据库（SSU128），设置比对阈值为 70%。

6.3.2 不同施肥及不同桑树品种细菌门水平上种群结构及丰度比较

通过对不同分类水平上测序结果进行物种注释，可得到样本在各分类水平所含有的分类单元的数目，在检测的 10 个处理中，共得到 37 个门、128 个纲、295 个目、509 个科、799 属。分析门水平上对 10 个处理样本中细菌（相对丰度大于 1%）的组成（表 6-18），为直观进行观察，也将 10 个样本在各分类水平的鉴定结果绘制成柱状图，以直观地比较不同样本的 OTU 数和分类地位鉴定结果的差异（图 6-14）。从表格可以看出变形菌门在 10 个处理中均是相对丰度最大的，为优势菌群，其次放线菌门和酸杆菌门的相对丰度也均大于 10%（KCK 除外）。桂优 12 号和抗青 10 号桑树的两个未施肥处理的厚壁菌门相对丰度为 15.37%、12.56%，明显高于施肥处理的厚壁菌门相对丰度。疣微菌门在 GNY、GNC、KNY、KN 四个处理中相对丰度大于 1%，在其他六个处理中含量很少。通过统计，在 GCK、GNS、GNY、GN、GNC 这 5 个桂优 12 号相关样本中分别检测出

28、29、30、28、31 个门；而 KCK、KNS、KNY、KN、KNC 这 5 个抗青 10 号相关样本中分别检测出 33、30、32、31、29 个门。

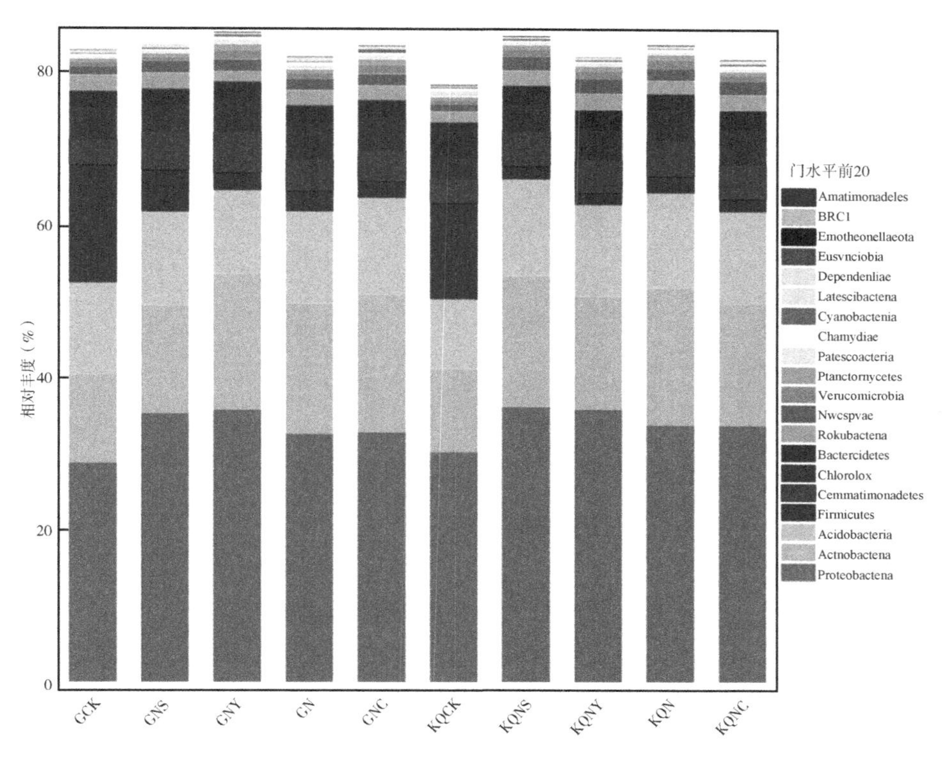

图 6-14　门水平上细菌群落结构组成相对丰度示意

6.3.3　不同施肥及不同桑树品种细菌属水平上种群结构及丰度比较

本研究对不同处理各个物种的组内样本丰度值进行归一化后，计算样本平均值，得到组均物种丰度，通过排序统计每个处理样本中不同细菌属的丰度占比（表 6-19），并绘制成柱状图，共检测到 799 个属，通过分析发现，不同处理中细菌群落结构在属水平上有较大差异。

表 6-19 列出了每个处理中占比前 10 的细菌属，可以发现，主要细菌属包括 Lactobacillus（如酸杆菌属）、*Nitrospira*（硝化螺菌属）、*Haliangium*、*Gemmatimonas*（芽单孢杆菌属）、*Candidatus Udaeobacter*（念

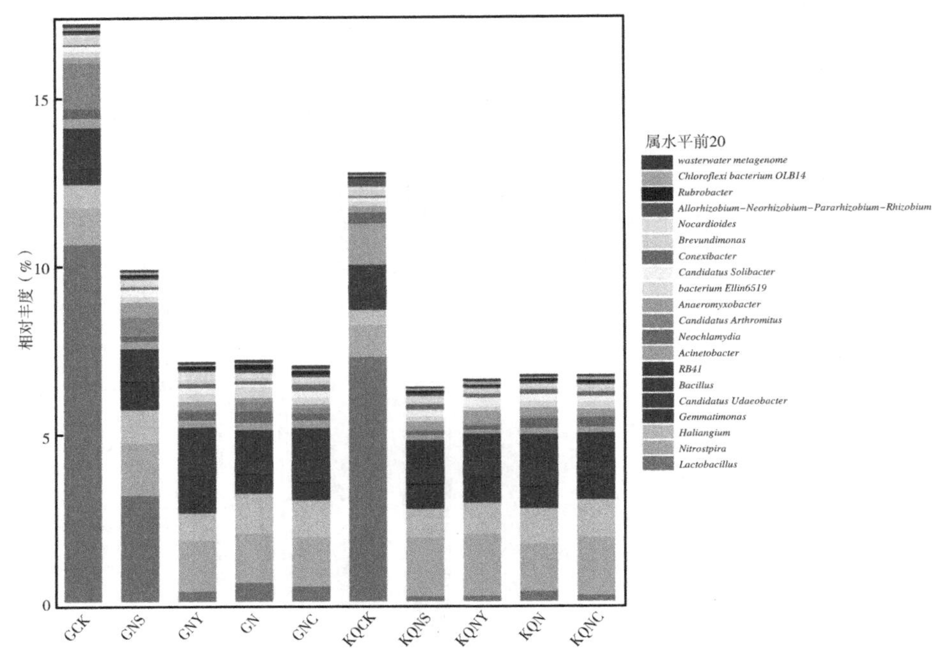

图 6-15　属水平上细菌群落结构组成相对丰度

珠菌）、*Bacillus*（芽孢杆菌）、*RB41*、*Acinetobacter*（不动杆菌）、*Neochlamydia*（新衣原体属）、*Candidatus Arthromitus*（假丝酵母属）等。硝化螺菌属和 *Haliangium* 在 10 个处理中均为优势菌属。乳酸杆菌属在未施肥处理的桂优 12 号和抗青 10 号，以及施加氮肥和生物炭的桂优 12 号中相对丰度十分可观。除此之外，未能详细归到属水平上的肠杆科，*Rokubacteriales* 等的相对丰度也比较高。

乳酸杆菌属（10.68%）在不施肥处理的桂优 12 号桑树根际土壤中为优势菌属；乳酸杆菌属（3.22%）为施加氮肥和生物炭的桂优 12 号的优势菌属；芽单孢杆菌属（1.11%）、念珠菌属（0.58%）、芽孢杆菌属（0.46%）为施加氮肥和有机肥的桂优 12 号的优势菌属，至此就不再赘述。通过相比发现在不施肥处理中，优势菌属的相对丰度占比比施肥处理中优势菌属的相对丰度占比要大很多，单个优势菌属相对于有多个优势菌属或者优势不明显的细菌群落来说，抗逆性要弱一些。

表 6-18 门水平相对丰度较大的细菌群落占比

类群	GCK	GNS	GNY	GN	GNC	KCK	KNS	KNY	KN	KNC
酸杆菌门 Acidobacteria	12.05%	12.19%	10.92%	11.94%	12.64%	9.07%	12.53%	11.93%	12.37%	12.04%
放线菌门 Actinobacteria	11.52%	14.28%	17.86%	12.20%	18.15%	11.01%	17.27%	14.93%	18.15%	16.10%
拟杆菌门 Bacteroidetes	2.24%	2.19%	2.51%	2.19%	2.20%	4.79%	2.50%	2.83%	2.14%	2.63%
绿弯菌门 Chloroflexi	3.97%	3.33%	3.94%	4.75%	4.28%	2.53%	3.46%	3.60%	3.89%	4.37%
厚壁菌门 Firmicutes	15.37%	5.42%	2.24%	2.71%	2.12%	12.56%	1.71%	1.56%	2.11%	1.65%
芽单胞菌门 Gemmatimonadetes	3.27%	4.93%	5.29%	4.06%	3.96%	3.08%	4.41%	4.25%	4.63%	4.42%
硝化螺旋菌门 Nitrospirae	1.10%	1.60%	1.56%	1.50%	1.52%	0.95%	1.81%	1.91%	1.48%	1.78%
变形菌门 Proteobacteria	28.92%	35.32%	35.85%	32.70%	32.90%	30.36%	36.29%	35.96%	33.88%	33.84%
己科河菌门 Rokubacteria	2.11%	2.10%	1.34%	1.98%	1.90%	1.40%	2.00%	2.11%	1.78%	2.03%
疣微菌门 Verrucomicrobia	—	—	1.21%	—	1.22%	—	—	1.06%	1.15%	—
合计	80.55%	81.32%	82.73%	79.03%	80.88%	75.76%	81.97%	80.16%	81.59%	78.87%

表 6-19 属水平上的相对丰度前 10 细菌群落占比

类群	GCK	GNS	GNY	GN	GNC	KCK	KNS	KNY	KN	KNC
*RB*41	0.36%	0.44%	0.42%	0.39%	0.50%	—	0.51%	0.42%	0.50%	0.47%
Neochlamydia	0.31%	—	0.28%	0.38%	0.24%	0.36%	—	—	0.32%	0.31%

（续表）

类群	GCK	GNS	GNY	GN	GNC	KCK	KNS	KNY	KN	KNC
AD3	0. 31%	—	—	—	0. 35%	—	—	—	—	0. 23%
Bacillus	0. 57%	0. 30%	0. 46%	0. 55%	0. 48%	0. 38%	0. 33%	0. 38%	0. 40%	0. 40%
Lactobacillus	10. 68%	3. 22%	0. 33%	0. 59%	0. 47%	7. 34%	0. 16%	—	0. 31%	—
Candidatus Arthromitus	1. 37%	0. 53%	—	0. 28%	—	—	—	0. 27%	—	—
Gemmatimonas	0. 46%	0. 83%	1. 11%	0. 57%	0. 54%	0. 45%	0. 74%	0. 77%	0. 65%	0. 72%
Uncultured Longimicrobiaceae	—	—	0. 32%	—	—	—	—	—	—	—
Nitrospira	1. 10%	1. 57%	1. 56%	1. 50%	1. 51%	0. 95%	1. 81%	1. 90%	1. 48%	1. 78%
uncultured Desulfarculaceae	0. 44%	0. 51%	0. 32%	0. 46%	0. 40%	0. 36%	0. 60%	0. 46%	0. 52%	0. 47%
Anaeromyxobacter	—	0. 44%	—	—	—	—	0. 25%	0. 39%	0. 24%	0. 22%
Haliangium	0. 68%	0. 99%	0. 79%	1. 17%	1. 08%	0. 41%	0. 82%	0. 91%	1. 02%	1. 10%
Candidatus Udaeobacter	—	0. 23%	0. 58%	0. 39%	0. 64%	0. 29%	0. 47%	0. 49%	0. 68%	0. 40%
uncultured Armatimonadetes	—	—	—	—	—	—	0. 19%	0. 17%	—	—
Acinetobacter	—	—	—	—	—	1. 21%	—	—	—	—
Ruminococcaceae UCG-014	—	—	—	—	—	0. 36%	—	—	—	—

“—”表示该细菌属在相应处理细菌群落中的丰度不在前 10 的细菌属范围内

6.3.4　不同施肥及不同桑树品种细菌属水平上物种组成热图

在对样本聚类的图中，样本按照物种组成数据的欧式距离（euclidean distance）进行 UPGMA 聚类，并根据聚类结果排列；否则则按照样本的分组或默认顺序排列。在对物种聚类的图中，默认物种按照其组成数据的皮尔森相关性系数矩阵进行 UPGMA 聚类，并根据聚类结果排列；否则则按照物种的在样本中的平均丰度排序。图中，红色色块代表该属在该样本中的丰度较其他样本高，蓝色色块代表该属在该样本中的丰度较其他样本低。

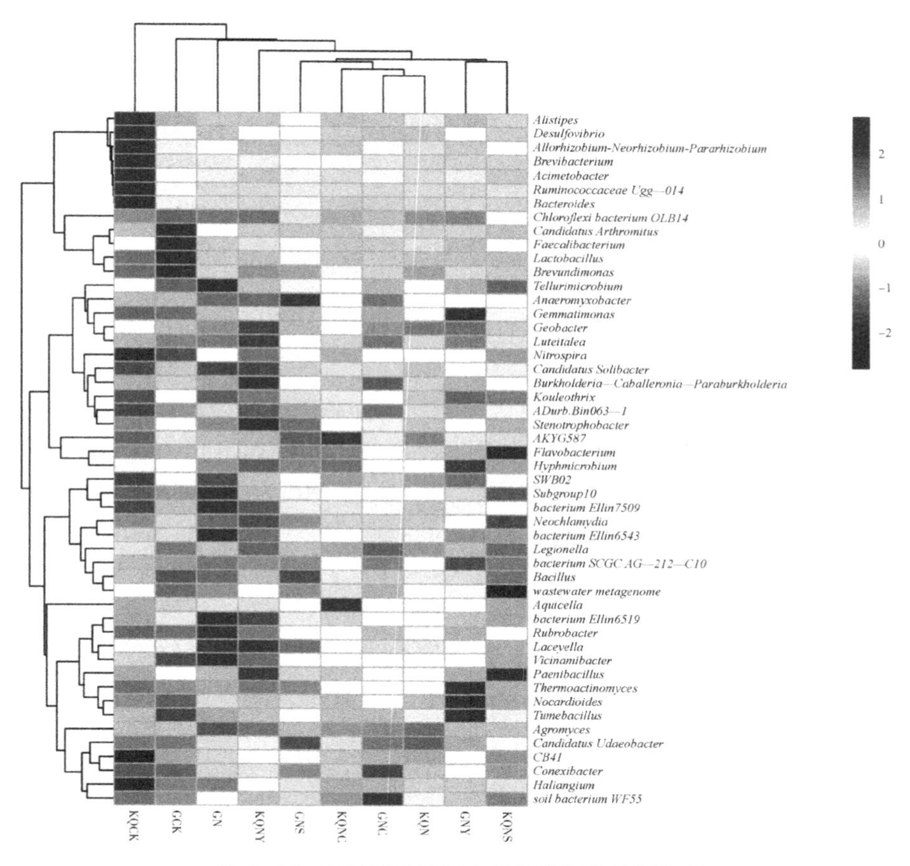

图 6-16　物种聚类的属水平物种组成热图示意

通过对热图 6-16 的观察可以看出，KQN 和 GNC、KNS 和 GNY 聚在一起，其他的则单独聚在一起，表明 KQN 和 GNC 与 KNS 和 GNY 在微生物结构组成上有一定的相似性，其他的处理单独聚为一类，也说明了对不同基因型桑树进行不同施肥处理，会对其菌群结构组成造成明显的影响。

6.3.5 不同施肥及不同桑树品种细菌科水平上病原菌丰度占比

根据表 6-20 可知青枯病劳尔氏菌所在的科伯氏菌科丰度占比较大，而肠杆菌所占的科丰度占比较小；氮肥与生物炭粉配施处理与单施氮肥根际土壤中伯氏菌科区别不大；抗青 10 号根际土壤中肠杆菌科丰度明显低于桂优 12 号，且有机肥与炭基肥均能降低其丰度。

表 6-20 科水平上的病原菌群落相对丰度占比

类群	GCK	KCK	GN	KN	GNS	KNS	GNC	KNC	GNY	KNY
伯氏菌科	1.66%	2.31%	2.08%	1.72%	2.07%	1.87%	1.53%	1.73%	1.90%	2.44%
肠杆菌科	0.26%	0.03%	0.07%	0.06%	0.13%	0.02%	0.06%	0.03%	0.05%	0.01%

6.3.6 小结

本章主要分析了两种不同基因型桑树不同施肥处理后桑树根际土壤微生物高通量测序结果。发现 10 个样本按高低顺序排列得到的有效序列排列为：GNY 为559 019条、KNY 为492 852条、KNC 为483 955条、GCK 为480 166条、GNC 为470 473条、KN 为438 942条、GN 为435 840条、KCK 为433 944条、GNS 为424 354条、KNS 为407 213条。序列的平均长度为420 bp，总体测序结果良好。

对 10 组样本高通量测序后，在不同分类水平上对测序结果进行物种注释，根据各分类水平所含有的分类单元的数目，共得到 37 个门、128 个纲、295 个目、509 个科、799 个属。

利用 Alpha 曲线和稀释曲线等方法比较了施肥和不施肥的两种基因型桑树细菌群落的多样性和均匀度，结果表明氮肥与有机肥配施的桑树根际土壤的细菌群落多样性更为丰富，均匀度也更好；其次是氮肥与炭基肥配施，施加氮肥和生物炭粉与仅施加氮肥相比，差别不明显。未施肥的土壤细菌群落结构更为简单，多样性和均匀度都较差。

在门水平上比较施肥后两种不同基因型桑树的细菌群落结构差异，可发现变形菌门、放线菌门和酸杆菌门为所有处理的优势菌门，GCK 和 KCK 两个处理中厚壁菌门相对丰度为 15.37%、12.56%，明显高于施肥处理的厚壁菌门相对丰度。疣微菌门在 GNY、GNC、KNY、KN 4 个处理中相对丰度大于 1%，在其他 6 个处理中含量很低。

在属水平上比较了施肥后两种不同基因型桑树的细菌群落结构差异，可看出硝化螺菌属和 *Haliangium* 在 10 个处理中均为优势菌属。乳酸杆菌属在 KCK 和 GC 相对丰度很高。而未能归属的肠杆菌科、*Rokubacteriales* 等的相对丰度也比较高。此外，不施肥处理与施肥处理相比，优势菌属的相对丰度占比要大很多，而单个菌属相对丰度较大，会影响到整体菌群的生态平衡。

综上，在桑树的施肥处理中，有机肥处理提高根际土壤微生物丰度、多样性和均匀度的效果最明显，不施肥以及仅施用氮肥的情况下，土壤根际微生物的多样性较差。此外，根际微生物群落结构与桑树的基因型具有相关性。

参考文献

刘灵芝，马诗涵，李秀玲，等，2020. 长期施肥对土壤氨氧化微生物的影响［J］. 应用生态学报，31（5）：1459-1466.

任灵玲，李秀玲，刘灵芝，2019. 不同施肥方式下土壤氨氧化细菌的群落特征［J］. 中国生态农业学报，27（1）：11-19.

王伯仁，徐明岗，文石林，2005. 长期不同施肥对旱地红壤性质和作物生长的影响［J］. 水土保持学报，19（1）：97-100.

王慧颖，徐明岗，马想，等，2018. 长期施肥下我国农田土壤微生物及氨氧化菌研究进展［J］. 中国土壤与肥料（2）：1-12.

杨亚东，宋润科，赵杰，等，2018. 长期不同施肥制度对水稻土氨氧化微生物数量和群落结构的影响［J］. 应用生态学报，29（11）：3829-3837.

于翠，熊双伟，李勇，等，2017. 施肥对桑园土壤氨氧化微生物群落结构的影响［J］. 蚕业科学，43（1）：25-31.

赵普生，韩苗，熊子怡，等，2018. 长期定位施肥对中性紫色土硝化作用及氨氧化微生物的影响［J］. 中国土壤与肥料（5）：85-90.

Boyle-Yarwood S A, Bottomley P J, Myrold D D, 2008. Community composition of ammonia-oxidizing bacteria and archaea in soils under stands of red alder and Douglas fir in Oregon [J]. Environmental Microbiology, 10 (11): 2956-2965.

Chen X, Zhang L M, Shen J P, et al., 2010. Soil type determines the abundance and community structure of ammonia-oxidizing bacteria and archaea in flooded paddy soils[J]. Journal of Soils and Sediments, 10(8): 1510-1516.

Chen Y, Xu Z, Hu H, et al., 2013. Responses of ammonia-oxidizing bacteria and archaea to nitrogen fertilization and precipitation increment in a typical temperate steppe in Inner Mongolia[J]. Applied Soil Ecology, 68(3): 36-45.

Ding J, Jiang X, Ma M, et al., 2016. Effect of 35 years inorganic fertilizer and manure amendment on structure of bacterial and archaeal communities in black soil of northeast China[J]. Applied Soil Ecology, 105: 187-195.

Ding L J, Su J Q, Sun G X, et al., 2018. Increased microbial functional diversity under long-term organic and integrated fertilization in a paddy soil [J]. Applied Microbiology and Biotechnology, 102(2): 1969-1982.

Enwall K, Philippot L, Hallin S, 2005. Activity and composition of the denitrifying bacterial community respond differently to long-term fertilization [J]. Applied of Environmental and Microbiology, 71(12): 8335-8343.

Fu Q X, Gu J, Li Y D, et al., 2015. Analyses of microbial biomass and community diversity in kiwifruit orchard soils of different planting ages [J]. Acta Ecologica Sinica, 35: 22-28.

Griffiths R I, Thomson B C, James P, et al., 2011. The bacterial biogeography of British soils[J]. Environmental Microbiology; 13: 1642-1654.

Gu M Y, Xu W L, Mao J, et al., 2012. Microbial community diversity of rhizosphere soil in continuous cotton cropping system in Xinjiang[J]. Acta Ecologica Sinica, 32: 3031-3040.

He J Z, Hu H W, Zhang L M, 2012. Current insights into the autotrophic thaum archaeal ammonia oxidation in acidic soils [J]. Soil Biology and Biochemistry, 55: 146-154.

He J Z, Shen J P, Zhang L M, et al., 2007. Quantitative analyses of the abundance and composition of ammonia-oxidizing bacteria and ammonia-oxidizing archaea of a Chinese upland red soil under long-term fertilization practices [J]. Environmental Microbiology, 9(9): 2364-2374.

Hoshino Y T, Morimoto S, Hayatsu M, et al., 2011. Effect of soil type and fertilizer management on archaeal community in upland field soils[J]. Microbes and Environments, 26(4): 307-316.

Huang L, Riggins C W, Rodríguez-Zas S, et al., 2019. Long-term N fertilization imbalances potential N acquisition and transformations by soil microbes [J]. Science of the Total Environment, 691: 562-571.

Leininger S, Urich T, Schloter M, et al., 2006. Archaea predominate among ammonia-oxidizing prokaryotes in soils[J]. Nature, 442: 806-809.

Li H, Weng B S, Huang F Y, et al., 2015. pH regulates ammonia-oxidizing bacteria and archaea in paddy soils in Southern China[J]. Applied Microbiology and Biotechnology, 99(14): 6113-6123.

Luo P Y, Han X R, Wang Y, et al., 2015. Influence of long-term fertilization on soil microbial biomass, dehydrogenase activity, and bacterial and fungal community structure in a brown soil of northeast China[J]. Annal of Microbiology, 65: 533-542.

Lupwayi N Z, Lafond G P, Ziadi N, et al., 2012. Soil microbial response to nitrogen fertilizer and tillage in barley and corn[J]. Soil and Tillage Research, 118: 139-146.

Ma N N, Li T L, 2013. Effect of long-term continuous cropping of protected tomato on soil microbial community structure and diversity [J]. Acta Horticultrae Sinica, 40: 255-264.

Nicol G W, Leininger S, Schleper C, et al., 2008. The influence of soil pH on the diversity, abundance and transcriptional activity of ammonia oxidizing archaea and bacteria[J]. Environmental Microbiology, 10(11): 2966-2978.

Nugroho R A, Röling W F M, Laverman A M, et al., 2005. Presence of Nitrosospira cluster 2 bacteria corresponds to N transformation rates in nine acid Scots pine forest soils[J]. FEMS Microbiology Ecology, 53(3): 473-481.

Ogilvie L A, Hirsch P R, Johnston A W, 2008. Bacterial diversity of the broadbalk 'classical' winter wheat experiment in relation to long-term fertilizer inputs[J]. Microbial Ecology,56(3):525-537.

Pernes-Debuyser A, Tessier D, 2004. Soil physical properties affected by long-term fertilization[J]. European Journal of Soil Science,55(3):505-512.

Shen C C,Xiong J B,Zhang H Y,et al.,2013. Soil pH drives the spatial distribution of bacterial communities along elevation on Changbai Mountain [J]. Soil Biology and Biochemistry,57:204-211.

Shen J P,Zhang L M,Zhu Y G,et al.,2008. Abundance and composition of ammonia-oxidizing bacteria and ammonia-oxidizing archaea communities of an alkaline sandy loam[J]. Environmental Microbiology,10(6):1601-1611.

Shen X Y,Zhang L M,Shen J P,et al.,2011. Nitrogen loading levels affect abundance and composition of soil ammonia oxidizing prokaryotes in semiarid temperate grassland[J]. Journal of Soils and Sediments,11(7):1243-1252.

Yao H,Jiao X,Wu F,2006. Effects of continuous cucumber cropping and alternative rotations under protected cultivation on soil microbial community diversity[J]. Plant Soil,284:195-203.

Yu C, Hu X, Deng W, et al., 2014. Changes in soil microbial community structure and functional diversity in the rhizosphere surrounding mulberry subjected to long-term fertilization[J]. Applied Soil Ecology,86:30-40.

Zhang J X,Dai Y,Wang Y L,et al.,2015. Distribution of ammonia oxidizing archaea and bacteria in plateau soils across different land use types[J]. Applied Microbiology and Biotechnology,99(16):6899-6909.

第 7 章　施肥与土壤微生物碳代谢活性

土壤微生物数量庞大，是整个土壤生态系统的重要组成部分，在养分循环和分解中发挥着重要作用，并受到肥料施用的影响。土壤微生物碳代谢功活性是基于不同微生物代谢各种碳源物质的能力来表征土壤微生物群落结构多样性。桑园土壤微生物群落结构和功能的多样性与桑园土壤肥力可持续性直接相关。研究不同类型桑园的桑树根际微生物碳代谢活性，可为桑树生长发育创造良好的土壤环境条件及制定桑园土壤的科学管理措施提供理论依据。

7.1　长期偏施氮肥对桑园土壤微生物碳代谢活性的影响

7.1.1　试验设计与土壤样品采集

同第 2 章 2.1.1。

7.1.2　土壤微生物碳代谢活性检测方法

桑园桑树根际土壤微生物功能多样性测定与计算方法：采用 Biolog（Biolog Eco Plate™）技术研究土壤微生物碳代谢多样性。5 g 土壤样品中加入 45 mL 灭菌的 8.5 g/L NaCl 溶液，在摇床上振荡 15 min，静置片刻，然后将土壤样品稀释（稀释度 10^{-3}），用排枪吸取稀释液至 96 孔 Biolog Eco 板中，每孔 150 μL，最后将接种好的板放至 28 ℃的恒温培养箱中培养，每隔 24 h 于波长为 590 nm 处的 Biolog 读数器上读数，培养时间共 168 h。

微平板中溶液吸光值平均单孔颜色变化率（AWCD）用于描述土壤微生物代谢活性，计算方法如下：$AWCD=\sum(C_i-R_i)/n$，式中 C_i 为每个有培养基孔的光密度值，R_i 为对照孔的光密度值，n 为培养基孔数，Biolog Eco 板 n 值为 31。参照郭正刚等的方法，选用 Shannom-Wiener 多样性指数（H）描述土壤微生物多样性丰度。选用 120 h 的平均单孔颜色变化率 AWCD 值计算 H。多样性指数：$H = -\sum P_i \ln P_i$，式中，P_i为第 i 孔的相对光密度值与整个微平板的相对光密度值总和的比值，$P_i = (C_i - R_i) / \sum (C_i - R_i)$。

7.1.3 不同氮肥施用年限桑园土壤微生物 AWCD 变化

平均单孔颜色变化率（AWCD）反映了土壤微生物群落对单一碳源整体利用情况，代表土壤微生物活性。由图 7-1 可以看出，在 168 h 的培养期间，各处理土壤 AWCD 从 24 h 开始迅速提高，144 h 左右达到稳定状态，因此，本研究选择光密度增加时期即 120 h 的光密度用于统计分析。不同施肥年限及不同取样时期桑树根际土壤微生物利用单一碳源能力不同，4Y 和 17Y 土壤微生物利用单一碳源的能力 AWCD 高于 32Y 土壤，不

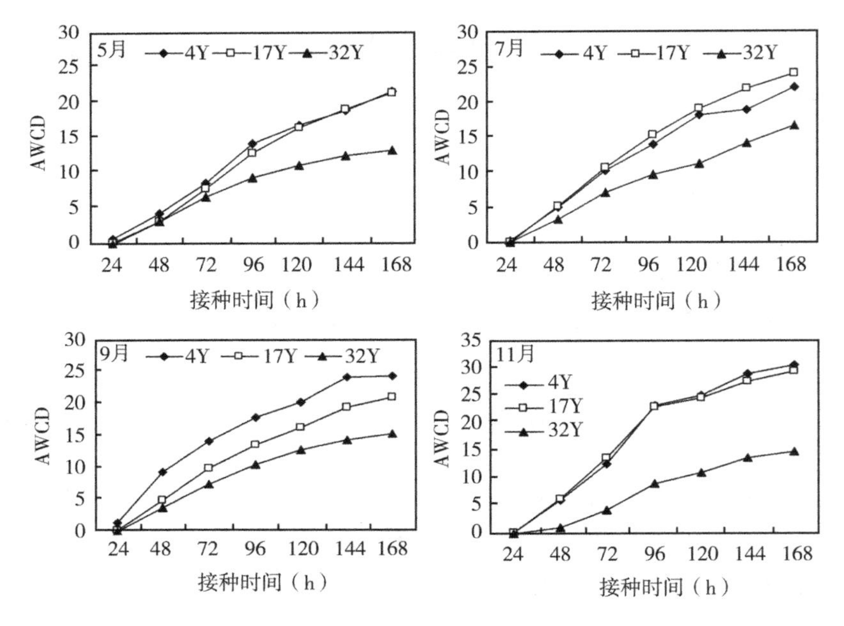

图 7-1 不同施肥年限（4 年-4Y，17 年-17Y，32 年-32Y）桑树根际土壤微生物 AWCD 变化（2015 年）

同取样日期间比较，11 月 4Y 和 17Y 土壤 AWCD 显著高于其他取样日期。逐步回归分析表明，土壤有机质含量与 AWCD 显著相关（表 7-1）。

表 7-1 桑树根际土壤微生物碳源利用能力参数与土壤养分指标逐步回归分析

参数	相关因素	r^2
AWCD	有机质	0.512**
Shannon 多样性指数	有机质，pH 值，速效氮	0.841**

** 表示显著水平在 $P < 0.01$

7.1.4 不同氮肥施用年限桑园土壤微生物六类碳源利用能力比较

微生物对不同碳源的利用可以反映微生物的代谢功能类群。总体而言，4Y 土壤微生物对不同碳源的利用能力较强，而 32Y 土壤微生物利用能力较弱（图 7-2）。4Y 土壤微生物对糖类、氨基酸类及胺类碳源的利用能力高于其他处理土壤，且与 32Y 处理相比在 4 次取样时期均达差异显著水平（$P<0.05$）。从多样性指数看，各取样时期 4Y 土壤微生物 Shannon 多样性指数显著高于 32Y 处理（$P<0.05$）（图 7-3）。逐步回归分析表明，Shannon 多样性指数与土壤有机质含量、pH 值及速效氮含量具有一定相关关系（表 7-1）。

7.1.5 不同氮肥施用年限桑园土壤微生物碳源利用主成分分析

碳源利用能力主成分分析见图 7-4。不同施肥年限土壤及不同取样日期之间有较大的分离，表明土壤微生物代谢特征表现出较大差异。第 1 主成分和第 2 主成分分别解释土壤微生物代谢 31 种基质的 62.46%和 15.21%（2014 年）及 66.45%和 14.50%（2015 年）的变异。4Y 土壤和 17Y 土壤间离散距离较小，而与 32Y 土壤间的离散距离较大，表明不同施肥年限显著影响土壤微生物碳代谢功能群结构。

7.1.6 小结

前人研究表明，不合理的施肥管理方式，如不合理的肥料种类及数量

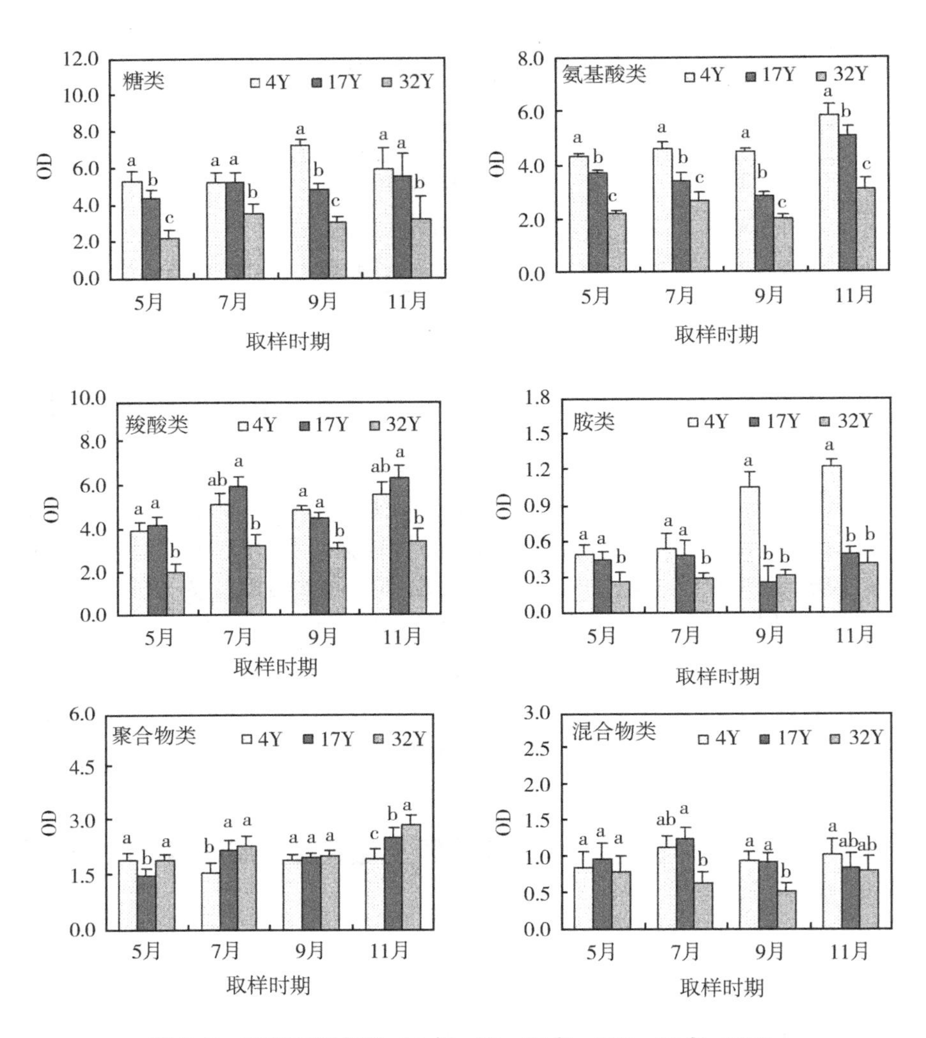

图 7-2　不同施肥年限（4 年-4Y，17 年-17Y，32 年-32Y）桑树根际土壤微生物碳源利用能力比较

不同英文小写字母表示处理间差异显著（P<0. 05）

可能导致土壤环境的恶化，并破坏土壤微生态系统的平衡（Zhong et al.，2007；Zhou et al.，2012）。但是，这个结论也取决于一些其他条件。Luo 等（2015）报道表明，在玉米-大豆轮作系统长期无机氮肥处理导致土壤

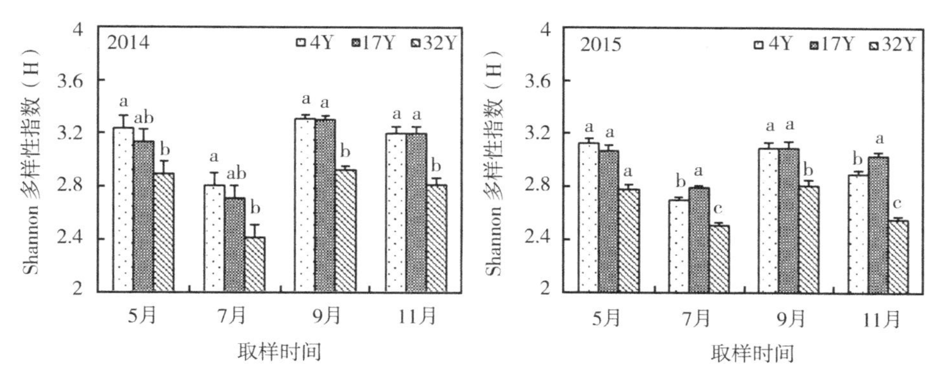

图 7-3 不同施肥年限（4 年-4Y，17 年-17Y，32 年-32Y）桑树根际土壤微生物多样性指数

不同英文小写字母表示不同处理间差异显著（$P < 0.05$）

微生物量碳含量降低；而 Lupwayi 等（2012）和 Ogilvie 等（2008）则提出，一定量氮肥的应用对土壤微生物种群结构及功能多样性无影响。然而，Yu 等报道，与有机无机复混肥相比，长期（16 年）每年每公顷施用 450 kg N 显著降低了土壤细菌种群结构及碳源利用能力（于翠等，2011；Yu et al.，2014）。本研究结果表明，与 4Y 和 17Y 相比，32Y 土壤微生物碳源利用能力显著降低（图 7-2）。因此土壤微生物对氮肥的反应取决于许多因素，包括肥料类型、肥料数量、应用时间、土壤特性及作物类型等。然而，对于桑树来说，长期每年每公顷施用 450 kg（N）确实减少了土壤微生物的碳源利用能力及多样性。

前人对茶、番茄、棉花、烟草等的研究也表明，土壤微生物的活性和功能多样性随栽植时间的增加而减少（顾美英等，2012；Ma et al.，2013；Fu et al.，2015）。如 Fu 等（2015）报道，芦笋土壤微生物种群结构随栽植树龄的增加而减少。然而，笔者认为，本研究中 17Y 和 32Y 处理土壤微生物多样性的减少不仅仅取决于栽植树龄，而与施肥管理关系更密切。Yu 等（2014）研究表明，长期（16 年）应用有机无机复混肥处理，土壤微生物种群结构及碳源利用能力等显著高于长期（16 年）应用无机肥料处理及未施肥处理对照。因此，不同植物类型对树龄及不同肥料的反应需要进一步深入研究。

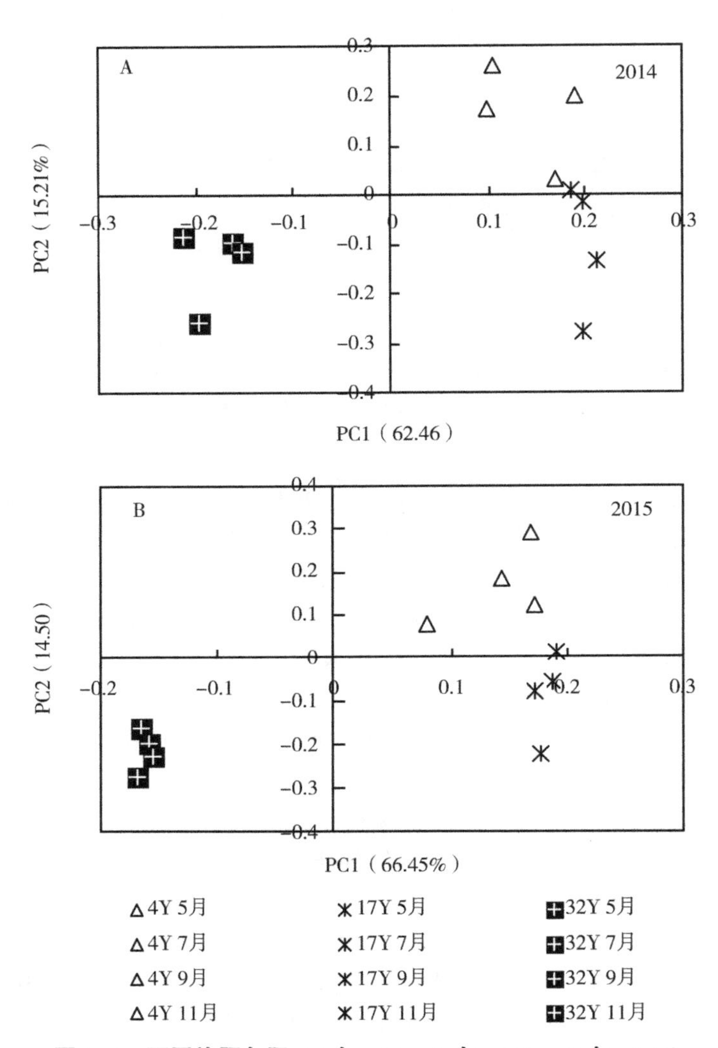

图 7-4 不同施肥年限（4 年-4Y，17 年-17Y，32 年-32Y）桑树根际土壤微生物碳源利用主成分分析

7.2　不同施肥种类对桑园土壤微生物碳代谢活性的影响

7.2.1　试验设计与试验方法

本试验设计与土壤样品采集同第 2 章 2.2.1；土壤微生物碳代谢活性检测方法同本章 7.1.2。

7.2.2　不同施肥种类桑园土壤微生物 AWCD 变化比较

各施肥处理土壤 AWCD 在第一个 24 小时培养期几乎为零，但随着培养时间的增加逐渐增加。施肥处理和取样日期显著影响 AWCD（$P<0.05$，表 7–2）。图 7–5 显示，OIO 施肥处理土壤 AWCD 最高，CK 处理最低。5 月份 OIO 处理土壤 AWCD 显著高于其他取样日期（$P<0.05$）。5 月，OIO

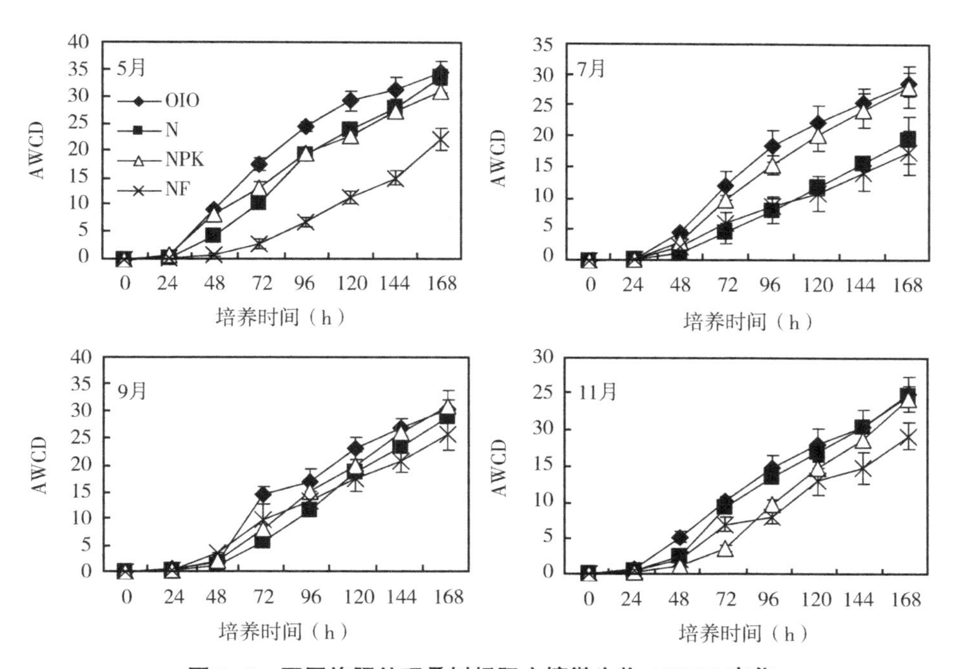

图 7–5　不同施肥处理桑树根际土壤微生物 AWCD 变化

处理土壤 AWCD 分别比 N 和 CK 处理高 1.03~2.42 倍和 1.56~10.53 倍；7 月，OIO 处理土壤 AWCD 分别比 N 和 CK 处理高 1.47~3.30 倍和 1.63~2.08 倍。逐步回归分析表明，在培养 120 h 时，土壤有机质含量是唯一与 AWCD 显著相关的变量（表 7-3）。

表 7-2 桑园土壤微生物碳代谢多样性指数和 AWCD 值与施肥处理（FT）、取样时期（Time）间的方差分析

变量	概率						
	细菌	真菌	放线菌	120h AWCD	Shannon 多样性指数	Shannon 均匀度指数	Factor1
FT	0.009	<0.001	<0.001	0.034	0.043	0.018	<0.001
Time	0.013	<0.001	<0.001	<0.001	<0.001	0.691	0.034
FT×Time	0.025	0.012	0.001	<0.001	0.006	0.025	0.029

表 7-3 桑园土壤微生物碳代谢多样性指数与土壤理化性质间逐步回归分析

因子	变量	r^2
AWCD	SOM	0.515***
Shannon 多样性指数	SOM，pH 值，AP，AN	0.901***
Shannon 均匀度指数	SOM	0.544***

SOM：土壤有机质；AP：土壤速效磷；AWCD：平均每孔颜色变化率；AN：土壤速效氮；*** $P < 0.001$

7.2.3 不同施肥种类桑园土壤微生物六类碳源利用能力比较

OIO 施肥处理土壤微生物基质利用能力更强，NF 处理土壤微生物基质利用能力更低（图 7-6）。在 5 月和 7 月，OIO 施肥处理土壤微生物碳水化合物利用率高于其他处理土壤，并且与 NF 处理差异显著（$P<0.05$）。N 处理土壤微生物氨基酸利用率高于其他处理土壤，5 月、7 月、9 月与 OIO 处理差异显著（$P<0.05$）。除 7 月外，在所有采样日期，NF 处理土壤微生物的聚合物类和其他混合物类碳源利用能力均低于 OIO 处理土壤。

表 7-4 显示，在 4 个施肥处理中土壤微生物对 N-乙酰-D-葡萄糖胺、

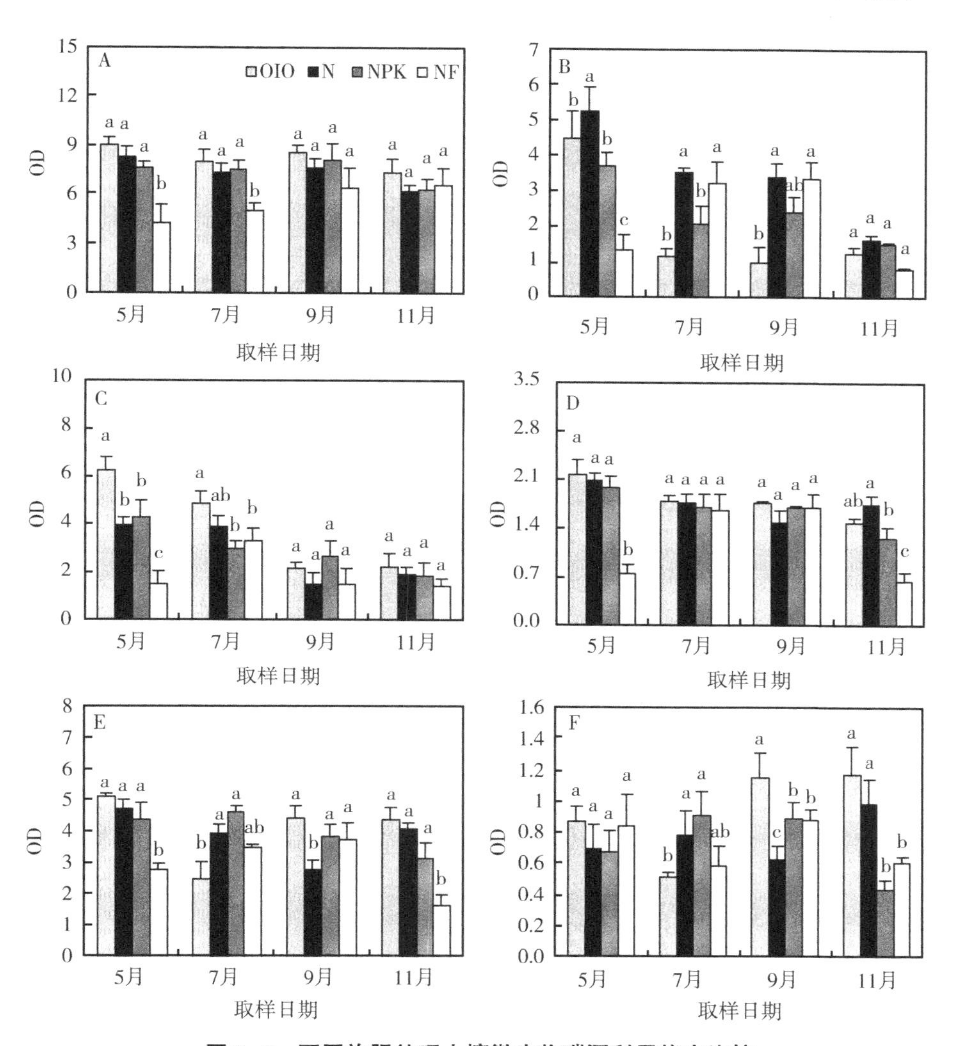

图7-6　不同施肥处理土壤微生物碳源利用能力比较

A：碳水化合物类；B：氨基酸类；C：羧酸类；D：胺类；E：聚合物类；F：其他；不同英文小写字母表示 $P < 0.05$ 水平上的差异显著性（$n=3$）

D-纤维二糖、D-甘露醇、吐温40、吐温80和苯乙胺利用能力较强，光密度均值大于1.0。然而，土壤微生物对2-羟基苯甲酸、γ-羟基丁酸、α-酮丁酸、D-苹果酸、L-苏氨酸和D,L-α-甘油的利用能力较弱，其光密度均值小于0.3。在OIO处理中确定的17种碳水化合物和羧酸中，有13种的光密度平均值大于其他施肥处理。此外，在N处理中鉴定的6种氨基酸中，有5种的光密度均值大于其他处理。这些结果表明，OIO处理土壤微生物对碳水化合物和羧酸利用率高于其他处理，而N处理土壤微生物对氨基酸利用率高于其他处理。

表7-4 不同施肥处理土壤微生物对31类碳源利用的最优光密度

底物	最优光密度			
	OIO	N	NPK	NF
ß-Methyl-D-Glucoside	0.660	0.588	0.586	0.598
D-Galactonic Acid y-Lactone	0.516	0.440	0.534	0.507
D-Xylose	0.552	0.438	0.718	0.407
I-Erythritol	0.400	0.339	0.185	0.270
D-Mannitol	1.368	1.344	1.399	1.328
N-Acetyl-D-Glucosamine	1.395	1.290	1.232	1.022
D-Cellobiose	1.255	1.169	1.199	1.131
Glucose-1-Phosphate	0.667	0.629	0.557	0.584
a-D-Lactose	0.914	0.831	0.815	0.365
D-Galacturonic Acid	0.690	0.611	0.600	0.322
2-Hydroxy Benzoic Acid	0.286	0.138	0.180	0.200
4-Hydroxy Benzoic Acid	0.794	0.773	0.868	0.937
y-Hydroxybutyric Acid	0.052	0.044	0.046	0.047
D-Glucosaminic Acid	0.546	0.523	0.524	0.302
Itaconic Acid	0.617	0.536	0.471	0.361
a-Ketobutyric Acid	0.206	0.060	0.134	0.190
D-Malic Acid	0.192	0.106	0.117	0.106
L-Arginine	0.396	0.880	0.409	0.435
L-Asparagine	0.562	0.811	0.654	0.734
L-Phenylalanine	0.375	0.492	0.479	0.457
L-Serine	0.389	0.665	0.529	0.517
L-Threonine	0.157	0.161	0.102	0.130

（续表）

底物	最优光密度			
	OIO	N	NPK	NF
Glycyl-L-Glutamic Acid	0. 348	0. 210	0. 241	0. 409
Tween 40	1. 066	0. 891	0. 850	0. 841
Tween 80	1. 286	1. 030	1. 108	0. 987
a-Cyclodextrin	0. 817	1. 290	1. 066	0. 361
Glycogen	0. 978	0. 710	0. 919	0. 916
Phenylethyl-amine	1. 363	1. 430	1. 264	0. 823
Putrescine	0. 363	0. 410	0. 396	0. 363
Pyruvic Acid Methyl Ester	0. 751	0. 867	0. 741	0. 793
D，L-a-Glycerol	0. 121	0. 079	0. 079	0. 111

7. 2. 4　不同施肥种类桑园土壤微生物碳源利用主成分分析

图 7-7 显示了不同生长季节各施肥处理土壤微生物碳源利用能力主成分分析，主成分因子 1 和因子 2 分别占变异的 74. 49%和 6. 57%。因为因子 1 对基质利用能力的贡献最大，因此仅对因子 1 进行显著性测试（表 7-2）。因子 1 的方差分析结果表明，土壤微生物碳源利用能力的分离是由于施肥处理和采样时间的影响。主成分分析表明 OIO 处理土壤和其他处理土壤间离散距离较大，并且 OIO 处理和 NF 处理土壤之间的离散距离最大。对于取样时间，四个取样时间土壤微生物碳源利用能力被聚集在一起，这表明碳源利用能力受肥料处理的影响显著，受取样时间的影响较小（图 7-7）。在 5 月、7 月、9 月和 11 月的取样时间内，NF 处理碳源利用能力表现出很大的差异，这表明 NF 处理土壤微生物功能多样性存在季节性变化。

7. 2. 5　不同施肥处理桑园土壤微生物功能多样性指数

根据培养 120 小时 Biolog 数据计算 2012 年 Shannon 多样性指数，图 7-8 结果表明，OIO 处理土壤 Shannon 多样性指数高于 N、NPK 和 NF 处理土壤，并且与 CK 处理土壤差异显著（$P<0.05$）。2012 年 OIO 处理土壤 Shannon 均匀度指数显著高于 N、NPK 和 CK 处理土壤（11 月除外）。施

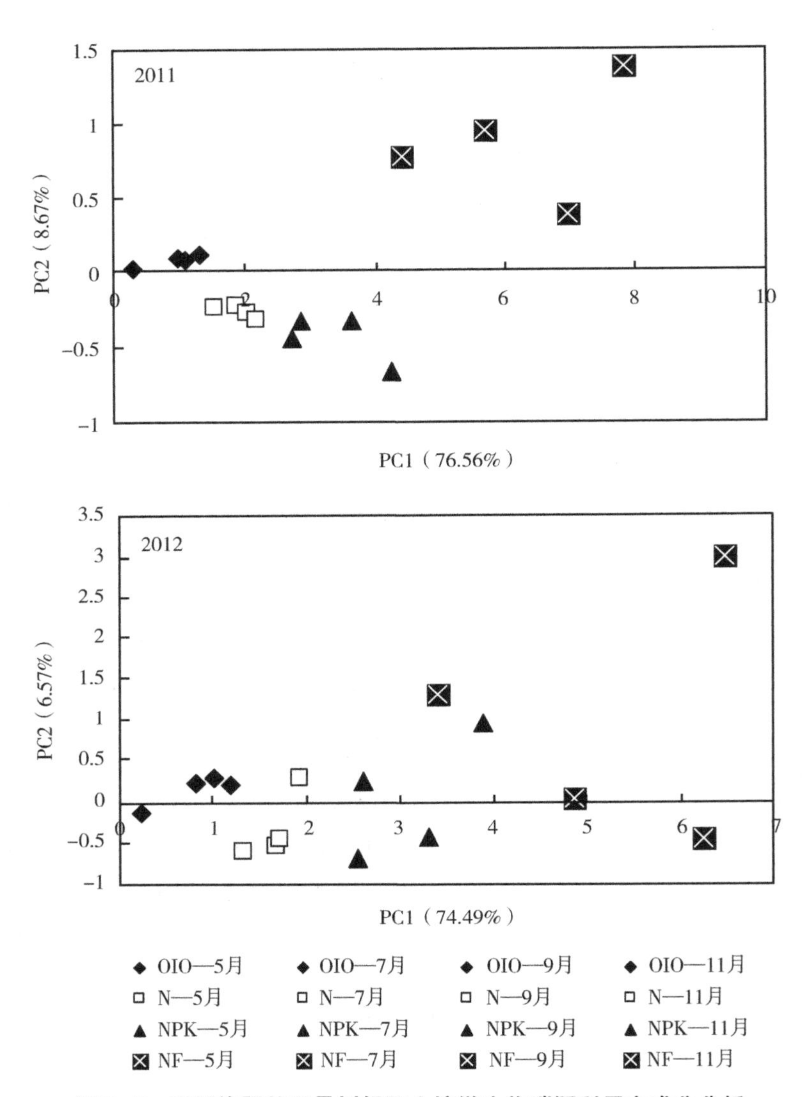

图 7-7　不同施肥处理桑树根际土壤微生物碳源利用主成分分析

肥处理和取样时间之间的交互作用对 Shannon 多样性（$P=0.006$）和 Shannon 均匀度指数（$P=0.025$，表 7-2）影响显著。逐步回归分析表明，Shannon 多样性指数与土壤有机质含量、pH 值、速效磷和速效氮含量相关，而 Shannon 均匀度指数仅与土壤有机质含量相关（表 7-3）。

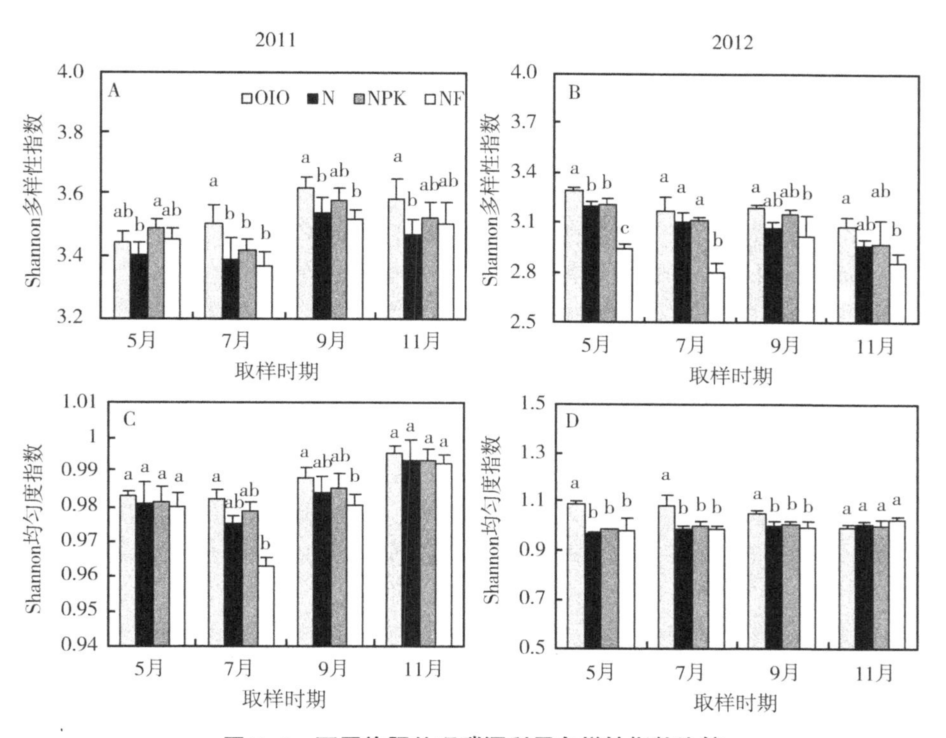

图 7-8　不同施肥处理碳源利用多样性指数比较

A 和 B：Shannon 多样性指数；C 和 D：Shannon 均匀度指数；不同英文小写字母表示处理间差异显著（$P < 0.05$）

7.2.6　小结

先前的研究表明，良好的施肥管理，包括施用适当类型和数量的肥料，可以在一定程度上增加微生物的功能多样性（Zhong et al.，2007），本研究中也得到了相同的结论。与其他肥料处理相比，OIO 处理土壤 Shannon 多样性和均匀度指数增加。肥料引起的土壤性质变化（OIO 土壤中有机质含量较高）影响了土壤微生物功能多样性，进而引起微生物碳源利用能力变化。微生物对碳水化合物和羧酸的利用在 OIO 处理土壤中比在其他土壤中更强。然而，在 N 处理土壤中，氨基酸利用能力比其他处理强得多。这种土壤环境明显促进了氨基酸偏好型微生物的生长，而其他微生物的生长则因营养限制而受到抑制，因而土壤中微生物多样性会下降。这一发现有助于确定施肥时改变复杂土壤微生态系统和微生物功能多样性的关键因素。例如，可能是土壤物理化学特征（如有机质、养分含量或 pH 值）构造了微生物功能多样性，逐步回归结果证实了这一点。

我们还发现，可利用不同基质作为碳源的微生物群落在桑树周围土壤的功能多样性中起着关键作用。土壤微生物群落大多受到碳源的限制，一些主要优势碳利用水平的微生物（如芽孢杆菌）在 OIO 处理中为优势物种，而芽孢杆菌的有益代谢物也可以提高环境中的微生物多样性。因此，芽孢杆菌微生物是此类环境中最重要的群落之一，也可能具有生物修复应用前景。

高氮肥施用量是湖北省乃至全国蚕桑产业发展中的主要问题。湖北省桑园 1 年平均施氮量为 454 kg/ha，如此高的无机氮施用量对土壤微生物特性的影响尚不清楚。本研究结果显示，施肥对土壤微生物群落和功能多样性有显著影响。施用有机无机复混肥时，土壤细菌和放线菌丰度、细菌群落多样性和土壤微生物功能多样性普遍增加；而长期施用无机氮肥导致微生物功能多样性显著下降。逐步回归分析表明，大多数微生物参数主要与土壤有机质含量相关。因此，今后的研究应着重于进一步阐明土壤微生物特性，特别是多样性变化对土壤质量影响的内在机制。

7.3 施肥对不同桑树品种土壤微生物碳代谢活性影响

7.3.1 试验设计与试验方法

本试验设计与土壤样品采集同第 2 章 2.3.1；土壤微生物碳代谢活性检测方法同本章 7.1.2。

7.3.2 不同施肥处理及不同桑树品种土壤微生物碳源利用能力比较

土壤微生物对不同碳源利用能力可以反映微生物碳代谢多样性。由图 7-9 可以看出，不同抗病桑树品种及不同施肥处理的桑树根际微生物对碳源的优先利用种类和利用程度有明显差异，反映出不同土壤微生物碳代谢群落结构不同。不同抗病品种及不同施肥处理的桑树根际微生物对糖类的利用能力最强度最大，对羧酸类碳源的利用能力次之，而对胺类碳源的利用能力最低。

对于抗病桑树品种，施肥可以提高根际微生物对糖类、氨基酸及羧酸类碳源的利用能力。后 2 次取样 NO 和 NB 处理组桑树根际土壤微生物对糖类和氨基酸类碳源的利用能力显著高于 N 处理组和 CK 组处理（$P<0.05$），3 次取样 NO 处理组桑树根际微生物对羧酸类碳源的利用能力显著高于其他施肥处理（$P<0.05$）；第 1 次和第 3 次取样 NO 处理组桑树根际微生物对氨类碳源的利用能力显著高于其他施肥处理组，而第 2 次取样 NB 处理组桑树根际微生物对氨类碳源的利用能力显著高于其他施肥处理组（$P<0.05$）。对于易感病桑树品种，后 2 次取样 NO 处理组微生物对糖类和氨基酸类碳源的利用能力显著高于其他施肥处理组（$P<0.05$），对于氨类碳源，第 1 次和第 2 次取样 NB 处理组桑树根际微生物对氨类碳源的利用能力显著高于其他施肥处理组和对照组，而第 3 次取样 NO 处理组最高。抗病和易感病桑树品种比较，NO 和 NB 处理组抗病桑树根际微生物对各类碳源的利用能力整体上高于易感病桑树品种，随着施肥处理时间的延长，各处理组桑树根际微生物对糖类碳源利用能力提高，而对氨基酸类和羧酸类碳源利用能力有减弱趋势。

7.3.3　不同施肥及不同桑树品种根际土壤微生物碳代谢多样性指数比较

由图 7-10 可看出，各施肥处理组桑树根际微生物碳代谢多样性指数均大于未施肥处理组。且与 N 处理组和 CK 处理相比，NO 和 NB 处理组提高了抗青枯病桑树品种根际微生物碳代谢多样性指数，其中 NO 处理组达差异显著水平（$P<0.05$）。对于易感青枯病桑树品种，第 1 次和第 2 次取样，N 处理组桑树根际微生物碳源利用多样性指数最高，但与 NO 和 NB 处理组间比较差异不显著，施肥后期第 3 次取样，NO 和 NB 处理组桑树根际微生物碳代谢多样性指数显著高于 N 处理组和 CK 组（$P<0.05$）。此外，与第 1、2 次取样相比，第 3 次取样时，无论是施肥还是不施肥，抗青枯病桑树品种和易感青枯病桑树品种的根际微生物碳代谢多样性指数均呈下降趋势，而 N 处理组和 CK 组处理下降幅度较大。

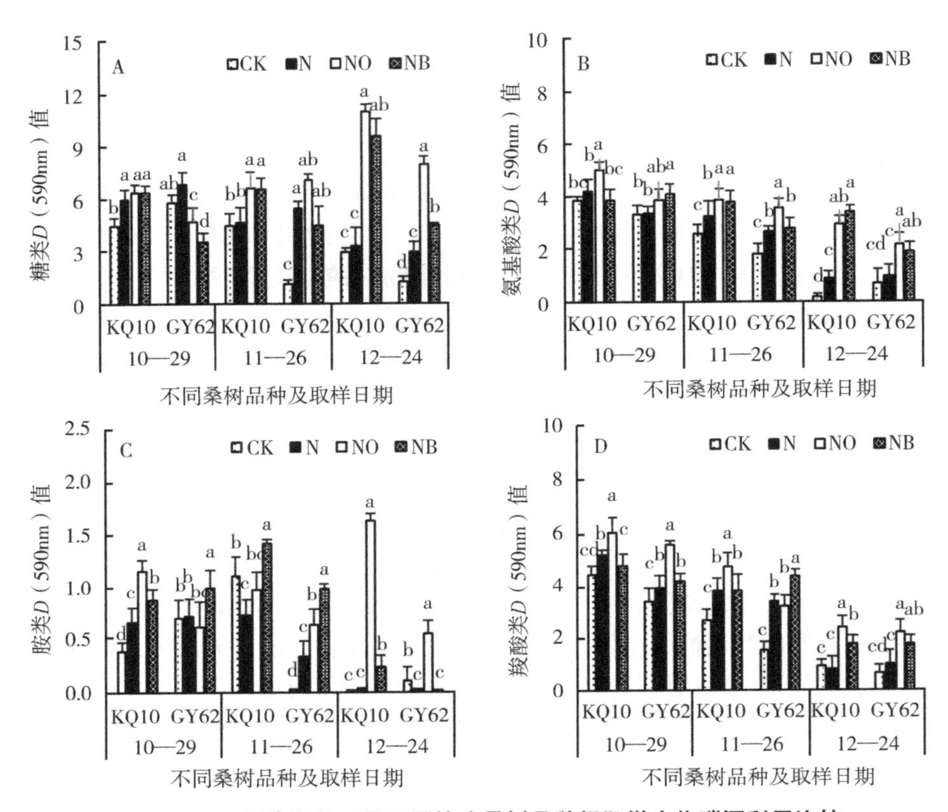

图 7-9　不同施肥处理及不同抗病桑树品种根际微生物碳源利用比较

7.3.4　小结

根际微生物碳代谢功能多样性会随着桑树基因型品种的不同而有所变化。根据桑树根际微生物的平均碳源利用率可表明，在施肥初期，抗青枯病基因型桑树品种的施肥作用大于感青枯病桑树品种，而在施肥中后期，抗青枯病基因型桑树品种的施肥作用不如感青枯病桑树品种。但抗青枯病基因型桑树品种碳代谢活性始终高于感青枯病基因型桑树品种。

根据桑树根际微生物的碳代谢多样性指数可说明，有机肥的施入对抗青枯病桑树基因型品种的作用最大，而炭基肥的施入对感青枯病桑树基因型品种的作用似乎更大。且抗青枯病基因型桑树品种碳代谢多样性指数在不施肥和施入有机肥的条件下，均高于感青枯病基因型桑树品种。但是从

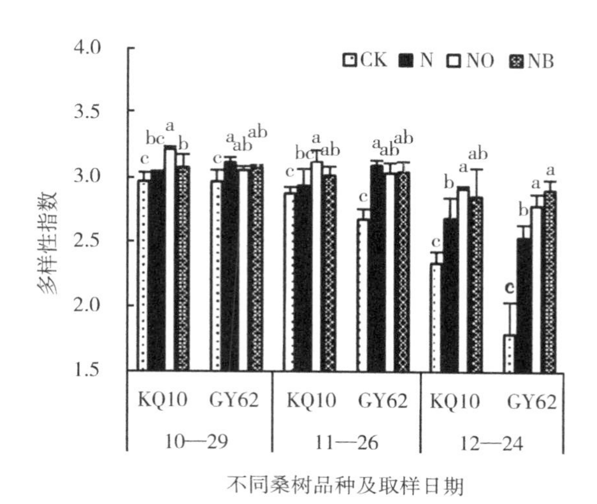

图 7-10　不同施肥处理及不同抗病桑树品种根际微生物碳代谢多样性指数比较

施肥前期到施肥后期，桑树根际微生物碳代谢多样性指数均有所降低，且感青枯病基因型桑树品种碳代谢多样性指数降低得更快，这可能与土壤中含有青枯病菌有关。

根据桑树根际微生物对六类碳源利用能力可说明，有机肥的施入可以明显提高根际微生物对六类碳源的利用能力，且对抗青枯病基因型桑树品种的作用更大。炭基肥的施入虽然在施肥前期可以明显提高感抗青枯病基因型桑树品种对糖类、羧酸类和氨基酸类的利用率，但施肥后期，有机肥的施入依旧有明显的效果。同时可发现，桑树根际微生物对糖类、羧酸类和氨基酸类的利用率较高，对胺类、聚合物类和其他混合物类的碳源利用率却比较低，且对六类碳源的利用率从施肥前期到施肥后期均有所降低。

由此可见，有机肥的施入可以明显提高桑树根际微生物碳代谢功能多样性，对抗青枯病基因型桑树品种作用更大，其中主要表现在对糖类、羧酸类和氨基酸类的代谢上。但是，从施肥前期到施肥后期，可能由于土壤中存在青枯病菌的缘故，使得桑树根际微生物碳代谢功能多样性有所降低，但青枯病菌对抗青枯病基因型桑树品种的影响较小，说明抗青枯病基因型桑树品种可能由于其根际青枯病菌较少，其对碳源代谢影响较小所致。

参考文献

顾美英，徐万里，茆军，等，2012. 新疆绿洲农田不同连作年限棉花根际土壤微生物群落多样性［J］. 生态学报，32（10）：3031-3040.

马宁宁，李天来. 2013. 设施番茄长期连作土壤微生物群落结构及多样性分析［J］. 园艺学报，40（2）：255-264.

于翠，胡兴明，黄淑君，等，2011. 不同施肥方案对露地和盆栽桑树根围土壤微生物的影响［J］. 蚕业科学，37（5）：0899-0906.

Fu Q X, Gu J, Li Y D, et al., 2015. Analyses of microbial biomass and community diversity in kiwifruit orchard soils of different planting ages [J]. Acta Ecologica Sinica, 35: 22-28.

Luo P Y, Han X R, Wang Y, et al., 2015. Influence of long-term fertilization on soil microbial biomass, dehydrogenase activity, and bacterial and fungal community structure in a brown soil of northeast China[J]. Annals of Microbiology, 65: 533-542.

Lupwayi N Z, Lafond G P, Ziadi N, et al., 2012. Soil microbial response to nitrogen fertilizer and tillage in barley and corn[J]. Soil Till Res, 118: 139-146.

Ogilvie L A, Hirsch P R, Johnston A W B, et al., 2008. Bacterial diversity of the Broadbalk ‘classical’ winter wheat experiment in relation to long-term fertilizer inputs[J]. Microbial Ecology, 56: 525-537.

Yu C, Hu X M, Deng W, et al., 2014. Changes in soil microbial community structure and functional diversity in the rhizosphere surrounding mulberry subjected to long-term fertilization[J]. Appl. Soil Ecol, 86: 30-40.

Zhong W H, Cai Z C, 2007. Long-term effects of inorganic fertilizers on microbial biomass and community functional diversity in a paddy soil derived from quaternary red clay[J]. Applied Soil Ecology, 36: 84-91.

Zhou D P, Qi C B, Liu F F, et al., 2012. Effect of asparagus's cultivation ages on physio-chemical properties, microbial community and enzyme activities in greenhouse soil[J]. Plant Nutrient Fertilizer Science, 18: 459-466.

第 8 章　施肥与土壤微生物生物量

土壤微生物生物量是反应土壤生物数量的综合指标，是植物生长所需养分的重要来源，其数值的多少及变化是土壤肥力高低变化的重要依据。因此了解微生物生物量的动态变化对制定良好的土壤修复措施，提高土壤质量有着重大的意义。在过去几十年里，随着无机化肥和化学农药的出现，农民为增加农作物产量，大量使用化肥和农药，使得土壤有机质含量下降，土壤肥力降低，土壤环境也受到了一定程度的污染，其恢复能力大大减小。如何正确使用化肥，提高土壤肥力，改善土壤环境，已成为土壤学方面研究的热点。

土壤微生物蕴含的碳、氮是土壤活性养分的储存库，故许多研究者对土壤中的土壤微生物量碳和微生物量氮进行了系统研究。通过施肥、耕作等方式，可适量调整土壤中碳氮的含量，提高土壤肥力，以达到增加作物产量的目的。此前，对于单施无机肥和秸秆是否能增加土壤微生物量碳存在一定的分歧，不过此分歧的存在是由于每个地区的气候与环境不一样、土壤环境不同导致，故得到的结果只具有参考意义。针对此分歧，孙凤霞等（2010）研究了长期施肥对红壤微生物生物量的影响，发现与不施肥相比，化肥有机肥配施或者单施有机肥均能显著提高红壤微生物生物量碳，而单施化肥则显著降低红壤微生物量碳，化肥配施秸秆的红壤微生物生物量碳与不施肥没有显著性差异。而 Nie 等（2007）研究表明秸秆还田显著提高了土壤中微生物生物量碳氮的含量，与只施化肥田块相比，分别提高了 12.66%和 15.07%，与对照相比，分别提高了 7.76%和 31.42%。由此可见，地区不同、气候相异，相同的施肥模式对土壤的有机碳和氮及其组分的影响上也存在差异。

在桑树种植过程中，为了获得大量桑叶，蚕农长期偏施氮肥，导致土壤酸化、土壤环境恶劣，土壤中微生物群落结构受到影响。本章对施肥与土壤微生物生物量的关系进行了研究，明确长期偏施氮肥以及不同施肥管理措施下桑园土壤微生物生物量差异，为合理的管理桑园土壤施肥措施提供了数据依据。

8.1 长期偏施氮肥对桑园土壤微生物生物量的影响

8.1.1 试验设计与土壤样品采集方法

同第 2 章 2.1.1。

8.1.2 土壤微生物生物量测定方法

（1）土壤微生物生物量碳测定

①取新鲜土样置于平板中，放入培养箱中 28 ℃培养 24 h，随后放入真空干燥器中，并放置盛有氯仿的烧杯一只，盛有氢氧化钠的烧杯一只，干燥器底部需有少量的水。用真空泵抽真空，使氯仿沸腾 5 min，随后关掉真空干燥器的阀门，置于培养箱下黑暗放置 24 h。同时做对照实验，即相同处理条件但未熏蒸土壤。

②分别称取 20 g 熏蒸和未熏蒸土样至 100 mL 三角瓶中。

③将 60 mL 0.5 M K_2SO_4溶液倒入已装样的三角瓶中并密封好，放入摇床振荡 1 h，随后过滤。

④ 取 10 mL 过滤液于 150 mL 消化管中，并加入 10 mL 0.017 mol/L $K_2Cr_2O_7$-12 mol/L H_2SO_4溶液。

⑤ 将消化管放入石墨消解仪中，在 175 ℃煮沸 10 min。

⑥ 待冷却后把消化管中的内容物转入 150 mL 三角瓶中，用 70 mL 的蒸馏水冲洗消化管 3 次。

⑦加入 1 滴邻啡罗啉指示剂，并用 0.05 mol/L $FeSO_4$标准溶液滴定，溶液的变化从橙黄变为蓝绿再为棕红，棕红色为滴定终点。

⑧结果计算

$$W(C) = (V_0 - V) \times A \times 3 \times ts \times 1000/m$$

W（C）：有机碳（Oc）质量分数，mg/kg；

V：滴定样品时消耗的 $FeSO_4$标准溶液体积，mL；

V_0：滴定空白时消耗的 $FeSO_4$标准溶液体积，mL；

3：碳（1/4C）的毫摩尔质量，M（1/4C）= 3 mg/mmol；

1 000：转换为Kg的系数；

A：为$FeSO_4$的摩尔浓度；

ts：为分取倍数；

$$微生物量碳 B(c) = Ec/KEc$$

Ec：熏蒸与未熏蒸土壤有机碳量之差；

KEc：0.38。

（2）土壤微生物生物量氮测定

①取上述测定微生物量碳中用K_2SO_4浸提滤液10 mL于消化管中，加2 g催化剂（H_2SO_4：无水$CuSO_4$为10：1），再加入5 mL 98%浓硫酸。

②将消化管放入石墨消解仪中加热煮沸至溶液呈清澈淡蓝色，再消煮30~60 min，整个消煮时间为85~90 min，有机化合物与硫酸共热之后其中的氮便转化为硫酸铵。

③消煮完毕后，用凯氏定氮仪将进行铵盐转化成氨，最后用0.01 mol的盐酸标准溶液滴定，淡紫色为滴定终点。

④结果计算

a. 氮含量的计算

$$土壤含氮量(\%) = (V-V_0) \times N \times 100 \times 0.014 \times ts/W$$

V：滴定样品时消耗的盐酸标准溶液体积，mL；

V_0：滴定空白时消耗的盐酸标准溶液体积，mL；

N：盐酸标准溶液的当量浓度（此处为0.01）；

W：土壤样品重（为烘干后的土壤重量），g；

0.014：氮的毫克当量；

ts：分取倍数，此处为6；

b. 微生物氮计算

$$B(N) = EN/KEN$$

B（N）：微生物量氮的质量分数（mg/kg）；

EN：熏蒸和未熏蒸得到全氮的差值（mg/kg）；

KEN：在氯仿熏蒸期间矿化的氮，用K_2SO_4提取时一般的转换系数为0.45。

8.1.3 不同氮肥施用年限桑园土壤微生物量碳含量比较

土壤微生物碳含量总是处于一个动态变化的过程，根据图8-1可知，相同处理不同取样时期土壤微生物量碳的含量是不相同的。在所有的取样时期中，17Y 和 32 年树龄桑园土壤微生物量碳含量均高于 0Y 和 4Y 土壤。相较其他几个处理，4 年桑园土壤微生物量碳含量在一整年中都在一个较低水平状态，特别是在 11 月，低至 13 mg/kg。17Y 和 32Y 桑园土壤在 3 月和 5 月微生物量碳含量很高，其他取样时期相对较低。在不同取样时期，不同栽植年限桑园的土壤微生物量碳含量变化幅度都比较大，这可能与不同时期的气候和降水量有关。长期偏施氮肥条件下，不同栽植年限桑园土壤微生物量碳的含量存在明显差异，说明氮肥施用年限影响土壤微生物量碳的含量变化。

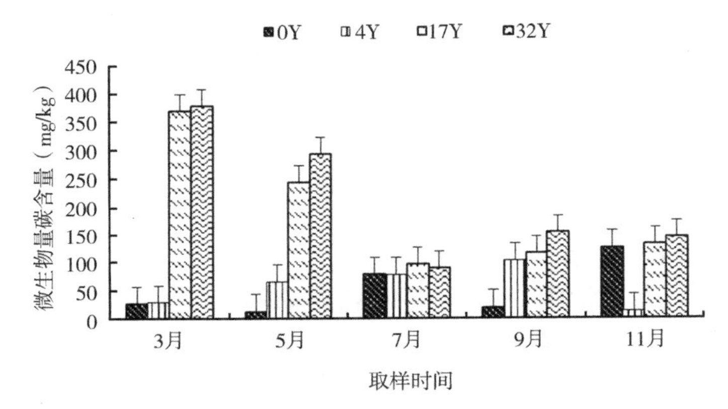

图 8-1　长期偏施氮肥条件下不同栽植年限桑园土壤微生物量碳含量比较

8.1.4　不同氮肥施用年限桑园土壤微生物量氮含量比较

土壤微生物量氮作为土壤养分活性的储存库，是作物从土壤中获得氮素的氮库，在土壤氮素的循环和转化中起到重要的作用，土壤中大部分的矿化氮便是来自于土壤微生物量氮（乔洁等，2010）。从图 8-1 和图 8-2 来看，长期偏施氮肥条件下，不同栽植年限桑园土壤微生物量氮和微生物量碳含量变化有着相似的趋势，4Y 土壤微生物量氮含量较 17Y 和 32Y 土壤始终都处于一个较低的水平，但是差异并没有微生物量碳含量差异明显。在一整年中，0Y 桑园土壤微生物量氮含量处于一种上升的趋势。除 11 月，其他取样时期 4Y 土壤的微生物量氮含量均比 0Y 土壤的高，此情况可能与环境条件变化或取样土壤的差异性有关。在不同取样时期中，较0 年和 4 年土壤，17Y 和 32Y 土壤微生物量氮平均含量较高，17Y 土壤微生物量氮在 3 月份达到最高水平，61. 5 mg/kg。32Y 土壤微生物量氮在 5 月的含量比较高，最高为 51. 6 mg/kg。

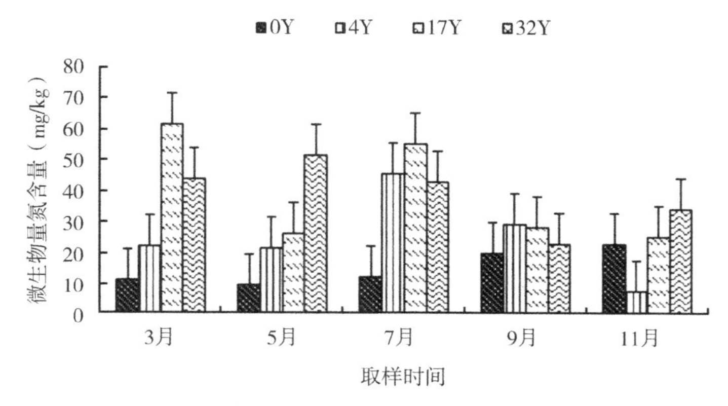

图 8-2　长期偏施氮肥条件下不同栽植年限桑园土壤微生物量氮含量比较

8.2　不同施肥种类对桑园土壤微生物数量的影响

8. 2. 1　试验设计与试验方法

本试验设计与土壤样品采集方法同第 2 章 2. 2. 1；土壤微生物生物量测定方法同本章 8. 1. 2。

8. 2. 2　不同施肥种类桑园土壤微生物量碳含量比较

从图 8-3 可以看出，施用桑树专用肥的桑园土壤微生物量碳含量较其他 3 个处理的高，在 7 月达到最高水平，122. 3 mg/kg。施用 NPK 复合肥处理的土壤微生物量碳含量比较低，在一整年中，变化幅度不大，含量最高是在 11 月，为 44 mg/kg。除 7 月，施用尿素处理土壤微生物量碳含量比 NPK 复合肥处理的均要高，最高为 73 mg/kg。施用尿素和 NPK 复合肥并不能使土壤微生物量碳的含量增高，反而下降了，而有机肥与无机肥混制的桑树专用肥可以提高土壤中微生物量碳的含量。由此可知，这几种施肥土壤中微生物量碳的含量高低顺序为，桑树专用肥>不施肥>尿素>NPK 复合肥。故应在土壤中施加有机肥或者与有机无机肥料配施，才可较为显著的提高土壤中微生物碳的含量。

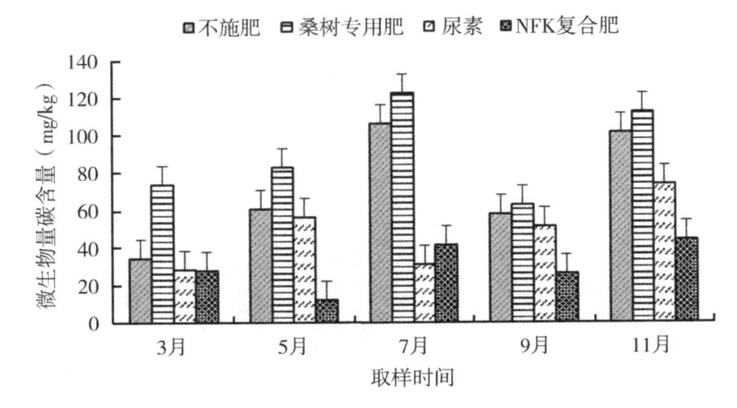

图 8-3　不同施肥桑园土壤微生物量碳含量比较

8.2.3　不同施肥种类桑园土壤微生物量氮含量比较

不同施肥处理桑园土壤微生物量氮含量变化见图 8-4，土壤微生物量氮含量在 19.0~101.9 mg/kg 之间。不同施肥处理对土壤微生物量氮的影响与对土壤微生物量碳有相似也有差别。相似之处在于，不施肥处理的土壤中微生物量氮的含量在一年中的变化趋势与微生物量碳一样，都有先升高后降低的趋势。不同之处在于除了施用桑树专用肥处理，施用 NPK 复合肥处理的土壤微生物量氮含量也有所提高，特别是在 7 月和 9 月这两个取样时期，其土壤微生物量氮的含量甚至高于施用桑树专用肥的土壤。这说明了长期施用 NPK 复合肥可以显著提高土壤微生物量氮的含量。在这四种施肥措施中，施用尿素的土壤，除了 5 月土壤微生物量氮含量比不施肥处理的高，其他几个取样时期与不施肥处理相比，微生物量氮含量相似或稍微低于不施肥处理，说明施用尿素并不能提高桑园土壤微生物量氮含量。

8.2.4　土壤微生物量碳氮与土壤养分含量间的相关关系

土壤微生物量碳氮与土壤养分含量的相关关系见表 8-1，从表中可以

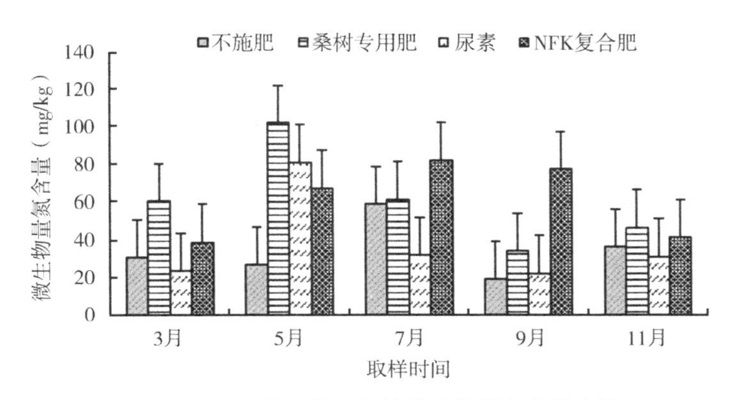

图 8-4　不同施肥桑园土壤微生物量氮含量比较

看出，微生物量碳与速效磷、有机质呈极显著正相关，但是与速效钾相关性不显著。土壤微生物量氮与速效磷、有机质呈显著正相关，与速效钾相关性也不显著。

表 8-1　微生物量碳氮与土壤营养成分的相关关系

处理	速效磷	有机质	速效钾
微生物量 C	0.503**	0.582**	0.150
微生物量 N	0.314*	0.388*	0.123

* $P<0.05$；** $P<0.01$

8.3　小结

本研究中，17Y 和 32Y 桑园土壤在 3 月、5 月和 9 月的微生物量碳显著高于 0Y 和 4Y 土壤，4Y 桑园土壤在 5 月和 9 月的微生物量碳显著高于 0Y，每个取样时间 17Y 和 32Y 土壤微生物碳含量无显著差异。4Y、17Y 和 32Y 桑园土壤在 3 月、5 月、7 月和 9 月的微生物量氮含量显著高于 0Y 土壤，在 3 月和 7 月样品中 17Y 土壤微生物量氮含量最高，在 5 月和 11 月样品中 32Y 土壤微生物量氮含量最高。说明土壤微生物量碳和氮随着种植年限的增加而升高，但是在 17 年后趋于稳定。

长期施用桑树专用肥和施用氮肥可使土壤微生物量碳含量增高，施用尿素、NPK 复合肥不能提高土壤中微生物量碳。NPK 复合肥和桑树专用肥能够显著提高微生物量氮，施用尿素对其提高不明显。相关分析研究显示土壤微生物量碳和微生物量氮都与土壤有机质含量呈显著正相关。Nie（2007）等的研究也表明秸秆还田可显著提高了土壤中微生物生物量碳氮的含量，因此添加有机质是有利于提高土壤微生物量碳和微生物量氮的含量。

参考文献

孙凤霞，张伟华，徐明岗，等，2010. 长期施肥对红壤微生物生物量碳氮和微生物碳源利用的影响［J］. 应用生态学报，21（11）：2792-2798.

Nie J, Zhou J M, Wang H Y, et al., 2007. Effect of long-term rice straw return on soil Glomalin, Carbon and Nitrogen[J]. Pedosphere, 17(3): 295-302.